游戏设计与开发

游戏编程入门
（第4版）

[美] Jonathan S. Harbour 著　李军 译

人民邮电出版社
北京

图书在版编目（CIP）数据

游戏编程入门：第4版／（美）哈伯
(Harbour, J.S.) 著；李军译. -- 北京：人民邮电出版社, 2015.7（2024.1重印）
ISBN 978-7-115-39041-7

Ⅰ. ①游… Ⅱ. ①哈… ②李… Ⅲ. ①游戏程序—程序设计 Ⅳ. ①TP311.5

中国版本图书馆CIP数据核字(2015)第093317号

版权声明

Beginning Game Programming, Fourth Edition
Michael Dawson
Copyright © 2015 Course Technology, a part of Cengage Learning.
Original edition published by Cengage Learning. All Rights reserved.
本书原版由圣智学习出版公司出版。版权所有，盗印必究。
Posts & Telecom Press is authorized by Cengage Learning to publish and distribute exclusively this simplified Chinese edition. This edition is authorized for sale in the People's Republic of China only (excluding Hong Kong, Macao SAR and Taiwan). Unauthorized export of this edition is a violation of the Copyright Act. No part of this publication may be reproduced or distributed by any means, or stored in a database or retrieval system, without the prior written permission of the publisher.
本书中文简体字翻译版由圣智学习出版公司授权人民邮电出版社独家出版发行。此版本仅限在中华人民共和国境内（不包括中国香港、澳门特别行政区及中国台湾）销售。未经授权的本书出口将被视为违反版权法的行为。未经出版者预先书面许可，不得以任何方式复制或发行本书的任何部分。
978-7-115-39041-7
Cengage Learning Asia Pte. Ltd.
151 Lorong Chuan, #02-08 New Tech Park, Singapore 556741
本书封面贴有 Cengage Learning 防伪标签，无标签者不得销售。

◆ 著　　[美] Jonathan S.Harbour
　 译　　　李　军
　 责任编辑　陈冀康
　 责任印制　张佳莹　焦志炜

◆ 人民邮电出版社出版发行　北京市丰台区成寿寺路 11 号
　 邮编 100164　电子邮件 315@ptpress.com.cn
　 网址 http://www.ptpress.com.cn
　 北京七彩京通数码快印有限公司印刷

◆ 开本：800×1000　1/16
　 印张：23　　　　　　　　　2015 年 7 月第 1 版
　 字数：430 千字　　　　　　2024 年 1 月北京第 31 次印刷
　 著作权合同登记号　图字：01-2015-3965 号

定价：79.90 元
读者服务热线：(010)81055410　印装质量热线：(010)81055316
反盗版热线：(010)81055315

内 容 提 要

本书是游戏编程经典入门读物的最新版。

全书共分 14 章，包含两个附录。本书首先介绍 Windows 和 DirectX 编程，然后快速介绍游戏编程的工具箱，包含使用 C++和 Directx 开发游戏所需的所有基础知识。读者将学习到把思想转化为现实所需的技术，如 2D、3D 图形的绘制、背景卷动、处理游戏输入、音效、碰撞检测等。在每章结束时，给出了测验题和项目以便帮助读者实践新学到的技能。本书配套网站提供了所有示例代码和项目的下载。

本书自第 1 版出版至今已经长达 10 年，深受广大读者欢迎。本书适合有志于进入游戏编程世界且有一定 C++编程基础的初学者阅读，也适合作为社会培训机构的培训教材。

序

"我想做一名游戏设计师,我该怎么做才能得到一份工作?"这是我在做面试或者与学生交谈时经常需要回答的问题。在我和我的团队离开舞台时,一位有明显天赋的少年的父母甚至曾经和我搭讪。我通常的回答是:"那么,你设计过什么?"这时,绝大多数人会给我一个冗长的解释,说明他有许多伟大的想法,但就是少个团队让自己梦想成真的解释。我对此的反应是说明和我一起工作的人都有伟大的想法,但只有少数人是设计师。

我并不是故意要这么严酷,但是,不会有成功的公司愿意给初出茅庐的人一个开发团队、给他超过 18 个月的时间和上百万美元的预算,却不要求任何概念上的证明。这就是现实。Sid Meier(传奇游戏设计师,我很荣幸能和他一起在 Firaxis Games 工作)这样的人之所以能够鹤立鸡群,是因为他有能力采纳思想并将其转化为有趣的东西。

当然,Sid 现在有了大团队来做他的项目,但他总是以相同的方式来开始——用他能找到或者自己制作的美工效果和音响效果来粗略制作出一组原型。正是这些粗糙的概念验证使得与创作过程不相关的人可以立即看到一个思想的有趣之处,从而获得预算和团队。每位崭露头角的设计师会记下笔记,然后问道:"Sid 会怎么做?"

于是,一本像这样的书就显得弥足珍贵。我认识 Jonathan 已有两年,当时我在游戏开发者会议的书店里看到了本书最初的版本。我的一个程序员朋友帮我从大量的相似书籍里把它挑了出来。他认为这是本写得很好的书,而且认为对 DirectX 的强调将非常适用于我们在 Firaxis 所做的工作。

另外一个伙伴提及他曾经读过 Jonathan 关于 Game Boy Advance 编程的著作,而且印象深刻。以我的观点看,他们给了我极好的建议,我在通读本书时获得了极大的享受。在阅读的时候,我注意到 Jonathan 是我们的游戏——*Sid Meier's Civilization III* 的拥趸。于是我联系了他,因为我在大量 Civ 系列上工作过,并从此与他保持联系。

像这样的一本书,其美就美在它将所有的借口都扫光了。它提供了对游戏编程的介绍,而且很优秀。它拉着你的手,带你走过编写 C++代码利用 DirectX 来实现游戏的这一似乎复杂的过程。你在全然未知中,已经得到了一个完全可用的框架来将思想变得活生生。你甚至会得到用于创建自己的美工效果和声音的工具,从而帮助自己给游戏上妆。换而言之,读者将得到全部所需的工具去制作原型以及证明自己并不仅仅是只有伟大思想的人。相信我,走上这关键的一步,你会成为那些想在这一行中找到工作的人中的顶尖人物。你将具备脱颖而出的能力,而由于有如此之多的人都想在游戏开发中分一杯羹,这种能力将是至关重要的。

那么,Sid 会怎么做?当他去年在制作 *Sid Meier's Railroads!* 原型的时候,他用 C 写了整个原型。他那时没有美工人员（他们那时都忙于其他项目），于是他抓了一个 3D 美工程序，自己做美工，然后把这些扔到游戏中——经常是使用文本标签来确保游戏者知道游戏中是什么东西。他使用来自前一个 Firaxis 游戏和 Internet 上的音频文件，四处点缀，增强游戏者的体验。他在颇短的时间内创造出了一些东西，这些东西让发行商和其他人了解了这个游戏会有多么有趣。而他自己一个人做了这一切，就如他在车库里工作的那些"旧时光"。

  那么，你会怎么做？如果你想在业内获得一份游戏设计师的工作，甚至只是想制作一个酷酷的游戏来教你的女儿学数学，你就应该买这本书。投入进来，完成练习，开始开发你自己的游戏库——Sid 有一些还是 Commodore 64 时代的代码仍然在用。让想象力自由飞翔，然后找到将思想转换为人们可以实际把玩的东西。无论做什么，只要做就可以。这是设计师的学习和成长之路，也是通向你实现游戏设计师梦想的车票。如果 Sid 还不是 Sid，也没有那么多可以运用自如的工具，那么他可能已经开始在设计这些工具了。

Firaxis Games

2K Games

Take 2 Interactive

执行制作人

Barry E. Caudill

献辞

　　本书献给 The Game Programming Wiki（www.gpwiki.org）等论坛上孤独的游戏开发者！他们在交互式虚幻小说的创造性工作中投入了巨大的热情，但往往没有得到认可。做你所愿，惠及世界！

致谢

非常感谢我的家人，在我准备本书的新版本时对我的理解和支持。感谢编辑们：Cathleen Small、David Calkins 和 Emi Smith。感谢过去十年来给我提供建议、意见和勘误的读者们。

，于相同炎潮湿的夏天。但至少

读者信件

Jonathan S. Harbour：已经编写了 19 本书，大部分是讲解 PC 游戏开发方面的，还有一些是讲述如何用手机编写程序的。在他和他的非巨石合唱团乐队度假期间——在 15 年之后，他与妻子和两个孩子一起被卡通王国收养。

前言

欢迎来到游戏编程的冒险地带!我热衷游戏和游戏编程有许多年了,也许和你一样对这一曾经神秘的主题有着激情。游戏曾经只出现在怪杰的国度里——这是一个冒险家们探索的广袤的想象世界,然后自己努力创建出相似的世界的地方。同时,在真实世界中,人们过着正常的生活:与朋友混、看电影、逛街、玩大型的多人在线游戏。

那么为什么我们宁可当宅人呢?是因为我们觉得看屏幕上的图像更有趣吗?精准!

但有些人眼里的图像却是另外一些人的幻想世界或外太空冒险。最早的游戏只是屏幕上推来推去的一堆图像而已。但即使在过去玩那些原始的游戏时,我们的想象力也经常会给我们带来更多的我们自己都意识不到的细节。

那么,你的激情是什么?或者说你最喜欢的游戏类型是什么?是经典的射击街机、幻想冒险、实时战略游戏、角色扮演游戏,还是与运动相关的游戏?我希望读者在阅读本书的同时能够在脑海中设计一个你自己的游戏,随着每一章的深入,想象要如何创建这个游戏。

编写本书并不是为了联想到像游戏设计、一堆带补丁的代码清单和下一步该往何处去这样的主题。我实在是想很严肃地对待这一主题,在读者读完最后一章时能给读者一种完成的喜悦感。从某种程度上说这是一本完备的图书,读者可学到制作自己早期的游戏项目的实用知识。在这里,读者学到的东西将足以编写一个完整的、质量足够好的游戏,能够满怀信心地与他人分享(假设你的美工相当好)。

本书将教给读者如何用 Visual Studio 2013 中的 C++语言编写 DirectX 代码。游戏编程是个富有挑战的主题,不仅难以精通,而且难以入门。本书通过使用行业工具拨开游戏编程的神秘面纱。读者将学到使用 DirectX 的力量来渲染 2D 和 3D 图形的方法。

读者将学习编写简单的 Windows 程序的方法。以此为基础,我们将学习 DirectX 的关键组成部分:渲染、音频、输入、字体和精灵。我们将以读者能跟得上的步伐学习如何利用这些 DirectX 组件以及编写代码。在这个过程中,我们会将所有从每章收集来的新知识放到一个游戏库中,以便在将来的游戏项目中重用。在学习了编写简单游戏所需的所有知识之后,读者将看到创建一个横向卷轴射击游戏的方法!

10 周年

从 2004 年本书第 1 次出版到这个最新的第 4 版,已经走过整整 10 年!这种题材的书能够存活如此长的时间，是很难得的！第 4 版比之前的版本更加精简，更加注重初级水平的游戏主题。

第 1 版于 2004 年出版，当时 DirectX 正处于过渡时期，从 9.0b 到 9.0c 的快速变革期，9.0c 是一直以来的支柱产品。这一版讲解了有限的 3D 建模，显示了通过教程使用免费的 3D 建模软件创建 3D 汽车的方法，然后把它作为一个模型文件加载并渲染。但重点仍然是使用 Visual Studio 2003 进行精灵编程。

第 2 版于 2006 年出版，对 DirectX 做了不少的修改，使得编译最初的源代码很困难，例如对 DirectSound 文件所做的修改。有了新的 Visual Studio 2005 的支持，该版连续几年成为院校的最爱。

第 3 版于 2009 年出版，为了升级到 Visual Studio 2008 而做了大量的改动。每一章都受到了影响。许多合并和重组是为了精简和更加专注。通过 XInput 添加了对 Xbox 360 控制器的支持。该版本持续销售了 5 年。

院校采用

为了维持对现有采用本教材的院校的支持，本书章节结构和内容在很大程度上与第 3 版相同。添加了支持 Visual Studio 2013 的新的细节，以及"附录 A"中一个新的配置教程。全书所有配置都使用 Visual Studio 2013 这个新的版本进行重新设置。由于大部分的核心源代码保持不变，所以基于本书已有的考试和课程仍然可用。最后一章最终的游戏有所改动，但是变化并不显著。

你将学到什么

我的游戏开发理念是让普通程序员有的放矢。我实在是想一开始就办正事，而不是讲解标准 C++ 库中的每个函数调用。游戏编程不是一种你在读了一本书之后就可以拾起来的行当。虽然本书包含了编写简单 2D 和 3D 游戏所需的所有信息，但没有一本书会宣称自己涵盖了一切，因为游戏开发是个复杂的主题。

我确信即使读者没有 C++ 底子也能想法子读懂这本书并掌握其中的概念，但在进入 Windows 和 DirectX 编程之前，有 C++ 的底子能够给你带来非常好的优势。本书没有将时间花在讨论 C++ 语言上，而是很快就直接进入 DirectX 中，每章都有新的主题，所以希望读者有 C++ 的工作知识。

本书是以循序渐进的方式编写的，每一步对读者都是挑战，而且依靠重复而不是记忆来学习。对于难点我不会只讲解一次就希望读者全然掌握。我会在每个程序中给出相似的代码,这样随着时间的推移读者就摸着窍门了。

在最后一章,读者会学习使用 DirectX SDK 来开发一款游戏。你将一头扎入 Direct3D 中并学习关于表面、纹理、模块、字体和精灵(带动画)的知识。由于本书旨在讲授游戏编程的基础,所以它将很快讲解许多主题,读者务必集中精力!每一章都以上一章为基础,但每章都会讲述一个新的主题,所以如果书中有某个主题你一开始就觉得很感兴趣的话,可以直接跳过去阅读。不过,本书所构建的游戏框架需要参考前面的章节。

Visual Studio 2013

本书中的程序都是用 Microsoft Visual Studio 2013 编写的。完整的源代码项目可以从异步社区(www.epubit.com)下载。项目是 Visual Studio 2013 的版本,因为这是目前最新的版本。读者可以从 Microsoft 的网站 http://visualstudio.microsoft.com/zh-hans/vs/express/(由于网页经常改变,读者也可以搜索"Visual Studio Express")下载免费的 Express 版本。

本书约定

本书使用如下形式来突出某一部分重要的文本。全书中有许多这样的注意、提示和提醒框。

建议

这是建议版块的样式。建议版块提供与文章相关的附加信息。

内容概览

本书分为 3 部分。

- ◎ 第 1 部分:Windows 和 DirectX 游戏编程引言。这一部分提供开始编写 Windows 代码和初始化 Direct3D 所需的所有信息。
- ◎ 第 2 部分:游戏编程工具箱。这一部分讲述了 DirectX 的所有相关组件,包括图像、精灵、输入设备、音频、渲染、着色器、冲突检测和基本的游戏机制。

◎ 第3部分：附录。这部分包含两个附录。

配套网站下载

读者可以从配套的网站异步社区（www.epubit.com）下载文件。

目录

第 1 部分　Windows 和 DirectX 游戏编程引言

第 1 章 Windows 初步 3
- 1.1 Windows 编程概述 4
  - 1.1.1 "获取" Windows 5
  - 1.1.2 理解 Windows 消息机制 6
  - 1.1.3 多任务 7
  - 1.1.4 多线程 8
  - 1.1.5 事件处理 9
- 1.2 DirectX 快速概览 10
  - Direct3D 是什么 11
- 1.3 Windows 程序基础 12
  - 1.3.1 创建第一个 Win32 项目 12
  - 1.3.2 理解 WinMain 20
  - 1.3.3 完整的 WinMain 21
- 1.4 你所学到的 23
- 1.5 复习测验 24
- 1.6 自己动手 25

第 2 章 侦听 Windows 消息 26
- 2.1 编写一个 Windows 程序 27
  - 2.1.1 理解 InitInstance 34
  - 2.1.2 理解 MyRegisterClass 36
  - 2.1.3 晒一晒 WinProc 的秘密 39
- 2.2 什么是游戏循环 42
  - 2.2.1 老的 WinMain 42
  - 2.2.2 WinMain 和循环 45
- 2.3 GameLoop 项目 47
  - GameLoop 程序的源代码 47
- 2.4 你所学到的 54
- 2.5 复习测验 54
- 2.6 自己动手 55

第 3 章 初始化 Direct3D 56
- 3.1 Direct3D 初步 56
  - 3.1.1 Direct3D 接口 57
  - 3.1.2 创建 Direct3D 对象 57
  - 3.1.3 第一个 Direct3D 项目 60
  - 3.1.4 全屏模式的 Direct3D 68
- 3.2 你所学到的 73
- 3.3 复习测验 73
- 3.4 自己动手 74

第 2 部分　游戏编程工具箱

第 4 章 绘制位图 77
- 4.1 表面和位图 77
  - 4.1.1 主表面 79
  - 4.1.2 从的离屏（off-screen）表面 80
  - 4.1.3 Create Surface 示例 82
  - 4.1.4 装载位图 86
  - 4.1.5 Load_Bitmap 程序 88
  - 4.1.6 代码回收利用 92
- 4.2 你所学到的 92

4.3	复习测验	93
4.4	自己动手	94

第 5 章　从键盘、鼠标和控制器获得输入 95

5.1	键盘输入	96
	5.1.1 DirectInput 对象和设备	96
	5.1.2 初始化键盘	97
	5.1.3 读取键盘按键	99
5.2	鼠标输入	99
	5.2.1 初始化鼠标	100
	5.2.2 读取鼠标	101
5.3	Xbox 360 控制器输入	102
	5.3.1 初始化 XInput	103
	5.3.2 读取控制器状态	104
	5.3.3 控制器振动	105
	5.3.4 测试 XInput	106
5.4	精灵编程简介	112
	5.4.1 一个有用的精灵结构	114
	5.4.2 加载精灵图像	115
	5.4.3 绘制精灵图像	115
5.5	Bomb Catcher 游戏	116
	5.5.1 MyWindows.cpp	118
	5.5.2 MyDirectX.h	120
	5.5.3 MyDirectX.cpp	122
	5.5.4 MyGame.cpp	127
5.6	你所学到的	131
5.7	复习测验	132
5.8	自己动手	133

第 6 章　绘制精灵并显示精灵动画 134

6.1	什么是精灵	134
6.2	加载精灵图像	135
6.3	透明的精灵	137
	6.3.1 初始化精灵渲染器	138
	6.3.2 绘制透明的精灵	140
6.4	绘制动画的精灵	147
	6.4.1 使用精灵表	148
	6.4.2 精灵动画演示	150
6.5	你所学到的	154
6.6	复习测验	154
6.7	自己动手	155

第 7 章　精灵变换 156

7.1	精灵旋转和缩放	156
	7.1.1 2D 变换	158
	7.1.2 绘制变换了的精灵	163
	7.1.3 Rotate_Scale_Demo 程序	164
	7.1.4 带有变换的动画	166
7.2	你所学到的	169
7.3	复习测验	170
7.4	自己动手	171

第 8 章　检测精灵碰撞 172

8.1	边界框碰撞检测	172
	8.1.1 处理矩形	173
	8.1.2 编写碰撞函数	174
	8.1.3 新的精灵结构	175
	8.1.4 为精灵的缩放进行调整	176
	8.1.5 边界框演示程序	176
8.2	基于距离的碰撞检测	180
	8.2.1 计算距离	181
	8.2.2 编写距离计算的代码	181
	8.2.3 测试的碰撞	183
8.3	你所学到的	183

8.4 复习测验 ……………………… 184
8.5 自己动手 ……………………… 185

第9章 打印文本 …………………… 186
9.1 创建字体 ……………………… 186
  9.1.1 字体描述符 ……………… 187
  9.1.2 创建字体对象 …………… 188
  9.1.3 可重用的 MakeFont 函数 ……………………… 188
9.2 使用 ID3DXFont 打印文本 … 189
  9.2.1 使用 DrawText 打印 …… 189
  9.2.2 文本折行 ………………… 190
9.3 测试字体输出 ………………… 191
9.4 你所学到的 …………………… 194
9.5 复习测验 ……………………… 194
9.6 自己动手 ……………………… 195

第10章 卷动背景 …………………… 196
10.1 卷动 ………………………… 196
  10.1.1 背景和布景 …………… 198
  10.1.2 从图片单元创建背景 … 198
  10.1.3 基于图片单元的卷动 … 199
10.2 动态渲染的图片单元 ……… 205
  10.2.1 图片单元地图 ………… 205
  10.2.2 使用 Mappy 创建图片单元地图 ……………… 207
  10.2.3 Tile Dynamic Scroll 项目 …………………… 210
10.3 基于位图的卷动 …………… 217
  10.3.1 基于位图的卷动理论 … 217
  10.3.2 位图卷动演示 ………… 218

10.4 你所学到的 ………………… 221
10.5 复习测验 …………………… 222
10.6 自己动手 …………………… 223

第11章 播放音频 …………………… 224
11.1 使用 DirectSound ………… 224
  11.1.1 初始化 DirectSound … 225
  11.1.2 创建声音缓冲区 ……… 226
  11.1.3 装载波形文件 ………… 226
  11.1.4 播放声音 ……………… 227
11.2 测试 DirectSound ………… 228
  11.2.1 创建项目 ……………… 229
  11.2.2 修改 "MyDirectX" 文件 …………………… 230
  11.2.3 修改 MyGame.cpp …… 232
11.3 你所学到的 ………………… 238
11.4 复习测验 …………………… 239
11.5 自己动手 …………………… 240

第12章 学习3D渲染基础 ………… 241
12.1 3D 编程简介 ……………… 242
  12.1.1 3D 编程的关键组成部分 …………………… 242
  12.1.2 3D 场景 ……………… 242
  12.1.3 转移到第三个轴 ……… 247
  12.1.4 掌握 3D 管线 ………… 248
  12.1.5 顶点缓冲区 …………… 250
  12.1.6 渲染顶点缓冲区 ……… 252
  12.1.7 创建四边形 …………… 253
12.2 带纹理的立方体示例 ……… 256
12.3 你所学到的 ………………… 264
12.4 复习测验 …………………… 265
12.5 自己动手 …………………… 266

第13章 渲染3D模型文件 ………… 267

13.1 创建以及渲染后援网格 ……… 267
  13.1.1 创建后援网格 ……… 268
  13.1.2 渲染后援网格 ……… 270
  13.1.3 编写着色器代码 ……… 270
  13.1.4 Stock Mesh 程序 ……… 272
13.2 装载并渲染模型文件 ……… 274
  13.2.1 装载.X 文件 ……… 275
  13.2.2 渲染纹理模型 ……… 279
  13.2.3 从内存中删除一个模型 ……… 280
  13.2.4 Render Mesh 程序 ……… 281
13.3 你所学到的 ……… 289
13.4 复习测验 ……… 289
13.5 自己动手 ……… 290

第 14 章 Anti-Virus（反病毒）游戏 ……… 291

14.1 Anti-Virus 游戏 ……… 291
  14.1.1 游戏玩法 ……… 292
  14.1.2 游戏源代码 ……… 302
14.2 你所学到的 ……… 329
14.3 复习测验 ……… 329
14.4 自己动手 ……… 330

第 3 部分 附 录

附录 A 配置 Visual Studio 2013 ……… 333
  A.1 安装 ……… 333
  A.2 创建一个新的项目 ……… 334
  A.3 修改字符集设置 ……… 337
  A.4 修改 VC++路径 ……… 338
附录 B 各章测验答案 ……… 339

第 1 部分
Windows 和 DirectX 游戏编程引言

本书第 1 部分介绍 Windows API（应用程序接口），这是开始 DirectX 编程之前所必需掌握的基础知识。第 1 章和第 2 章通过讲解编写简单 Windows 程序的方法、Windows 消息系统的工作原理以及创建不停息的消息循环（正是它让程序"看到了"事件）的方法，让你对 Windows 的工作原理有一个大概的了解。第 3 章对 DirectX 做一个简单介绍，你将学习创建 Direct3D 渲染设备以及设置渲染系统的方法。

◎ Windows 初步。
◎ 如何侦听 Windows 消息。
◎ 如何初始化 Direct3D。

第 1 章
Windows 初步

　　编写视频游戏是学习一门新的语言（如 C++）的最快乐的方法。视频游戏不仅是巨大的技术成就，其工作更是艺术。许多在技术上令人惊奇的游戏无人问津，而在技术上不是那么精湛的游戏却大行其道。尽管你的最终目标是要成为一个程序员，但作为爱好，这会是你所有爱好中最让人享受的一种。而我希望你已经做好了进行这一冒险的准备！本章提供了开始编写 Windows 游戏所需的重要信息，它是后面两章的前导，在那里会给出 Windows 程序机制的概要介绍。

　　在本章中，我将展示一个简单的 Windows 程序。这些信息对后续的 3 章而言将是很有价值的，因为需要依靠这些知识将你带入 DirectX 的世界。如果你对这些介绍性的章节掌握不牢，那么在后面还需要随时回来复习，因为随后的章节将依赖于你对 Windows 工作原理的基本理解。如果你已经有编写 Windows 程序的经验，那将非常有帮助，不过，我并不做这种假定。相反，我将 Windows 程序的基础知识涵盖于此，这些正是开始编写 DirectX 代码所需的。

　　实际上，只要投入其中，就不难发现 Windows 编程其实颇为有趣！虽然有些代码看起来可能像外语，但很快你就会非常熟悉它们。如果本章的大量信息让你觉得不知所措，请不要对细节太过担心，因为后续章节中会一遍又一遍地使用这些代码。我们将先学习编写

第 1 章
Windows 初步

一个简单的 Windows 程序、在 Visual Studio 中创建项目、键入代码以及运行这个程序的方法。你将学到：
- 如何正确看待游戏编程；
- 如何按需选择最好的编译器；
- 如何创建 Win32 应用程序项目；
- 如何编写简单的 Windows 程序。

1.1 Windows 编程概述

如果你是 Windows 编程新手，那么将体验到很棒的经历，因为对于编写游戏而言，Windows 是个有趣的操作系统（不过以前可不总是如此）。首先，Windows 下有许多伟大的编译器和语言。其次，它是世界上最流行的操作系统，任何给 Windows 写的游戏都有流行起来的潜力。而 Windows 的第三个伟大之处在于有令人惊异的 DirectX SDK 为我们效劳。DirectX 不仅是现如今最广泛使用的游戏编程库，还很容易上手。不过请不要误解我的意思——Direct 易于学习，但想精通它却是另一回事。我将教你如何使用它，或者说如何运用它来创建我们自己的游戏。如果要精通它，则单单这本书所能提供的还远远不够。DirectX 值得你花时间去学习，尤其是如果想跟上游戏开发的最新研究成果的话（因为如今大多数关于游戏开发的文章和书籍都专注于 DirectX）。

当今对于 PC 游戏玩家而言，有许多让人兴奋的服务，可以使 PC 游戏比过去更有持续性，诸如 Valve Software 公司的 Steam 平台。如果你使用 Windows 和 DirectX 创建了自己的引人注目的视频游戏，那么就可以在 Steam 平台上销售它来赚钱（尽管要遵循一个过程）。关于 Steam 平台更多的信息，请参考 http://store.steampowered.com。Steam 平台对于"独立性"非常友好，这表示它们支持独立的游戏开发者。因为在程序中添加了 Steam 类库，就可以利用诸如游戏成绩这些特性。我很快就会提到这些，因为它有助于让有抱负的游戏设计师和程序员把自己的游戏推向市场并引起人们的注意，这是我所知道的目前实现这一目标的最好的方式。

在开始编写 DirectX 代码之前，我们需要学习 Windows 处理消息的方法。那么，就让我们从头开始吧。什么是 Windows？

Windows 是一个多任务、多线程的操作系统。这句话的意思是，Windows 可以同时运行许多程序，而这些程序中的每一个都可以有许多运行中的线程。不难想象，这样的操作系统架构能够和多核处理器良好共事。

建议

本书中的程序在一台拥有 Intel i5 4 核处理器、16 GB DDR3 内存、Nvidia GeForce 660 GTX 2GB 视频卡的 PC 上做过测试。在编写本书时，这是一台性能处于中上游水平的 PC，将运行大多数带有适当帧率的最高设置的游戏。

1.1.1 "获取" Windows

没有几个操作系统能像 Windows 这样一个版本又一个版本地逐级延伸。目前使用中的许多 Windows 版本（本书编写时主要是 Windows 7 和 Windows 8）相当相似，为某个版本编写的程序几乎无需修改就可在另一个版本上运行（如 Windows XP，距今已经很久）。比如，在 1998 年使用 Microsoft Visual C++ 6.0 在 Windows NT 4.0 或 Windows 98 下编译的一个程序，仍旧可以运行于最新版本的 Windows 之上。你的游戏库中或许甚至还有几个 20 世纪 90 年代后期出品的支持早期版本的 DirectX 的游戏，如果这样的游戏仍旧可在新 PC 上运行，一点儿也无需惊奇。这非常有帮助，因为这是一个我们可以依赖多年的、能够运行我们的代码的平台。而这也是为什么控制台开发人员过去拥有的满足感（硬件的一致性），但是 Windows 游戏开发人员经常会有资源的困难。可以依赖一个保持多年不变的控制台系统（如 Xbox360），而 PC 的规格有很大不同，并且发展太快。对于游戏开发商而言，客户使用低于平均配置的计算机系统运行现代游戏所出现的技术问题，是很难处理的。

好，我们证实了 Windows 程序的长寿（在软件工业中也称为 "销售生命期"）。那么，Windows 到底能做什么呢？

建议

在本书中，凡是提及 "Windows" 的地方，所指的都包括了与当前主题——PC 和游戏编程相关的最新 Windows 版本。也就是说，应该包括所有以前的、当前的和将来的兼容 Windows 版本。从实用的角度来说，实际上这仅限于 32 位程序，因为我们还没有介绍 64 位程序。我们可以假设所有提及 "Windows" 的地方都适用于 Windows 7 或 8，也适用于 Vista 和 XP。

根据所编写的程序类型的不同，Windows 编程可简可繁。如果你有编写应用程序的经验和开发背景，那么就不难对图形用户界面（GUI）编程的复杂性有很好的理解。只需几个菜单和窗体，就足以把你淹没在数十个（就算到不了数百个）控件中难以自拔。作为多任务操作系统，Windows 非常优秀，因为它是消息驱动的。面向对象编程的拥护者会主张 Windows 是个面向对象的操作系统。实际情况是：它不是。当今最新的版本的 Windows SDK 仍然和 Windows 的早期版本（比如 Windows 3.0）类似。操作系统就如人类的神经系统，只是没那么错综复杂而已。如果将人类的神经系统以抽象的方式来简化，就会看到在人体中，冲动通过神经元从感官器官移动到大脑，而后从大脑移动到肌肉。

建议

虽然 64 位计算是将来的潮流，但对于程序员来说，它不会像从 16 位到 32 位的转移那样成为一个大问题，因为处理器、操作系统和开发工具都已同时演化，所以这种转移将几乎不可察觉（已经是如此）。Visual Studio 2013 支持 64 位代码，但是不需要你深入研究编写高性能的视频游戏。

1.1.2　理解 Windows 消息机制

让我们通过一个常见的场景来帮助我们理解操作系统和人类神经系统之间的对比。假设你的皮肤的神经检测到了某些事件，比如温度的改变或者有些东西触摸了你。如果使用右手的手指触摸左手臂，会发生什么？你会"感觉"到触摸。为什么呢？当你触摸你的手臂时，感觉到触摸的不是手臂而是大脑。"触摸"这一感觉并非由手臂本身感受到，其实是大脑定位到了事件，于是你识别出了触摸的来源。这几乎就如同对中枢神经系统中的神经元进行查询，看它们是否参与了"触摸事件"。大脑"看到"触摸消息传递链中的神经元，于是就可确定手臂上发生触摸的位置。现在，请触摸你的手臂，并且在手臂上来回移动手指。你感觉到在发生的是什么了吗？这不是持续的"模拟"测量，因为在皮肤上有许多离散的触摸敏感神经元。运动的感觉实际上是以数字的方式传递到大脑的。你可能会反驳我的论断，认为压力的感觉是模拟的。在这里我们正陷入某种抽象概念中，但我认为压力的感觉是以离散增量传递到大脑的，并不是以电容性的模拟信号来传递。

这个概念和 Windows 编程有什么联系呢？触摸的感觉与 Windows 消息有非常类似的工作方式。外部的事件，比如鼠标单击，会导致小的电信号从鼠标转移到 USB 口再进入系统总线，这可以认为是计算机的神经系统。操作系统（Windows）从系统总线拾取这一信号并且生成一个消息传递给正在运行的应用程序（比如我们的游戏）。而后，程序就如同有意识的心灵那样对"触摸的感觉"做出反应。计算机的潜意识（处理所有事件处理逻辑的操作系统）将这一事件"呈现"给程序，让其知晓。

建议

随着时间的推移，我们的信息系统（计算机网络）似乎趋向于模仿神经世界，当我们最终构造出终极版的超级计算机的时候，可能会和人类大脑相像。

目前还有一个问题：人类可没有两个大脑。还记得我关于技术模仿生物大脑的评述吗？当今常见的是 6 核和 8 核的处理器。多核系统曾经吸引眼球，是高性能的利基产品，但是在今天已是常态，甚至在智能手机中已是如此。在 2004 年本书第一版出版时，多核处理器还相当罕见；当时，一个主板带有两个到 4 个处理器很常见，每个处理器都是单核的。

DirectX 9 还是 11？

当今仍然有两个版本的 DirectX 在使用。这看上去可能有点奇怪，但是 DirectX 9 如此成功，以至于它已经存在了 10 年，并且很多游戏引擎仍然为它进行设计。人们仍然用 DirectX 9 编程，这意味着什么？这意味着它仍然是一个合理的切入点，还根本没有过时。当今，大多数专业的游戏引擎，仍然以低端 DirectX 9 版本为特色来支持旧的计算机。这好像不会持续太久，即使如今的低端计算机往往有不错的硬件。

对 DirectX 9 的支持仍旧如此广泛的原因是它支持那些仍在使用的老的 Windows 版本。DirectX 10 和 DirectX 11 游戏不能运行于 Windows XP 上，但 DirectX 9 代码可运行于任何 Windows 的现代版本上——这就是 DirectX 9 仍旧流行的原因。你可以继续编写支持 Windows 7 和 Windows 8 的 32 位和 64 位的 DirectX 9 代码。

1.1.3 多任务

如今，程序员对于多任务的讨论已经不像多年前那样重要，因为那时普遍是单核处理器。可以这么说，了解底层是如何工作的会非常有帮助，即使大多数用户把这些事情视为理所当然。就像当今大多数操作系统一样，Windows 使用抢占式多任务。

也就是说计算机可以同时运行多个程序。Windows 通过让每个程序运行很短的时间——以微妙或者秒的百万分数计算的时间来实现这一特性。从一个程序非常快地跳到另一个程序称为时间分片，Windows 通过为内存中的每个程序创建虚拟地址空间（一个小的"模拟的"计算机）来处理时间分片。每当 Windows 跳到下一个程序时，会储存当前程序的状态，以便在轮到这个程序接受处理器时间时能够正确回来。这些状态包括处理器寄存器值和任何可能被下一个进程所覆盖的数据。然后，当程序以时间分配方案周而复始时，这些值就会被恢复到处理器寄存器中，程序返回离开的位置继续执行。这发生在一个非常低的级别——处理器寄存器级,并且由 Windows 内核控制。

> **建议**
>
> 别觉得这样做是对处理器周期的浪费,要知道就在几微秒中,处理器可运行好几千条指令。现代处理器已经可运行在每秒 10 亿次浮点运算的水平,在短短的"时间片"中很容易就能处理百万级的数学计算。

可以认为,Windows 有其自己的、基于事件的中枢神经系统。当我们按下一个键,就会有消息从按键事件中创建并且在系统中散播,直到有程序拾取这个消息并使用它。因为提及"散播",所以在这里我需要澄清一点,Windows 3.0 是非抢占式操作系统,从技术上说只是 16 位 MS-DOS 之上的非常先进的程序而已。Windows 的这些早期版本更像是 MS-DOS 的外壳,而不是真正的操作系统,所以无法真正地"拥有"整个计算机系统。我们可以编写一个可完全接管系统的 Windows 3.x 程序,无需为其他程序释放处理器周期。只要愿意,甚至可以锁住整个操作系统。早期的 Windows 程序为了获得"Windows 徽标"认证(在那个时候是重要的营销问题),必须释放对计算机资源的控制。Windows 95 是第一个 32 位版本的 Windows,而且是这一操作系统家族的革命性进步,因为它是抢占式操作系统(尽管它仍然要运行于 32 位 MS-DOS 之上)。

这里的意思是,操作系统有非常低级的核心用于管理计算机系统,在 Windows 3.0 下,没有任何程序可以接管这一系统。抢占式意味着操作系统可以抢占一个程序的运行,并使其暂停,而后,操作系统可让程序再次启动运行。在有许多程序和进程(每个都以一个或多个线程)请求处理器时间时,就称为时间分片系统,这也是 Windows 的工作方式。不难想象,在使用这样的操作系统时,多处理器系统实在是很有优势。

对于游戏开发者而言,4 核或 6 核系统是很棒的配置。首先,SMP(对称多处理)处理器通常有更多的内部高速缓冲存储器。处理能力是越大越好!在过去,玩游戏或者开发游戏时可能必须关闭大多数运行中的其他应用程序,但现代的多核系统可轻而易举地处理许多应用程序同时运行的问题,在编写游戏时根本觉察不出系统运行有拖拖拉拉的现象。当然,巨量的内存也有帮助——8GB 内存对于当今使用 64 位的 Windows 7 或 Windows 8 开发游戏至关重要。

1.1.4 多线程

多线程是将程序分解成多个线程的过程,每个线程就像一个独立运行的程序。这与系统级别的多任务不是一回事。多线程有点像多-多任务，每个程序都有其自己的运行部分，而这些小程序片段对操作系统所执行的时间分片系统毫无察觉。对于我们的主 Windows 程序及其所有的线程而言，它们对系统有完全的控制，对操作系统将时间分片分配给每个线程或进程并无"知觉"。所以，多线程意味着每个程序能够将处理托付给其自己的迷你程序。比如，象棋程序可创建一个进程以便在游戏者忙于考虑其下一步棋的时候提前思考。"思考"线程可在等待游戏者的同时继续更新着法和对攻着法。虽然这可以在等待用户输入时使用能够思考的程序循环很容易地实现，但具备将这一过程交付给线程来执行的能力可给程序带来显著的好处。

举个例子来说，我们可以在一个 Windows 程序中创建两个线程并且让每个线程有其自己的循环。对于每个线程而言，其循环可无尽并且极快地运行，没有中断。但是在系统级别上，会授予每个线程一个处理器时间片。依据处理器的速度和操作系统的不同，线程每秒可能会被中断 1 000 次，但线程中正在运行的源代码对这样的中断毫无察觉（请想象一下我们在夜里睡觉时会醒来许多次！与人类不同，计算机并不会注意到）。

建议

多线程编程是一个迷人的主题，值得你花时间学习！我在《Game Programming All In One》一书的第 3 版（Cengage PTR，2006）中简单讲解了这一主题。我讲解了能让多线程编程变成小菜一碟的 Posix Threads 库的使用方法。在读完本书之后，它会是很好的后续学习主题。如果你准备好接受更大的挑战，查找一下《Game Engine Design》（Cengage PTR，2010），不过要准备好进行大量的编程训练！

多线程对游戏编程而言非常有用。在一个游戏循环中所涉及的许多任务都可以交付给可独立执行的不同线程实现，每个线程都与主程序通信。其中一个线程可用于自动处理屏幕更新。而后，程序所必须做的就是确认所有的对象都在屏幕上，而且双缓存以特定的时间进行更新，而这个线程将按时执行工作——甚至可能使用内置的计时数据来保证无论使用什么处理器游戏都能以统一的速度运行。当今大多数流行的游戏引擎都是多线程的（诸如 Unreal 和 Unity）。

1.1.5 事件处理

这时，你可能会问自己："Windows 如何与这么多同时运行的程序保持联系呢？"首先，Windows 通过要求程序必须是事件驱动的来处理这一问题。其次，Windows 使用全系统范围内的消息来通信。Windows 消息是操作系统发送给每个运行中的程序的小数据包，它有 3 个主要内容——Windows 句柄、实例标识符和消息类型，用于告诉程序有消息发生。事件通常涉及用户输入——比如鼠标单击或键盘按下，不过事件也可以来自联网库的通信端口或 TCP/IP 套接字（用在多玩家游戏中）。

每个 Windows 程序必须在消息处理器中检查每一条收到的消息，确定该消息是否适用于本程序。不被识别的消息会向前发送给默认的消息处理器，它会将这些消息送回 Windows 消息流。可将消息想象成鱼——当我们抓到太小的或不喜欢的鱼，就会把它扔回水里；但我们会把想要的鱼留下来。这与 Windows 事件驱动架构类似；如果程序识别了一条想要保留的消息，那么这条消息就会从消息流中取出。大多数消息是按键或鼠标移动事件（即使不需要使用它们，仍然还会传送它们）。

一旦熟悉了 Windows 编程并且学习了处理某些 Windows 消息的方法，就能了解 Windows 消息机制是如何为应用程序（而不仅是游戏）设计的。其技巧就是学习"接入" Windows 的消息系统，并且将我们自己的代码注入——比如 DirectX 初始化例程或者调用一个函数进行屏幕刷新。游戏中的所有动作都通过 Windows 消息系统来处理，拦截并处理与游戏有关的消息是我们的工作。我们将在下一章学习如何编写 Windows 程序，在后面两章中将学到更多关于 Windows 消息的知识。

1.2 DirectX 快速概览

为了能够将 DirectX 介绍给你，我在很短的时间内讲解了许多关于 Windows 理论的内容。你可能对 DirectX 如雷贯耳，因为这是个业内人士口中的时髦语，不过能真正理解它的不多。我们不是要开始编写 DirectX 代码，而是要先了解它与 Windows 如何协同工作。DirectX 提供 PC 的低级硬件接口，利用硬件为游戏提供一致的、可靠的函数集（比如视频卡）。图 1.1 展示了 DirectX 如何与 Windows API 协同工作。

DirectX 与 Windows 紧密集成，不能在任何其他操作系统中工作，因为它的功能依赖于 Windows API 中的基础库。以下列出的是 DirectX 组件的纲要信息。

◎ Direct3D 是提供访问视频卡来渲染 2D 和 3D 图形的渲染组件。这是最重要的组件。

◎ DirectSound 是以前用于播放波形文件中的数字采样内容的过时的音频组件，使用的是其多通道音频混合器。

◎ XACT 是补充 DirectSound 的新音频组件。

- DirectInput 是设备输入组件，用于访问诸如键盘、鼠标和游戏杆这样的外设。
- Xinput 是输入组件，通过无线适配器或 USB 口连接到 Xbox 360 控制器来做支持。
- 新的用于访问连接到 Windows PC 上的 Xbox 360 控制器的组件。DirectPlay 是先前的联网组件，已经不再支持。

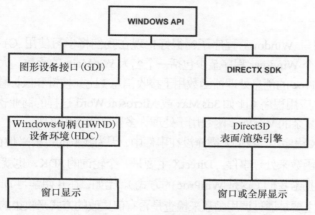

图 1.1　DirectX 与 Windows API 协同工作

Direct3D 是什么

由于 Direct3D 是 DirectX 最重要的组件，所以，让我们先来关注它。Direct3D 处理游戏中所有的 2D 和 3D 渲染工作。我将从第 3 章开始教授 Direct3D 的用法。在后面的章节中，你将学习如何将位图文件装载到内存中作为纹理，然后绘制该纹理（在 2D 模式中），以及在渲染 3D 对象时应用纹理。你可能仍然使用 Direct3D 编写 2D 游戏，或者使用 2D 精灵以加强 3D 游戏。我们需要用 2D 字体在屏幕上显示信息，所以学习如何绘制 2D 图形是有必要的。为了简短期间，我们概括性地介绍了 2D 的纹理和精灵，这有助于你在后面研究 3D 编程时，更好地理解 Direct3D。

我们的主要目标是学习编写游戏所需的 2D 和 3D 的渲染。我的目的不是让你成为专业的游戏程序员，而是给你足够的信息（和激情），以便你可以自己进入更高层次，学习更多关于这一主题的知识。我们最终将进入有纹理和光照的 3D 模型，但是这非常高级，所以我们要花费大量时间学习编写基于 2D 精灵的游戏。我希望你能够在这些材料中获得乐趣，而不是陷入细节之中！因为 3D 游戏编程的细节非常巨大而复杂，通常初学者在听说顶点缓冲区和纹理坐标这样的东西时会是目光呆滞的。我这么说是因为我知道作为刚刚起步的你，要积累这么多的细节信息尚需时日。老实说，编写一个好的 2D Sprite 游戏要比一个毫无趣味、反应迟钝的 3D 游戏更好。

1.3 Windows 程序基础

是否准备好编写 Windows 程序了？很好！现在我们将学习使用 C++编写一个真正的 Windows 程序。每个 Windows 程序至少包括一个名为 WinMain 的函数。大多数 Windows 程序还包括名为 WinProc 的消息处理器函数用于接收消息（比如按键和鼠标移动）。如果编写的是成熟的 Windows 应用程序（比如 3ds Max 或 Microsoft Word 这样的商业软件），那么程序中会有一个非常大而复杂的 WinProc 函数用于处理许多程序状态和事件。

不过在 DirectX 程序中，我们无需淹没在事件中，因为我们的主要兴趣在于 DirectX 接口，它们提供了自己的函数来处理事件。DirectX 主要是一个轮询的 SDK，也就是必须请求数据，而不是由它将数据扔给我们（这是 WinProc 的方式）。比如，在开始学习 DirectInput 时，会发现键盘和鼠标输入主要是通过调用函数来检查是否有值更改的方式来收集的。

1.3.1 创建第一个 Win32 项目

每个新项目都是相似的，一旦学会了在 Visual C++中创建新项目，就可以使用同样的策略来创建书中所有的其他项目。你可能会问，什么是项目呢？呃，项目实际上是一个管理程序中所有源代码文件的文件。本书中所有的简单程序将只拥有一个源代码文件（至少在我们构建游戏框架之前），但大多数真正的游戏会有许多源代码文件。比如 Direct3D 例程、DirectInput 代码等都会有各自的源代码文件，而且游戏本身还会有主代码。项目记录所有这些源代码文件，并且由编译器的 IDE 进行管理。

> **建议**
>
> 如果读者是 Visual Studio 的新手，而且不知道如何下载以及安装这一软件，更不用说如何创建新项目，那么请参照"附录 A"，其中有如何设安装和设置编译器的完整说明。我编写这一附录是为了减少每章中重复信息的数量。建议读者参考本附录，而不是每次都讲解创建项目的方法。

让我们在 Visual Studio 中创建一个新的 Win32 C++项目。打开 File 菜单，选择 New\Project，如图 1.2 所示。这里所展示的是 Visual Studio 2013 版，这是编写本书时的最新版本。

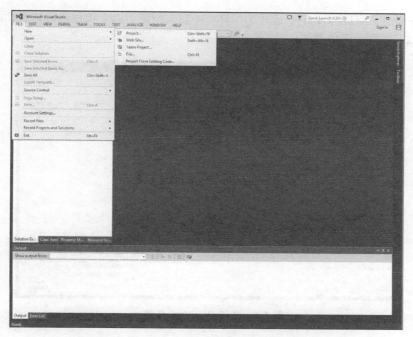

图 1.2　Visual C++中的打开新项目对话框

在 New Project 对话框中，可以用各种语言（诸如 C++、Visual Basic 等）创建新程序的项目模板。打开对话框左边的 Visual C++条目下的模板，如图 1.3 所示。

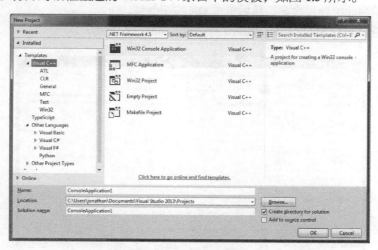

图 1.3　创建新的 Visual C++项目

接下来，选择 Win32 来缩小所列出的项目模板的类型范围。将选择的项目模板是

"Win32"，就如同在图 1.4 中所选择的那样。不要太纠结于这个项目模板列表，请务必使用 "Win32" 类型，避免混淆。

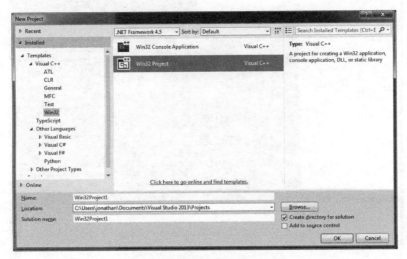

图 1.4　选择 Win32 项目模板

下一步，在 New Project 对话框中，需要在靠近底部位置的 Name 字段中输入新项目的名称。在图 1.5 中，可以看到 "Hello World" 输入到了这一字段中（它会自动填充到 Solution Name 字段中，所以读者无需输入两次）。如果 Create directory for solution 选项没有选中，请选中它。请照此给项目命名，然后单击 OK 按钮继续。

接下来是 Win32 Application Wizard 对话框，如图 1.6 所示。

图 1.5　输入新项目的项目名称

1.3 Windows 程序基础

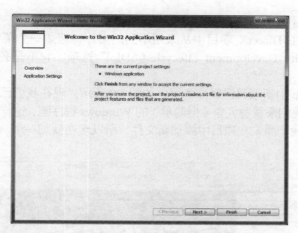

图 1.6　Win32 Application Wizard 对话框

建议

不要被文件扩展名弄糊涂。所有现代的 C++ 编译器都使用 .cpp 文件扩展名，无论编写的是 C 还是 C++ 代码。为了简单起见，我使用 .cpp 扩展名，虽然过去几年的趋势是使用 .c 扩展名。鉴于现代编译器的工作方式，使用 .cpp 更为容易，因为在编译 DirectX 程序时使用 .c 扩展名会导致一些问题。

单击 Win32 Application Wizard 对话框左边的 Application Settings 选项卡，弹出图 1.7 所示的对话框。勾选 "Empty project" 选项。通常总是创建 "空白项目"，这样可以将我们自

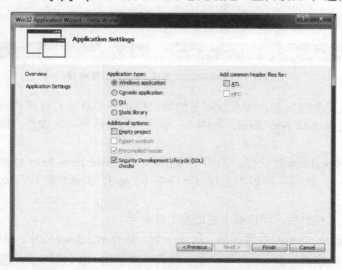

图 1.7　使用 Application Wizard 为新项目选择设置

己的文件添加到项目中，因为 Application Wizard 默认假设我们想要一个通用的窗口应用程序，会生成我们在 DirectX 项目中从来用不到的文件，诸如一个菜单、按钮控件等。也可以去掉"Security Development Lifecycle（SDL）"选项，它不是必选项。单击 Finish 按钮继续。

在 Visual Studio 中新项目已经准备好，如图 1.8 所示。现在我们已经有一个准备好的新的项目，那就让我们来看看完整（但简单）的 Windows 程序吧，这样就能更好地理解它的工作原理。由于我们尚未在项目中添加新文件，所以现在就加一个。

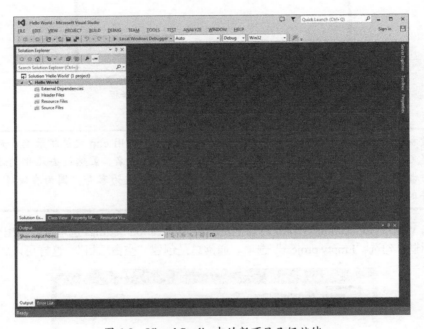

图 1.8　Visual Studio 中的新项目已经就绪

因为项目是完全空白的，那么就需要给项目添加一个新的 C++源代码文件。请打开 Project 菜单并选择 Add New Item，如图 1.9 所示。因为是第一次操作，所以我们将逐步讲解。

弹出 Add New Item 对话框，如图 1.10 所示。在 Add New Item 对话框中，选中左边的 Visual C++，然后在列表中选择 C++File（.cpp）。为新的源代码文件命名（例如 main.cpp）。

添加新的源文件之后，项目看上去如图 1.11 所示。

以下是 HelloWorld 程序的源代码。这是一个完整的 Windows 程序，尽管它非常简单。这个程序只做一件事情：显示一个消息框，等待用户点击 OK 按钮，然后退出。继续输入以下代码。

1.3 Windows 程序基础

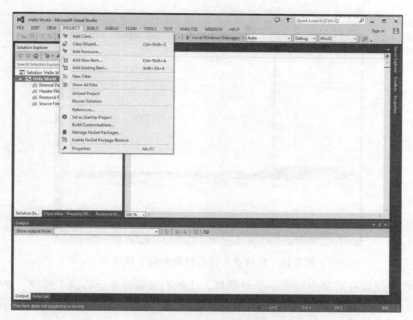

图 1.9 打开 Project 菜单的 Add New Item 对话框

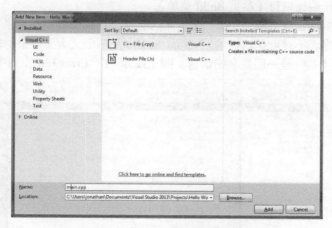

图 1.10 在空白项目中添加一个新文件

```
#include <windows.h>
int WINAPI WinMain(HINSTANCE hInstance, HINSTANCE hPrevInstance,
LPSTR lpCmdLine, int nShowCmd)
{
    MessageBox(NULL, "Welcome to Windows Programming!", "HELLO WORLD",
MB_OK | MB_ICONEXCLAMATION);
}
```

第 1 章
Windows 初步

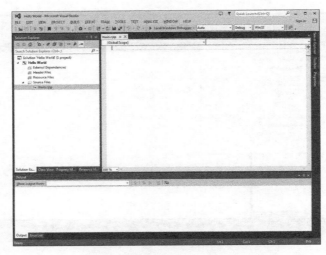

图 1.11　新的源文件已经添加到了项目中

这个程序仅仅在屏幕上显示一个对话框。让我们来编译并运行这个程序，来查看它的运行效果。现在请按 F5 键来运行它。你也可以选择按 F7 键，只是编译项目而不去运行它。当遇到一个不常见的错误信息时，解决项目中的奇怪错误（假设没有任何编码错误）的一个好办法是：重新编译项目（参见 Build 菜单）。

发生了什么？哦，真是糟糕，第一个程序居然就导致编译器错误，尽管我们一字不漏地键入了整个程序。不过就是这样的。Visual Studio 是一个又大又复杂的软件，需要我们学习其用法，而且 C++ 是一门复杂的语言。图 1.12 展示了 Error List 窗口中的错误信息。

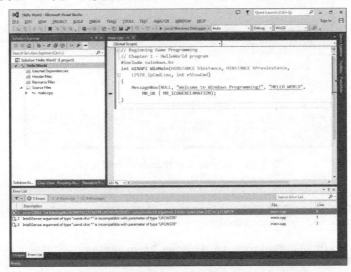

图 1.12　在 Visual Studio 中的 Error List 窗口显示了程序错误信息

建议

如果没有在 Visual Studio 程序窗口的底部看到 Error List 栏,可以去 View 菜单选择 Error List 项,以打开 Error List。可能还想尝试打开一些其他的窗口,也可以通过 View 菜单完成,其中有些窗口在编程的时候很有用。

我们现在来解决这一错误。这个错误与字符集有关——要么是 ANSI(8 位),要么是 Unicode(16 位)。Unicode 对本地化(这是一个表示将程序中的文本转换为其他语言的软件工程术语)而言很重要。并不是所有的语言都需要 Unicode 字符集,但诸如中文和日文这样的语言则需要。我们本应使用并非 C++ 标准的一部分的那些时髦代码(就如臭名昭著的"L"字符和 TCHAR)来将所有的代码都写成支持 Unicode 字符串的形式,但我们想编写遵循标准的软件而不使用特殊字符。

让我们将项目转换成多字节以绕开关于 Unicode 的问题。为了实现这一切,打开 Project 菜单并选择下方的 Hello World Properties 选项。这会打开 Hello World Property Pages 对话框,如图 1.13 所示。你很快就会非常熟悉这个对话框中的选项。左边的 General 部分高亮显示。找到 Character Set 设置,把它改为 Use Multi-Byte Character Set。

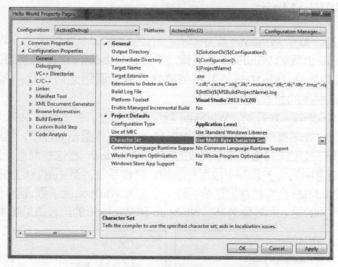

图 1.13 把项目字符集改为多字节

在关闭该对话框之后,请尝试按 F5 键再次运行程序。这次你将得到一个对话框,如图 1.14 所示。

建议

在使用 Visual Studio 编译 C++ 程序时,可执行文件位于名为 Debug 的文件夹中(在项目文件夹内)。

图 1.14　HelloWorld 程序的输出

在了解了非常简单的 Windows 程序到底长什么样之后，让我们更进一步探究 Windows 编程的神奇国度，学习创建一个真正的窗口并在上面画些东西。使用 MessageBox 总是有点投机取巧的感觉！

我们需要的是一个自己的窗口。按照攀爬学习曲线的传统，将在下一章中对这个小示例做一些扩展，为读者展示创建标准程序窗口并在上面绘图的方法。这是读者准备好使用 DirectX 之前的又一步骤。

1.3.2　理解 WinMain

我们刚刚学过，每个 Windows 程序都有一个名为 WinMain 的函数。WinMain 是控制台 C++程序中 main 函数的 Windows 等同体，并且是 Windows 程序的初始进入点。虽然程序中最重要的函数将是 WinMain，但在创建好了消息调用之后，我们就可能不再回到 WinMain，而是在程序的另一部分工作了。

从 16 位的 Windows 3.0 开始，WinMain 就没怎么变过，那还是在 1991 年呢！WinMain 是老板、是工头，它处理程序的顶层部分。WinMain 的工作是创立程序，然后为程序创立主消息循环。这个循环处理所有由程序所接收的消息。Windows 将这些消息发送给每一个运行中的程序。这些消息中的大多数都不被程序所用，操作系统甚至不给我们的程序发送其中的一些消息。通常，WinMain 会将消息发送给另外一个名为 WinProc 的函数，这个函数与 WinMain 紧密工作，处理用户的输入和其他消息。WinMain 和 WinProc 的比较请见图 1.15。

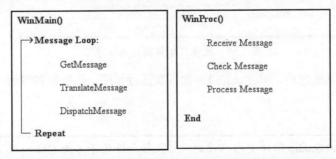

图 1.15　WinMain 和 WinProc 协同工作来处理应用程序事件

WinMain 函数调用

WinMain 的函数调用如下。

```
int WINAPI WinMain( HINSTANCE hInstance,
          HINSTANCE hPrevInstance,
          LPTSTR lpCmdLine,
          int nCmdShow )
```

让我们来了解一下这些参数：

◎ **HINSTANCE hInstance**。第一个参数标识被调用的程序的实例，因为一个程序可运行许多次。hInstance 参数告诉程序要运行的是哪个实例。如果程序运行许多次的话，通常的做法是简单地停止新实例的运行，而不是再次运行程序。

◎ **HINSTANCE hPrevInstance**。第二个参数标识程序的前一个实例，而且与第一个参数有关。如果 hPrevInstance 为 NULL，那么这就是程序的第一个实例。

◎ **LPTSTR lpCmdLine**。第三个参数是包含传递给程序的命令行参数的字符串，用于告诉程序使用某些选项。

◎ **int nCmdShow**。最后一个参数指定在创建程序窗口时所使用的显示方式。

不难注意到，WinMain 返回一个值：在函数调用的前面有 int WINAPI 的字样。这也是标准做法，可追溯到 Windows 3.0 的时代。返回值为零表示程序没有进入主循环并提前终止。任何非零值都表示成功。

1.3.3 完整的 WinMain

以下所列的是在应用程序代码中经常使用的更标准的 WinMain 版本，在代码清单之后将对这个函数的各个部分进行讲解。这只是一个示例，不是一个完整的项目。如果读者想要编写一个完整的程序，我们会在下一章介绍。这里只是和前面编写的简单程序做一个对比。

```
int WINAPI WinMain(HINSTANCE hInstance,
        HINSTANCE hPrevInstance,
        LPSTR lpCmdLine,
        int nCmdShow)
{
    // declare variables
    MSG msg;
    // register the class
    MyRegisterClass(hInstance);
    // initialize application
```

```
    if (!InitInstance (hInstance, nCmdShow)) return FALSE;
    // main message loop
     while (GetMessage(&msg, NULL, 0, 0))
    {
       TranslateMessage(&msg);
       DispatchMessage(&msg);
    }
    return msg.wParam;
}
```

考虑到 WinMain 函数要为程序处理 Windows 消息，这个函数再简单也不太会超过上面这段代码了（后面很快就会讲解这些新东西）。即使最简单的图形程序也需要处理消息。信不信由你，即使是实现诸如将"Hello World"打印到屏幕上这么简单的事情也需要等待一个用于绘制屏幕的消息的到来。如果习惯于通过调用函数来取得想要的结果（比如在屏幕上显示文本），那么消息处理的确需要花些代价来适应。

现在，逐行看一下将会发生什么。由于读者已经对这个函数调用有所熟悉，我们可直接进入真实代码中。第一段声明 WinMain 中要使用的变量。

```
// declare variables
MSG msg;
```

MSG 变量以后由 GetMessage 函数使用，用于取得每个 Windows 消息的详细信息。接下来，程序由以下代码来初始化。

```
// register the class
MyRegisterClass(hInstance);
// initialize application
  if (!InitInstance (hInstance, nCmdShow))
    return FALSE;
```

这段代码使用了由 Windows 传递给 WinMain 的 hInstance 变量。这个变量而后被传递给 InitInstance 函数。InitInstance 位于程序的更下部，它基本上检查程序是否已经在运行中，然后创建主程序窗口。接下来很快将会介绍 MyRegisterClass 函数。最后，让我们看一看在程序中用于处理所有消息的主循环。

```
// main message loop
while (GetMessage(&msg, NULL, 0, 0))
{
   TranslateMessage(&msg);
   DispatchMessage(&msg);
}
```

WinMain 这一部分中的 while 循环会持续运行到永远，除非有停止程序的消息到来。

GetMessage 函数调用如下所示。

```
BOOL GetMessage( LPMSG lpMsg,
        HWND hWnd,
        UINT wMsgFilterMin,
        UINT wMsgFilterMax )
```

了解这些参数并不是非常重要。这里只是给出每个参数的定义供参考。

◎ **LPMSG lpMsg**。这个参数是个指向用于处理消息信息的 MSG 结构的指针。
◎ **HWND hWnd**。第二个参数是特定窗口消息的句柄。如果传递的是 NULL，则 GetMessage 将为当前程序实例返回所有消息。
◎ **UINT wMsgFilterMin 和 UINT wMsgFilterMax**。这些参数告诉 GetMessage 返回一定范围内的消息。在整个 Windows 程序中对 GetMessage 的调用是最具决定性的一行代码！在 WinMain 中要是没有这一行内容，程序就失去知觉，无法对世界做出响应了。

GetMessage 循环中的两行核心代码处理 GetMessage 返回的消息。Windows API 参考文档指出，TranslateMessage 函数用于将虚拟键盘消息翻译成字符消息，然后通过 DispatchMessage 发送回 Windows 消息系统中。这两个函数将一起为游戏窗口创立要在 WinProc（窗口回调函数）中接受的消息，比如 WM_CREATE 用于创建一个窗口，而 WM_PAINT 用于绘制窗口。下一章将讲解 WinProc。如果读者感觉 Windows 消息机制难以理解，请不要担心，因为这只是与 DirectX 一起工作的一个初期形式，一旦编写了 Windows 消息循环，就无需再与它打交道，可以专注于 DirectX 代码了。现在让我们稍息片刻，然后在下一章中继续学习 WinMain。

1.4 你所学到的

在本章我们为 DirectX 编码做准备，学习了 Windows 编程基础。以下是要点。
- 我们学习了 Windows 基本工作原理以及如何将我们自己的程序接入 Windows 系统中。
- 我们学习了一些 Windows 的基本编程概念。
- 我们了解了 WinMain 的重要性。
- 我们编写了一个简单的能够在消息框中显示文本的 Windows 程序。

1.5 复习测验

以下是一些复习测验题，可帮助读者跳出框框来思考并且记忆本章中所涵盖的信息。这些问题的答案可在"附录 B"中找到。

1. 现代 Windows 所使用的是哪种类型的多任务方式？
2. 本书主推的 Visual Studio 是哪个版本？
3. Windows 通知程序有事件发生，所用的是什么方案？
4. 如果一个程序使用多个独立的部分一起工作来完成一项任务（或者执行完成独立的任务），那么这一过程叫什么？
5. 什么是 Direct3D？
6. hWnd 变量代表的是什么？
7. hInstance 参数代表的是什么？
8. Windows 程序的主函数的名称是什么？
9. 窗口事件回调函数的名称是什么？
10. 用于在程序窗口中显示消息的函数是什么？

1.6 自己动手

这些练习将给读者带来挑战，让读者学习更多与本章所给出的主题有关的知识，帮助读者提高自己的独立实践能力。

习题 1. HelloWorld 在文本框中显示一条简单的消息并显示一个感叹号图标。请修改程序，使得它显示的是问号图标。

习题 2. 现在，修改 HelloWorld 程序，让它在消息框中显示你的名字。

第 2 章
侦听 Windows 消息

上一章简要地讲解了 WinMain 和 WinProc，并且演示了一个简单的 Windows 程序。本章要更详细地学习 Windows 消息机制和主循环，编写一个完整的能够在屏幕上显示一些内容的窗口程序。读者将学习窗口句柄和设备环境如何一起在窗口上产生输出。我们将借此巩固所掌握的基础 Windows 编程模型，也将对 Windows GDI（图形设备接口）稍做介绍，了解为什么它更适合于应用程序而不是游戏的原因。本章继续探究如何实时游戏循环使用 WinMain 函数来工作。读者将在本章学到一些新的技巧，以便让循环运行，为下一章的 DirectX 做准备。在读完本章之后，读者将学到编写能够驱动本书剩下的代码的游戏循环的方法。

以下是要点。

- ◎ 如何创建窗口。
- ◎ 如何在窗口上绘制文本。
- ◎ WM_PAINT 事件在 WinProc 回调函数中如何工作。
- ◎ 如何创建实时游戏循环。
- ◎ 如何在 WinMain 中调用其他与游戏有关的函数。
- ◎ 如何使用 PeekMessage 函数。

◎ 如何使用 GDI 绘制位图。

2.1 编写一个 Windows 程序

好了，让我们使用在上一章所学的新知识来编写一个稍微实用一点的 Windows 程序，让它创建一个标准窗口并在这个窗口上绘制文本和图形。我们在上一章所写的第一个程序，主要用来查看 Visual Studio 是否能够正常工作。现在我们要来写一些真正的 Windows 代码。似乎很简单，对吧？是，的确是。在窗口上绘图时需要许多起始代码，我们通过示例来学习。我们会慢慢地反复介绍每一步骤，然后在下一章开始稍微快一点。

Visual Studio 2013 比以前的版本更简单一些。这好像有点有违常规，因为软件往往随着时间流逝变得越来越难。Visual Studio 2013 很复杂，但是过去编写 DirectX 代码所需的一些东西现在变得简单了，现在 Windows SDK 和 DirectX SDK 都随着 Visual Studio2013 一起自动安装了，所以基本上是没有需要安装的东西。这很棒，因为过去我们必须要安装 DirectX SDK，并且要配置 C++编译器。

创建一个名为 "WindowTest" 的 Win32 项目并在项目中添加新的 main.cpp 文件。首先我们要将一个功能更完备的 Windows 程序的完整代码列出来，然后对这个程序做反向工程并一行一行详细地讲解。读者在键入代码的时候可试着边键入、边理解。如果不想键入程序，可在 CD-ROM 中的\source\chapter02\WindowTest 打开项目（别担心，我不会说你懒）。

首先，打开 Visual Studio 2013 并且选择 File\New\Project，弹出 New Project 对话框窗口，如图 2.1 所示。

新的工程叫作 Window Test。在如图 2.2 所示的 New Project 对话框中，确保在左边树型列表中选择 Visual C++。然后，从对话框中间的项目模板的列表中选择 Win32 Project。在底部的文本框中，输入项目的名称 Window Test。Solution name 将会自动填充。单击 OK 按钮。

接下来，将会出现 Win32 Application Wizard 对话框。每种项目类型都有一个类似的向导对话框，用来帮助配置新的项目。这里我们将打破常规，不选择默认配置，而是选择左边的 Application Settings。我们选择 Windows application 和 Empty project，并且不要选中 Security Development Lifecycle (SDL) Checks，因为不需要这种特性，如图

2.3 所示。

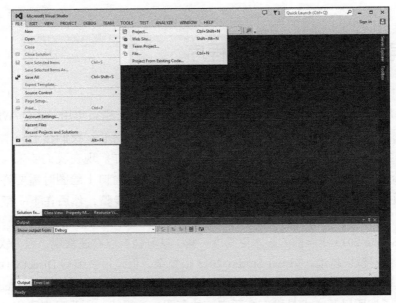

图 2.1 在 Visual Studio 2013 中打开 New Project 对话框

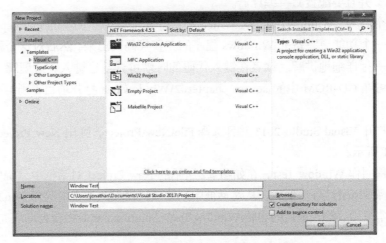

图 2.2 使用 New Project 对话框来选择项目模板

这将会创建一个新的项目，如图 2.4 所示。因为我们选择了 Empty project 选项，这个新项目中没有任何类型的文件。如果读者想要让向导创建一个常规的 Win32 项目，应该向项目中添加一些文件，诸如一个源文件、图标文件、默认源代码文件，以及一个窗口程序的源文件。

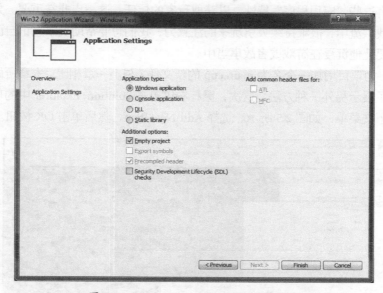

图 2.3　Win32 Application Wizard 对话框

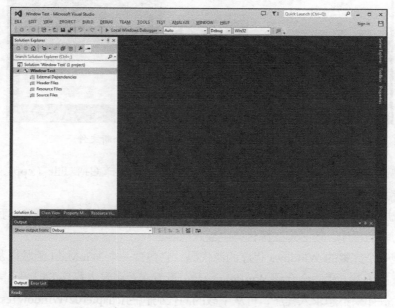

图 2.4　在 Visual Studio2013 中的新的 Win32 项目

这看上去很有帮助，但是对于一个以全屏模式（或者当以窗口模式运行时，至少占满了整个窗口）运行的游戏项目来说，并不是真的有必要。当设计一个游戏时，开发者真的不会想要所有这些"应用程序"特性，以获取玩家的信任。这一点非常重要。如今，在市场上众多游戏洪流中，很难持续吸引玩家的注意力，我们想要帮助玩家忘记自己在玩一款游戏，而是要让他沉浸在游戏或者故事当中。

接下来，为项目增加一个名为 main.cpp 的新文件。与上一章相比，本章所做的略有不同，只是为了展示另外一种方法。这次，鼠标右键单击 Solution Explorer 中的项目名称。将会弹出上下文菜单，如图 2.5 所示。选择 Add\New Item，然后单击 OK 按钮。

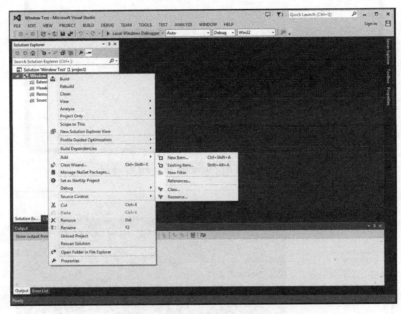

图 2.5 使用上下文菜单为项目增加一个新文件

将会弹出 Add New Item 对话库（如图 2.6 所示）。选择 C++ File (.cpp)，并且输入 main.cpp 作为文件的名称。单击 OK 按钮继续。

当完成所有这些，项目中增加了新的源代码文件（如图 2.7 所示）。现在，我们已有一个准备好的新的程序，还必须在源代码中输入内容。

下面是一个完整的 Windows 程序的源代码，它包含一个 WinMain 函数以及另一个叫作 WinProc 的函数，稍后会介绍 WinProc 函数。看看在读者录入程序的时候，能否搞清楚在做些什么。如果不想录入程序，可从下载的源代码包的\chapter02\WindowTest 目录打开项目。然而，如果读者是 Visual Studio 或 C++的新手，我强烈建议自己建立这个项目，并且录入代码以获得学习经验。

2.1 编写一个 Windows 程序 31

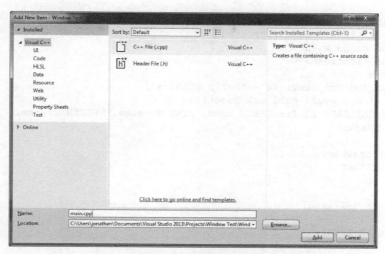

图 2.6 使用 Add New Item 对话框新增一个源代码文件

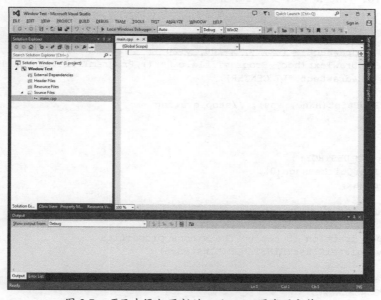

图 2.7 项目中添加了新的 main.cpp 源代码文件

建议

每章都包含一个 Visual C++项目，其中带有一个名为 main.cpp 的空白 C++文件，以便你可以快速打开并使用一个新项目。建议读者在学习每章内容时，为每一个要创建的新项目创建一个示例项目文件夹的副本。

```cpp
// Beginning Game Programming
// Chapter 2 -WindowTest program
#include <windows.h>
#include <iostream>
using namespace std;
const string ProgramTitle = "Hello Windows";
// The window event callback function
LRESULT CALLBACK WinProc(HWND hWnd, UINT message, WPARAM wParam,
LPARAM lParam)
{
    RECT drawRect;
    PAINTSTRUCT ps;
    HDC hdc;

    switch (message)
    {
    case WM_PAINT:
    {
        hdc = BeginPaint(hWnd, &ps); //start drawing
        for (int n = 0; n < 20; n++)
        {
            int x = n * 20;
            int y = n * 20;
            drawRect = { x, y, x+100, y+20 };
            DrawText(hdc, ProgramTitle.c_str(),ProgramTitle.length(),
                &drawRect, DT_CENTER);
        }
        EndPaint(hWnd, &ps); //stop drawing
    }
    break;

    case WM_DESTROY:
        PostQuitMessage(0);
        break;
    }
    return DefWindowProc(hWnd, message, wParam, lParam);
}
// Helper function to set up the window properties
ATOM MyRegisterClass(HINSTANCE hInstance)
{
    //set the new window's properties
    WNDCLASSEX wc;
    wc.cbSize         = sizeof(WNDCLASSEX);
    wc.style          = CS_HREDRAW | CS_VREDRAW;
    wc.lpfnWndProc    = (WNDPROC)WinProc;
    wc.cbClsExtra     = 0;
    wc.cbWndExtra     = 0;
    wc.hInstance      = hInstance;
    wc.hIcon          = NULL;
    wc.hCursor        = LoadCursor(NULL, IDC_ARROW);
    wc.hbrBackground  = (HBRUSH)GetStockObject(WHITE_BRUSH);
```

```
    wc.lpszMenuName     = NULL;
    wc.lpszClassName    = ProgramTitle.c_str();
    wc.hIconSm          = NULL;
    return RegisterClassEx(&wc);
}

// Helper function to create the window and refresh it
bool InitInstance(HINSTANCE hInstance, int nCmdShow)
{
    //create a new window
    HWND hWnd = CreateWindow(
        ProgramTitle.c_str(),               //window class
        ProgramTitle.c_str(),               //title bar
        WS_OVERLAPPEDWINDOW,                //window style
        CW_USEDEFAULT, CW_USEDEFAULT,       //position of window
        640, 480,                           //dimensions of the window
        NULL,                               //parent window (not used)
        NULL,                               //menu (not used)
        hInstance,                          //application instance
        NULL);                              //window parameters (not used)

    //was there an error creating the window?
    if (hWnd = = 0) return 0;

    //display the window
    ShowWindow(hWnd, nCmdShow);
    UpdateWindow(hWnd);

    return 1;
}
// Entry point for a Windows program
int WINAPI WinMain(HINSTANCE hInstance, HINSTANCE hPrevInstance,
    LPSTR lpCmdLine, int nCmdShow)
{
    //create the window
    MyRegisterClass(hInstance);
    if (!InitInstance(hInstance, nCmdShow)) return 0;

    // main message loop
    MSG msg;
    while (GetMessage(&msg, NULL, 0, 0))
    {
        TranslateMessage(&msg);
        DispatchMessage(&msg);
    }
    return msg.wParam;
}
```

这是 Window Test 程序的完整源代码，是你的第一个完整的 Windows 程序，它能够生成一个标准的程序窗口。按 F5 键来运行程序。

> **建议**
>
> 如果建立项目时有错误,有可能是录入错误,或者需要修改项目的设置,才能够正确地运行它。关于 Visual Studio2013 项目设置的快速概览,请参见"附录 A"。

读者会看到图 2.8 所示的程序窗口。如果读者只是想要编译项目以检查错误,那么可以按 F7 键来编译(或者使用 Build 菜单)。这是测试代码的"专业"方式,在按 F5 键运行程序前,先编译以确保程序中没有错误。

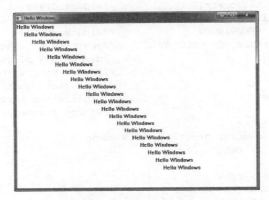

图 2.8　WindowTest 程序

2.1.1　理解 InitInstance

InitInstance 是 WinMain 所调用的第一个函数,用于创立程序。InitInstance 创建程序窗口。这个函数的代码本可直接插入到 WinMain 中,但将它们放到单独的函数中会更方便(这与多实例的处理有关,因为一个程序可能会多次运行)。注意 InitInstance 不是一个像 WinMain 那样的基本 Windows 函数,而只是一个"助手"函数,如果愿意也可以换个名字。实例句柄是个程序中使用的全局变量,用于保存主实例。下面将把典型的 InitInstance 函数调用的样式以及所做的工作展示给读者。

1. InitInstance 函数调用

InitInstance 的函数调用如下所示。

```
bool InitInstance( HINSTANCE hInstance, int nCmdShow )
```

让我们来了解一下参数。

- HINSTANCE hInstance。WinMain 所传递的第一个参数是它从 Windows 接收来的程序实例。InitInstance 将使用全局实例来检查这个参数，看看新实例是否需要终止。如果是，那么程序的主实例会被设置为前台窗口。对于用户而言，就好像再次运行程序的结果就是将原来的实例提到前面来。
- int nCmdShow。WinMain 传递给 InitInstance 的第二个参数，它也是从 Windows 接收的参数。

InitInstance 函数返回一个 bool 值，它要么是 1（true）要么是 0（false），直接告诉 WinMain 启动是成功还是失败。注意 WinMain 没有将任何命令行参数传递给 InitInstance。如果想处理 lpCmdLine 字符串，可创建一个新函数来处理它，也可按照我们通常的做法来做——就在 WinMain 中处理参数。

2. InitInstance 的结构

在应用程序编程中，人们经常推荐使用资源表来处理字符串。资源字符串的使用实际上是一种偏好。我们有可能要将游戏中的文本移植到另一种语言，而这是将字符串储存为资源所能带来的便利。但总的来说，这种用法并不普遍。将资源中的简单消息显示出来的代码需要查找每个用到的字符串，这会降低程序运行速度并让代码更为凌乱，尤其从初学者的角度来看的话。InitInstance 函数如下所示。

```
bool InitInstance(HINSTANCE hInstance, int nCmdShow)
{
    //create a new window
    HWND hWnd = CreateWindow(
        ProgramTitle.c_str(),              //window class
        ProgramTitle.c_str(),              //title bar
        WS_OVERLAPPEDWINDOW,               //window style
        CW_USEDEFAULT,CW_USEDEFAULT,       //position of window
        640, 480,                          //size of the window
        NULL,                              //parent window (not used)
        NULL,                              //menu (not used)
        hInstance,                         //application instance
        NULL);                             //window parameters (not used)
    //was there an error creating the window?
    if (hWnd = = 0) return 0;
    //display the window
    ShowWindow(hWnd, nCmdShow);
    UpdateWindow(hWnd);
    return 1;
}
```

第 2 章
侦听 Windows 消息

在这段代码之前，程序实际上根本没有用户界面。使用 CreateWindow 函数创建的主窗口成为程序所用的窗口。InitInstance 的一切就是创建应用程序所需的新窗口并显示。CreateWindow 的参数列表中包括了描述每个参数用途的注释。在创建（并校验）了窗口之后，最后几行代码实际显示新创建的窗口。

```
ShowWindow(hWnd, nCmdShow);
UpdateWindow(hWnd);
```

hWnd 值由 CreateWindow 函数传递给这些函数。在创建窗口的时候，窗口就已存在于 Windows 中，只是看不见。UpdateWindow 通过将 WM_PAINT 消息发送给窗口处理器告诉新窗口把自己绘制出来。不仅如此，程序也经常以这种方式和自己对话，这在 Windows 编程中很常见。InitInstance 中的最后一行将 1（true）返回给 WinMain。

```
return 1;
```

如果读者还记得的话，WinMain 对待这个返回值很严肃！如果 InitInstance 觉得目前的情势不对，WinMain 将终止程序。

```
if (!InitInstance (hInstance, nCmdShow)) return 0;
```

从 WinWain 中返回一个值，无论是 1（true）还是 0（false）都将立即终止程序。如果 InitInstance 的返回值是 1，那么请记得 WinMain 将继续执行，在 while 循环中进行消息处理，程序将开始运行。

2.1.2 理解 MyRegisterClass

MyRegisterClass 是一个非常简单的用于设置程序所需的窗口类的值的函数。MyRegisterClass 中的代码本可放置在 WinMain 中。实际上，所有这些东西本来都可以塞到 WinMain 里面，Windows 是不会抱怨的。不过，把 Windows 的初始化代码分开放置到可识别的（也是标准的）助手函数中可让程序更易理解一些，至少在学习阶段是如此的。WinMain 调用 InitInstance 并且通过调用 MyRegisterClass 来设置程序窗口。这又是一个并非必需的可选辅助函数。如果想，也可以重命名这个函数，Windows 不会介意。

1. MyRegisterClass 函数调用

InitInstance 将一个参数传递给 MyRegisterClass，以便设置窗口类。

```
ATOM MyRegisterClass( HINSTANCE hInstance )
```

读者对这些参数都已熟悉了。hInstance 就是那个由 WinMain 传递给 InitInstance 的实例。这个变量到处传播呢！读者还记得吧，hInstance 储存运行中的程序的当前实例，InitInstance 会将它的值复制到一个全局变量中。第二个参数很容易理解，它是 InitInstance 中以 char *类型创建的值，初始化为窗口类名称（本例中为"Hello World"）。

建议

MyRegisterClass 所返回的 ATOM 数据类型被定义为 WORD，而 WORD 在 Windows 的一个头文件中定义为 unsigned short。

2. MyRegisterClass 的作用

这个函数的作用是什么？下面再次列出了 MyRegisterClass()以便参考。在代码清单之后将会详细讲解这个函数。这些属性的使用对于 Windows 程序来说简直就像家务活儿。我对此不太关心的原因是当 DirectX 接管之后我们将占有窗口。所以，会有谁去关心这个注定很快会被硬件多边形所占领的窗口要用哪个特殊属性呢？不过，在初期的时候，讲解所有这些基础知识是重要的。

```
ATOM MyRegisterClass(HINSTANCE hInstance)
{
    //set the new window's properties
    WNDCLASSEX wc;
    wc.cbSize        = sizeof(WNDCLASSEX);
    wc.style         = CS_HREDRAW | CS_VREDRAW;
    wc.lpfnWindProc  = (WNDPROC)WinProc;
    wc.cbClsExtra    = 0;
    wc.cbWndExtra    = 0;
    wc.hInstance     = hInstance;
    wc.hIcon         = NULL;
    wc.hCursor       = LoadCursor(NULL, IDC_ARROW);
    wc.hbrBackground = (HBRUSH)GetStockObject(WHITE_BRUSH);
    wc.lpszMenuName  = NULL;
    wc.lpszClassName = ProgramTitle.c_str();
    wc.hIconSm       = NULL;
    return RegisterClassEx(&wc);
}
```

首先，MyRegisterClass 定义了一个新变量 wc，类型是 WNDCLASS。这个结构的每个成员都按顺序在 MyRegisterClass 中定义了，所以没必要列出这个结构。这里的代码量比较大，所以我们需要逐步介绍，如果读者不关心细节，可以跳到下一节。

窗口样式 wc.style 被设置成 CS_HREDRAW | CS_VREDRAW。管道符号（|）代表一种

位合并的方法。CS_HREDRAW 值使得程序窗口在移动或尺寸调整改变宽度时完全重新绘制。同样地，CS_VREDRAW 使得窗口高度调整后完全重新绘制。

wc.lpfnWinProc 变量需要多讲解一些，因为它不是个简单的变量，而是个指向一个回调函数的指针。这是非常重要的，要是不设定这个值，消息就无法传递给程序窗口（hWnd）。当 Windows 消息和这个 hWnd 的值匹配时，回调窗口过程会自动被调用。所有的消息都是如此，包括用户输入和窗口重绘。任何按钮的按下、屏幕的刷新或其他事件的发生都会穿过这一回调过程。这个函数可以起任意名称，比如 BigBadGameWindowProc，只要它的返回值是 LRESULT CALLBACK 而且参数正确即可。

wc.cbClsExtra 和 wc.cbWndExtra 结构变量在大多数时候应设为零。这些变量只用来为窗口实例多增加一些额外的内存空间，我们实在是无需使用它们。

wc.hInstance 设为传递给 MyRegisterClass 的 hInstance 参数值。主窗口需要知道正在使用的是哪个实例。如果真想让程序晕菜，不妨将每个新实例设置为指向同一个程序窗口。这会很有趣！不过这应该不可能发生，因为游戏的新实例会被终止，不允许运行。

wc.hIcon 和 wc.hCursor 颇能自己解释。LoadIcon 函数通常用于从资源中装载一个图标图像，而 MAKEINTRESOURCE 宏为资源标识符返回一个字符串值。这个宏在游戏中不常使用（除非游戏需要在窗口中运行）。

wc.hbrBackground 被设置为用于绘制程序窗口背景的一个刷子句柄。默认地使用的是后援对象 WHITE_BRUSH。它可以是一个位图图像、一个自定义刷子或者任何一种颜色。

wc.lpszMenuName 被设置为程序菜单的名称，这也是一个资源。我不在本书中的示例程序中使用菜单。

wc.lpszClassName 被设置为传递给 MyRegisterClas 的 szWindowClass 参数值。它给予窗口特定的类名称，和 hWnd 一起用在消息处理中。这也可以直接编码到一个字符串值中。

最后，MyRegisterClass 调用 RegsiterClassEx 函数。设置了窗口细节的 WNDCLASS 变量——wc 传递给了这个函数。如果返回值为零表示失败。如果成功地将窗口注册给了 Windows，那么这个值将传回给 InitInstance。

唉，这些是否令你头疼？我不指望读者现在能够记忆所有这些信息，不过作为游戏程序员，理解所有的工作原理总是个好主意，这样就能最大限度地发挥出所使用的硬件的能力。

建议

InitInstance 和 MyRegsiterClass 函数中的代码并不是一定要位于不同的函数中。我们可以将这些代码直接放在 WinMain 中，我们在后面的章节中就是这么做的。但目前，分成多个小步骤来实现有助于理解 Windows 编程。

2.1.3 晒一晒 WinProc 的秘密

WinProc 是窗口回调过程，Windows 通过它将事件传递给程序。回调函数是被调用回来的函数（我打赌你自己已经琢磨出了这句话的意思）。回忆一下 MyRegisterClass 设置的传递给 RegisterClassEx 的 WNDCLASS 结构。一旦注册了类，就可创建窗口并显示在屏幕上。该结构中的一个字段——lpfnWinProc，被设置为窗口回调过程的名称，通常名为 WinProc。这个函数处理所有发送给主程序窗口的消息。所以，一般来说，WinProc 将是主程序源代码文件中最长的函数。图 2.9 展示了 WinProc 处理事件消息的方法。

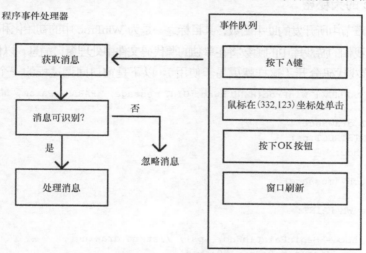

图 2.9 WinProc 回调函数处理与该应用程序相关的事件

1. WinProc 函数调用

窗口回调函数如下所示。

```
LRESULT CALLBACK WinProc( HWND hWnd, UINT message, WPARAM wParam,
LPARAM lParam)
```

读者需要了解这个函数，因为它是通向初始化 Direct3D 的钥匙。参数既简单又直白，它们代表 Windows 程序的真实"引擎"。请记得这一信息是早先在 WinMain 中由 GetMessage 函数获取的。请不要将 InitInstance 和 WinProc 混淆。InitInstance 只运行一次，对选项进行设置。而后就由 WinProc 接管，接收并处理消息。

让我们来看看 WinProc 的参数。

- ◎ **HWND hWnd**。第一个参数是窗口句柄。在游戏中，通常要使用 hWnd 作为参数创建一个新的设备环境句柄，也就是一个 hDC。在 DirectX 到来之前，必须要保留好窗口句柄，因为只要引用一个窗口或控件就必须使用到它。在 DirectX 程序中，窗口句柄仅在开始时用于创建窗口。
- ◎ **UINT message**。第二个参数是发送给窗口回调过程的消息。消息可以是任何东西，甚至是无需使用的消息。由于这个原因，有一个将消息传递给默认消息处理器的方法。
- ◎ **WPARAM wParam 和 LPARAM lParam**。最后两个参数是与特定命令消息一起传递过来的参数值的高位和低位。我将在下一节讲解它们。

2．WinProc 的大秘密

在随后的章节中所开发的助手函数，其目标之一是为 WinProc 中的初始化和消息处理等事务提供帮助。我们的游戏库中的函数将在单独的源代码文件中处理窗口消息，以便将 Windows 核心代码与游戏代码分开（这样就更易于使用）。以下是窗口回调过程的一个简单版本。

```
LRESULT CALLBACK WinProc(HWND hWnd, UINT message, WPARAM wParam, LPARAM lParam)
{
    RECT drawRect;
    PAINTSTRUCT ps;
    HDC hdc;

    switch (message)
    {
    case WM_PAINT:
    {
        hdc = BeginPaint(hWnd, &ps); //start drawing
        for (int n = 0; n < 20; n++)
        {
            int x = n * 20;
            int y = n * 20;
            drawRect = { x, y, x+100, y+20 };
            DrawText(hdc, ProgramTitle.c_str(), ProgramTitle.length(),
                &drawRect, DT_CENTER);
        }
        EndPaint(hWnd, &ps); //stop drawing
    }
        break;
    case WM_DESTROY:
        PostQuitMessage(0);
        break;
    }
    return DefWindowProc(hWnd, message, wParam, lParam);
}
```

由于读者已经熟悉了这些参数，我就直接切入正题了。如果读者不关心细节，可以直接跳过这一部分（不过，作为一名游戏程序员，怎么会不关心细节呢）。这个函数可以分为两个主要部分：声明部分和如同一个大的 if 语句嵌套的 switch 语句。在 switch 语句中也有两个部分：处理命令消息和正常消息的 case 语句。命令将使用 WinProc 的最后两个参数——wParam 和 lParam，而正常消息通常不需要这些参数（我们不使用它们）。

PAINTSTRUCT 变量 ps 用在 WM_PAINT 消息处理器中，用于启动以及停止屏幕更新，这就如同在进行更新时解锁和锁住设备环境（于是在这个过程中屏幕内容不会不完整）。hdc 变量也在 WM_PAINT 消息处理器中使用，用于获取程序窗口的设备环境。其他变量用于在屏幕上显示"Hello Windows"消息。

在变量声明之后是 switch(message)语句。它是处理多个消息更为容易的方法，要比使用嵌套 if 语句好得多。在处理大量条件测试时，switch 的能力要好得多。

WM_DESTROY 消息标识符告诉窗口该关闭了。程序应该从内存中移除对象，然后调用 PostQuitMessage 函数结束程序，从而优雅地关闭。到了下一步编写 Direct3D 代码的时候，这将会是唯一需要设计的消息，因为在 Direct3D 程序中不需要 WM_PAINT。

对于游戏编程而言，WM_PAINT 绝对是一个最为有趣的消息类型，因为窗口更新在这里处理。再次看一下 WM_PAINT 的代码。

```
case WM_PAINT:
{
    hdc = BeginPaint(hWnd, &ps); //start drawing
    for (int n = 0; n < 20; n++)
    {
        int x = n * 20;
        int y = n * 20;
        drawRect = { x, y, x+100, y+20 };
        DrawText(hdc, ProgramTitle.c_str(), ProgramTitle.length(),
            &drawRect, DT_CENTER);
    }
    EndPaint(hWnd, &ps); //stop drawing
}
break;
```

调用 BeginPaint 函数是为了锁住设备环境以便进行更新（使用窗口句柄和 PAINTSTRUCT 变量）。BeginPaint 返回了程序窗口的设备环境。在每次刷新时这都是必需的，因为，尽管不常见，但在程序运行中不能保证设备环境是个常量（比如，内存不够用，程序被转移到虚拟内存中，而后又重新取出。这样的事件几乎肯定会生成新的设备环境）。

在 for 循环中，名为 drawRect 的矩形对象（RECT 类型）设置为从屏幕左上方开始以楼梯的方式向下到底部绘制一条消息。DrawText 在目标设备环境中显示消息。末尾的

DT_CENTER 参数告诉 DrawText 将消息对齐到所传递的矩形的顶部中央位置。绘制消息处理器的最后一行调用 EndPaint 来关闭本次消息处理器迭代所用的图形系统。

建议

> 系统不会连续不断调用 WM_PAINT，只有当窗口必须重绘时才会调用，这与实时循环不同。所以，WM_PAINT 不是个适合于为游戏插入屏幕刷新代码的位置。就如下一章要学的内容那样，我们必须修改 WinMain 中的循环，让代码在实时循环中运行。

2.2 什么是游戏循环

Windows 编程要比我们在这几页中所讲解的博大精深得多，我们所需专注的只是能够让 DirectX 启动起来的有限代码。一个"真正"的 Windows 应用程序应该有一个菜单、一个状态栏、一个工具栏以及许多对话框，这也是一般的 Windows 编程书籍又大又厚的原因。我要关注的是游戏的创建而不是将大量篇幅花费在操作系统的流程上。我真正想做的是逃离 Windows 代码，用上简单的、寻常的、C++程序里标准的 main 函数（但在 Windows 程序中没有它，使用的是 WinMain）。

有一种方法是将所有的基础 Windows 代码（包括 WinMain）都放到一个源代码文件中（比如 winmain.cpp），然后使用另一个源代码文件（比如 game.cpp）来放游戏。然后，这就是在 WinMain 中调用某种形式的 main 函数的简单事情了，"游戏代码"会在程序窗口创建之后立即开始运行。这实际上是许多系统和库的标准做法，它将操作系统抽象到一边，给程序员提供一个标准的接口。

2.2.1 老的 WinMain

以下是到目前为止我们一直在用的 WinMain 版本。这个版本的 WinMain 仅有一个问题：它没有一个连续的循环，只有一个有限的循环用于处理任何尚未处理的消息，然后退出（请参见黑体的"while"一行）。

```
int WINAPI WinMain(HINSTANCE hInstance, HINSTANCE hPrevInstance,
LPSTR lpCmdLine, int nCmdShow)
{
    MSG msg;
```

```
    MyRegisterClass(hInstance);
    if (!InitInstance (hInstance, nCmdShow))
        return FALSE;
    while (GetMessage(&msg, NULL, 0, 0))
    {
        TranslateMessage(&msg);
        DispatchMessage(&msg);
    }
    return msg.wParam;
}
```

1. 对持续性的需要

当以 2D 精灵或 3D 模型来渲染，敌方角色到处移动，枪弹和爆炸再加上高热原子核反应的爆炸在背景肆虐时，我们需要能够将 Windows 消息放在一边而一直工作的东西！简单地说，上面列出的是一个蠢笨的、无生命力的 WinMain 版本，完全不适合于游戏。我们需要这样一种东西，它能够持续运行而无论是否有事件消息进来。创建一个无论 Windows 在做什么都能一直运行的实时循环的关键就在于修改 WinMain 中的 while 循环。首先，while 循环受一条消息的制约，而游戏必须在循环中保持运行，无论是否有消息。所以这绝对需要有所改变！图 2.10 展示了当前的 WinMain。

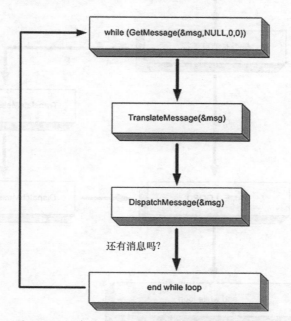

图 2.10 标准的 WinMain 对实时游戏循环不友好

2. 实时的终止器

注意主循环在没有消息时的终止、在尚有消息存在时的持续处理的方式。如果在这个版本的 WinMain 中调用主游戏循环会发生什么呢？嗯，游戏循环偶尔会执行，内容会在屏幕上更新。但更经常的是什么都不会发生。这是什么原因呢？因为这是个事件驱动的 while 循环，而我们需要一个普通的、寻常的、过程的 while 循环来保持系统运行、运行、再运行，无论发生的是什么。实时游戏循环在游戏结束之前必须保持运行。为了避免读者疑惑，我将在下一章展示设立一致的、常规的帧速率的方法。我们目前的目标是让一切尽可能快地运行，而后再考虑计时的问题。我们必须先让程序跑起来，然后再进行优化或清理（如果有时间）。

我们现在来看另外一个展示。如图 2.11 所示，这是新版本的 WinMain，这次它支持实时游戏循环了：不再只是对事件进行循环，而是不管事件如何，一直保持循环（诸如鼠标移动或按键）。

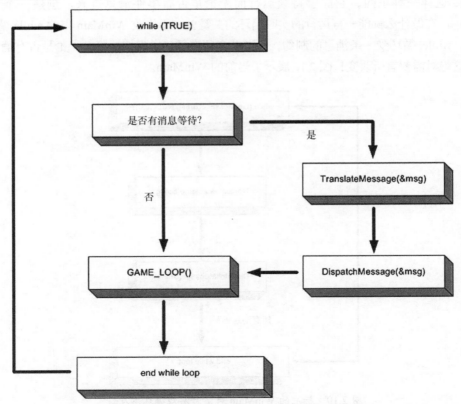

图 2.11　新修改的 WinMain 对实时游戏循环要友好得多

2.2.2　WinMain 和循环

制作一个实时循环的关键在于要对 WinMain 中的 while 循环进行修改，让它能无限运行，然后在 while 循环内部检查消息。无限的意思是循环将永远保持运行，除非受到中断并导致循环退出（通过在循环中调用 exit 或 return）。为了使用一个无休止的循环，有一个可替代 GetMessage 函数来检测是否有事件消息进来的函数。这个函数就是 PeekMessage。如其名称所意味的那样，这个函数可查看正在到来的消息而无需将其从消息队列中取出。现在我们当然不能让消息队列堆满（浪费内存），我们要使用 PeekMessage 代替 GetMessage 而无论是否有消息。如果有消息，没问题，继续并处理它们。否则，就将控制权交回下一行代码。不难发现，GetMessage 不是很有礼貌，它不让我们的游戏循环运行，除非在消息队列中有等待处理的消息存在。另一方面，PeekMessage 是有礼貌的，并且在没有消息等待时只会将控制传递给下一条语句。

1. 到了窥探一下的时候了

让我们来看一看 PeekMessage 函数的格式。

```
BOOL PeekMessage(
    LPMSG lpMsg,           //pointer to message struct
    HWND hWnd,             //window handle
    UINT wMsgFilterMin,    //first message
    UINT wMsgFilterMax,    //last message
    UINT wRemoveMsg);      //removal flag
```

以下是参数一览。
- LPMSG lpMsg。这个参数是描述本消息的消息结构指针（类型、参数等）。
- HWND hWnd。这是与该事件关联的窗口的句柄。
- UINT wMsgFilterMin。这是已收到的第一条消息。
- UINT wMsgFilterMax。这是已收到的最后一条消息。
- UINT wRemoveMsg。这是用于确定在读了消息之后如何对消息进行处理的标志。它可以是 PM_NOREMOVE——将消息留在消息队列中；也可以是 PM_REMOV——在读取消息之后将它从消息队列中移除。

2. 将 PeekMessage 插到 WinMain 中

好了，让我们现在用上 PeekMessage，这样就可以了解这一切与游戏的编写是如此之

第 2 章
侦听 Windows 消息

般配了。以下是 WinMain 中新版本的主循环，它使用了 PeekMessage（还有几行额外的代码，我很快就会讲解）。

```cpp
bool gameover = false;
while (!gameover)
{
    if (PeekMessage(&msg, NULL, 0, 0, PM_REMOVE))
    {
        //handle any event messages
        TranslateMessage(&msg);
        DispatchMessage(&msg);
    }
    //process game loop (this is new)
    Game_Run();
}
```

读者将注意到在这个新版本的 while 循环中使用了对 PeekMessage 的调用而不是 GetMessage，此外还会看到 PM_REMOVE 参数，用它将事件消息从队列中取出并处理。在实际情况中，没有消息会真的进入 DirectX 程序（除了 WM_QUIT 有可能），因为大多数处理都发生在 DirectX 库中。

通过改进，我们有了一个游戏循环。那么它能做什么呢？我偷偷加入的那行额外代码一定已经映入读者的眼帘，因为它名叫 Game_Run。这个函数不是 Windows 的一部分，实际上它尚未存在。读者很快就将亲自编写这个函数！在下一章，我们最终有机会开始进入 DirectX 代码的时候，这个函数将更显出其意义。那就是说，我们得看一看带有 3 个新定制函数调用的新的、更加高级的 WinMain 版本。我们超前了一些，一些新的函数还没有介绍，如 Game_Init、Game_Run 和 Game_End。

```cpp
int WINAPI WinMain(HINSTANCE hInstance, HINSTANCE hPrevInstance,
LPSTR lpCmdLine, int nCmdShow)
{
    MSG msg;
    MyRegisterClass(hInstance);
    if (!InitInstance(hInstance, nCmdShow)) return 0;
    //initialize the game
    if (!Game_Init()) return 0;
    // main message loop
    bool gameover = false;
    while (!gameover)
    {
        if (PeekMessage(&msg, NULL, 0, 0, PM_REMOVE))
        {
            //decode and pass messages on to WndProc
            TranslateMessage(&msg);
```

```
            DispatchMessage(&msg);
        }

        //process game loop
        Game_Run();
    }
    //do cleanup
    Game_End();
    //end program
    return msg.wParam;
}
```

状态驱动的游戏

游戏程序员经常争论的一个主题就是如何设计一个状态系统。有些人认为游戏应该从一开始就是状态驱动的，所有函数调用都必须极度抽象，这样代码就能移植到其他平台。比如，有些人编写的代码会隐藏所有的 Windows 代码，于是需要编写相似的 Mac 或 Linux 版本时就有可能无需太多困难就能将大部分游戏代码移植到这些平台上。我将稍微探究一下这一主题，因为这是良好的开发习惯！即使受到压力要求马上完成一款游戏，即使需要一次敲 16 小时代码，只要你是个真正的专业人士，那么你也会想方设法地将一些神经元留给更高层次的东西——比如编写干净的代码。

2.3 GameLoop 项目

为了展示我们所讨论的实时编程的实际应用，我将带大家创建一个新的包含新版本的 WinMain 和新函数的项目。请继续，创建一个新的 Win32 项目，将新项目命名为 **GameLoop**。如果你在创建一个新的项目的时候需要帮助，请参见本章前面对于创建项目的介绍，以了解详细步骤。配置新项目的详细介绍，请参见"附录 A"。

GameLoop 程序的源代码

我在这里所提供的代码将会是所有后续程序的基础，后续程序只会有很少的一些更改。你可能会注意到，这里在上一章中展示的一些相似的代码上，确实做了一些细小改进。请继续，打开 GameLoop 项目中的 winmain.cpp 文件并键入下列清单中的代码。我很快就会讲解它。图 2.12 展示了在 Visual Studio 2013 中完整的 GameLoop 项目。

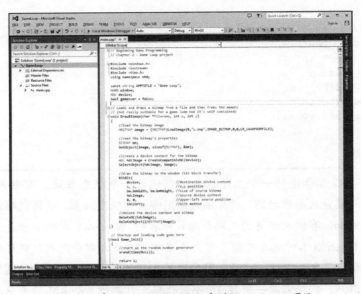

图 2.12　在 Visual Studio2013 中的 GameLoop 项目

```
#include <windows.h>
#include <iostream>
#include <time.h>
using namespace std;
const string APPTITLE = "Game Loop";
HWND window;
HDC device;
bool gameover = false;
// Loads and draws a bitmap from a file and then frees the memory
// (not really suitable for a game loop but it's self contained)
void DrawBitmap(char *filename, int x, int y)
{
    //load the bitmap image
    HBITMAP image = (HBITMAP)LoadImage(0,"c.bmp",IMAGE_BITMAP,0,0,LR_LOADFROMFILE);
    //read the bitmap's properties
    BITMAP bm;
    GetObject(image, sizeof(BITMAP), &bm);
    //create a device context for the bitmap
    HDC hdcImage = CreateCompatibleDC(device);
    SelectObject(hdcImage, image);
    //draw the bitmap to the window (bit block transfer)
    BitBlt(
```

```
            device,                    //destination device context
            x, y,                      //x,y location on destination
            bm.bmWidth, bm.bmHeight,   //width,height of source bitmap
            hdcImage,                  //source bitmap device context
            0, 0,                      //start x,y on source bitmap
            SRCCOPY);                  //blit method
    //delete the device context and bitmap
    DeleteDC(hdcImage);
    DeleteObject((HBITMAP)image);
}
// Startup and loading code goes here
bool Game_Init()
{
    //start up the random number generator
    srand(time(NULL));
    return 1;
}
// Update function called from inside game loop
void Game_Run()
{
    if (gameover = = true) return;
    //get the drawing surface
    RECT rect;
    GetClientRect(window, &rect);
    //draw bitmap at random location
    int x = rand() % (rect.right -rect.left);
    int y = rand() % (rect.bottom -rect.top);
    DrawBitmap("c.bmp", x, y);
}
// Shutdown code
void Game_End()
{
    //free the device
    ReleaseDC(window, device);
}
// Window callback function
LRESULT CALLBACK WinProc(HWND hWnd, UINT message, WPARAM wParam, LPARAM lParam)
{
    switch (message)
    {
        case WM_DESTROY:
            gameover = true;
            PostQuitMessage(0);
```

```cpp
            break;
    }
    return DefWindowProc(hWnd, message, wParam, lParam);
}
// MyRegiserClass function sets program window properties
ATOM MyRegisterClass(HINSTANCE hInstance)
{
    //create the window class structure
    WNDCLASSEX wc;
    wc.cbSize         = sizeof(WNDCLASSEX);
    //fill the struct with info
    wc.style          = CS_HREDRAW | CS_VREDRAW;
    wc.lpfnWndProc    = (WNDPROC)WinProc;
    wc.cbClsExtra     = 0;
    wc.cbWndExtra     = 0;
    wc.hInstance      = hInstance;
    wc.hIcon          = NULL;
    wc.hCursor        = LoadCursor(NULL, IDC_ARROW);
    wc.hbrBackground  = (HBRUSH)GetStockObject(BLACK_BRUSH);
    wc.lpszMenuName   = NULL;
    wc.lpszClassName  = APPTITLE.c_str();
    wc.hIconSm        = NULL;
    //set up the window with the class info
    return RegisterClassEx(&wc);
}
// Helper function to create the window and refresh it
BOOL InitInstance(HINSTANCE hInstance, int nCmdShow)
{
    //create a new window
    window = CreateWindow(
        APPTITLE.c_str(),        //window class
        APPTITLE.c_str(),        //title bar
        WS_OVERLAPPEDWINDOW,     //window style
        CW_USEDEFAULT,           //x position of window
        CW_USEDEFAULT,           //y position of window
        640,                     //width of the window
        480,                     //height of the window
        NULL,                    //parent window
        NULL,                    //menu
        hInstance,               //application instance
        NULL);                   //window parameters
    //was there an error creating the window?
    if (window = = 0) return 0;
```

```
    //display the window
    ShowWindow(window, nCmdShow);
    UpdateWindow(window);
    //get device context for drawing
    device = GetDC(window);
    return 1;
}
// Entry point function
int WINAPI WinMain(HINSTANCE hInstance, HINSTANCE hPrevInstance,
    LPSTR lpCmdLine, int nCmdShow)
{
    MSG msg;
    //create window
    MyRegisterClass(hInstance);
    if (!InitInstance (hInstance, nCmdShow)) return 0;
    //initialize the game
    if (!Game_Init()) return 0;

    // main message loop
    while (!gameover)
    {
        //process Windows events
        if (PeekMessage(&msg, NULL, 0, 0, PM_REMOVE))
        {
            TranslateMessage(&msg);
            DispatchMessage(&msg);
        }
        //process game loop
        Game_Run();
    }
    //free game resources
    Game_End();
    return msg.wParam;
}
```

1. 在 Windows 中绘制位图

在本演示中的 DrawBitmap 函数用于绘制位图，我必须承认，这个函数很慢。这个函数适合于装载完整的背景图片或者只需将图片绘制一次的小位图，但我却用它（或者是滥用它）来重复装载并绘制来自文件中的位图。这个函数将位图文件装入内存，让其在 Windows 中泡一遍，然后在窗口的某个随机位置上绘制它（使用窗口的设备环境）。

建议

如果用书中的代码清单来创建本程序的话，要确认将 c.bmp 文件复制到项目文件夹中（.vcxproj 文件所在的位置）。这个文件可在 .\chapter02\GameLoop 文件夹中找到。如果更改代码中的文件名，还可以使用任何其他位图文件。

在真实的游戏中绝不可这样做，因为这个可怜的位图文件在每次循环都需装载一次！这会慢得让人抓狂，而且又那么浪费。不过对于演示目的而言这没什么问题，因为所有与位图相关的代码都位于这个函数中，而不是散播在清单的其他地方。我希望读者专注于游戏循环和支持函数，而不是这个过了本章就用不着的古董般的位图代码。

```
void DrawBitmap(char *filename, int x, int y)
{
    //load the bitmap image
    HBITMAP image = (HBITMAP)LoadImage(0,filename,IMAGE_BITMAP,
0,0,LR_LOADFROMFILE);
    //read the bitmap's properties
    BITMAP bm;
    GetObject(image, sizeof(BITMAP), &bm);
    //create a device context for the bitmap
    HDC hdcImage = CreateCompatibleDC(device);
    SelectObject(hdcImage, image);
    //draw the bitmap to the window (bit block transfer)
    BitBlt(
        device,                        //destination device context
        x, y,                          //x,y location on destination
        bm.bmWidth, bm.bmHeight,       //width,height of source bitmap
        hdcImage,                      //source bitmap device context
        0, 0,                          //start x,y on source bitmap
        SRCCOPY);                      //blit method
    //delete the device context and bitmap
    DeleteDC(hdcImage);
    DeleteObject((HBITMAP)image);
}
```

建议

如果本书是关于 Windows GDI（图形设备接口）编程的，那么我肯定要非常详细地为你讲解所有的 GDI 图形函数！但既然这至多只是个边注，那么我们就基本上忽略 GDI。

为了重复绘制位图，Game_Run 函数将位图文件名和一个随机的 x, y 位置（其范围在窗口宽度和高度范围之内）传递给 DrawBitmap 函数。

```
void Game_Run()
{
    if (gameover = = true) return;
    //get the drawing surface
    RECT rect;
    GetClientRect(window, &rect);
    //draw bitmap at random location
    int x = rand() % (rect.right -rect.left);
    int y = rand() % (rect.bottom -rect.top);
    DrawBitmap("c.bmp", x, y);
}
```

2. 运行 GameLoop 程序

请继续，按下 F5 键运行程序。你应该看到一个窗口随机位置上出现的反复绘制的一张图片，如图 2.13 所示。

Windows GDI——这个为我们提供窗口句柄和设备环境，并且允许我们在窗口上绘图，从而构建用户界面（或者不使用 DirectX 的游戏）的系统，不客气地说，是一种退步。我想一直向前行进，只讲解 Windows 编程中那些为 DirectX 提供基础的方面，所以请忽略我自己所决断的这一过失。我过去一直是怀旧的。

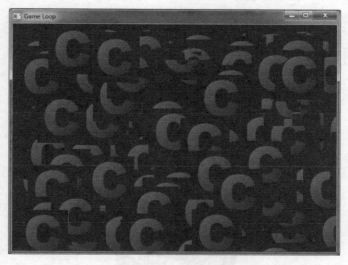

图 2.13 GameLoop 程序窗口充满了随机绘制的位图

2.4 你所学到的

在本章中，读者学到了 Windows 编程基础，为 Direct 编码做准备。以下是要点。

◎ 我们学习了更多 Windows 编程概念。
◎ 我们编写了一个使用 Windows GDI 绘制位图的简单程序。
◎ 我们剖析了一个完整的 Windows 程序并学习了它的工作原理。
◎ 我们学习了 PeekMessage 函数的一切。
◎ 我们学习了如何修改 WinMain 中的主循环。
◎ 我们添加了一些能够让编写游戏更简单的新函数。

2.5 复习测验

以下是一些复习测验题，可帮助读者跳出框框来思考并且记忆本章中所涵盖的信息。这些问题的答案可在"附录 B"中找到。

1. WinMain 函数是做什么的？
2. WinProc 函数是做什么的？
3. 程序实例是什么？
4. 可用于在窗口中绘制像素点的是什么函数？
5. 可用于在程序窗口中绘制文本的是什么函数？
6. 什么是实时游戏循环？
7. 在游戏中为什么需要使用实时循环？
8. 用于创建实时循环的助手函数是什么？
9. 哪个 Windows API 函数可用于在屏幕上绘制位图？
10. DC 代表的是什么？

2.6 自己动手

这些练习将给读者带来挑战，让读者学习更多与本章所给出的主题有关的知识，帮助读者提高自己的独立实践能力。

习题 1. WindowTest 程序中的窗口背景是白色的（WHITE_BRUSH）。修改程序，让它使用黑色背景。

习题 2. 修改 GameLoop 程序，让它只绘制一个能够在窗口中到处移动的位图。（提示：需要确保位图不"飞出"窗口边界。）

第 3 章 初始化 Direct3D

本章将展示如何编写能够初始化 DirectX 并且创建 Direct3D 设备的程序。Direct3D 设备用于访问视频卡的帧缓冲区（frame buffer）以及后台缓冲区（back buffer，用于生成平滑的图形）。后续的章节将通过介绍材质，带领读者更深入地进入 Direct3D 的架构中。开始在屏幕上装载 3D 对象并且渲染屏幕上动画角色之前，我们需要了解 DirectX 的基础。以下就是这部分的主题。

◎ 如何初始化 Direct3D 对象。
◎ 如何创建用于访问视频显示的设备。
◎ 如何在窗口模式运行 Direct3D 程序。
◎ 如果以全屏模式运行 Direct3D 程序。

3.1 Direct3D 初步

为了使用 Direct3D 或者 DirectX 的任何其他组件，必须熟悉使用头文件和库文件的方法（在 C 编程中是家常便饭），因为 DirectX 函数调用都储存在头文件中，而预编译的 DirectX 函数都储存在库文件中。比如，Direct3D 函数储存在 d3d9.lib 中，要让程序"看到" Direct3D，需要在源代码文件中使用#include <d3d9.h>指令将 d3d9.h 头文件包括进来。在 Visual Studio 之前的版本（2010 版以及更早的版本）中，我们必须安装 DirectX 软件开发包（Software Development Kit，SDK）。好在，DirectX SDK 已经集成到了 Windows SDK 中，可以随着 Visual Studio2013 自动安装，所以现在我们可以跳过这一步。这非常有帮助，因为对于一个初学者，要设置编译器并且要习惯于这样使用 C++而且不想要安装 SDK 那么麻烦，是相当困难的。

3.1.1 Direct3D 接口

为了编写使用 Direct3D 的程序，必须创建一个 Direct3D 接口变量和一个图形设备变量。Direct3D 接口称为 LPDIRECT3D9，而设备对象称为 LPDIRECT3DDEVICE9。创建变量的方法如下。

```
LPDIRECT3D9         d3d     = NULL;
LPDIRECT3DDEVICE9 d3ddev    = NULL;
```

LPDIRECT3D9 对象是 Direct3D 库的大老板，这个对象控制所有的一切；而 LPDIRECT3DDEVICE9 代表的是视频卡。读者或许能从这些对象的名称看出它们的来历。LP 的意思是"长指针"，于是 LPDIRECT3D9 是指向 DIRECT3D9 对象的长指针。这些定义位于 d3d9.h 头文件中，这个头文件必须#include 在我们的源代码文件中。以下是 LPDIRECT3D 的定义。

```
typedef struct IDirect3D9 *LPDIRECT3D9;
```

如果读者对指针不够熟悉，会对以上定义感到困惑——在了解了它们之前会很困惑。指针非常容易理解，但对大多数初次接触 C++的程序员而言，指针往往是一个障碍。认为在使用某种东西之前必须要理解这种东西的工作原理，是程序员经常犯的错误之一。不用这样！昂首前进并使用指针，直到熟悉它们。你不需要立刻知道与 3D 建模或者渲染有关的任何知识，就可以直接使用它们。实践出经验，这会弥补对理解的缺乏。IDirect3D9 是个接口。所以，LPDIRECT3D9 是指向 Direct3D9 接口的长指针。LPDIRECT3DDEVICE9 也是如此，这是指向 Idirect3DDevice9 接口的长指针。

3.1.2 创建 Direct3D 对象

现在，让我把初始化主 Direct3D 对象的方法展示出来（在头文件中定义 D3D_SDK_

第 3 章
初始化 Direct3D

VERSION）。

```
d3d = Direct3DCreate9(D3D_SDK_VERSION);
```

这个代码初始化 Direct3D，也就是说 Direct3D 已准备好并可使用了。首先，需要创建 Direct3D 将要输出显示内容的设备。这时候 d3ddev 变量就派上用场了。（注意要使用 d3d 来调用这个函数。）

```
d3d->CreateDevice(
    D3DADAPTER_DEFAULT,                     //use default video card
    D3DDEVTYPE_HAL,                         //use the hardware renderer
    hWnd,                                   //window handle
    D3DCREATE_SOFTWARE_VERTEXPROCESSING,    //do not use T&L (for compatibility)
    &d3dpp,                                 //presentation parameters
    &d3ddev);                               //pointer to the new device
```

硬件 T&L（变换与光照）

如果读者是个技术爱好者，或者是个中坚的游戏者，在视频卡的规格方面有嗜好，那么 D3DCREATE_SOFTWARE_VERTEXPROCESSING 可能会引起你的注意。"变换与光照"在多年前是个时髦的词，从那时开始所有的视频卡都带有 T&L——而最新的发展是可编程着色器。这一切真正的意思是，大部分的 3D 设置工作是由视频卡本身处理，而不是由计算机的中央处理器（CPU）来处理。

当 3Dfx 带着全世界首款 PC 用 3D 加速器卡横空出世，它给游戏业界带来风暴与革命。虽然这种事情迟早都会发生，但 3Dfx 是第一个吃螃蟹的人，因为这家公司已经为街机制造 3D 硬件多年（例如《魔域神兵》）。我记得第一次看到运行在 3D 加速状态下的 Quake 时，我张大了嘴巴。

今天，渲染管线存在于 GPU 中，替代 CPU 的功能。革命持续了许多年，视频卡的多边形处理能力和功能集迅速膨胀。Nvidia 随后引领了下一次革命：将 3D 渲染管线的变换与光照处理阶段加入到了 GPU，将这个工作的重担从 CPU 的身上卸下。这是一个游戏变革。

那么，变换和光照是什么呢？变换是对多边形的操纵，而光照则如其名称那样——给这些多边形增加光照效果。3D 芯片最初通过在硬件中渲染带纹理的多边形来增强游戏效果（极大地改进了质量和速度），而 T&L 则通过让 GPU 操纵以及照射场景，带来终极改进。这些都解放了 CPU，让其有时间执行其任务，比如人工智能和游戏物理。这并不是因为我们有更快的 CPU，而主要是由于 GPU 承担了重载。

CreateDevice 的最后两个参数指定设备参数（d3dpp）以及设备对象（d3ddev）。d3dpp 必须先定义后使用，所以我们得讲讲它。我们可以为设备指定许多选项，如表 3.1 所示。

首先，创建一个 D3DPRESENT_PARAMETERS 结构变量用于设置设备参数。

```
D3DPRESENT_PARAMETERS d3dpp;
```

然后在使用前将结构中的所有值清为零。

```
ZeroMemory(&d3dpp, sizeof(d3dpp));
```

我们来看一下所有可能的 Direct3D 呈现参数，如表 3.1 所示。

表 3.1 Direct3D 呈现参数

变量	类型	描述
BackBufferWidth	UINT	后台缓冲区宽度
BackBufferHeight	UINT	后台缓冲区高度
BackBufferFormat	D3DFORMAT	后台缓冲区格式，D3DFORMAT。在窗口模式中，传递 D3DFMT_UNKNOW 以使用桌面格式
BackBufferCount	UINT	后台缓冲区数量
MultiSampleType	D3DMULTISAMPLE_TYPE	全屏反走样（anti-aliasing）的多采样层（multi-sampling level）数量。通常传递 D3DMULTISAMPLE_NONE
MultiSampleQuality	DWORD	多采样的质量级别，通常传递 0
SwapEffect	D3DSWAPEFFECT	后台缓冲区的交换模式
hDeviceWindow	HWND	本设备的父窗口
Windowed	BOOL	如果是窗口模式设为 TRUE，全屏模式设为 FALSE
EnableAutoDepthStencil	BOOL	允许 D3D 控制深度缓冲区（通常设置为 TRUE）
AutoDepthStencilFormat	D3DFORMAT	深度缓冲区的格式
Flags	DWORD	选项标志（通常设为 0）
FullScreen_RefreshRateInHz	UINT	全屏刷新率（对于窗口模式必须是 0）
PresentationInterval	UINT	控制缓冲区交换速率

d3dpp 结构中有许多选项，其中还有许多子结构。我将讲解本章主题所需的用得到的选项，但我不会将每个选项都讲解到（信息足够多到过载）。让我们用几个让窗口 Direct3D

程序运行所需的值来填充 d3dpp 结构。

```
d3dpp.Windowed = TRUE;
d3dpp.SwapEffect = D3DSWAPEFFECT_DISCARD;
d3dpp.BackBufferFormat = D3DFMT_UNKNOWN;
```

在填写了这几个值之后，就可调用 CreateDevice 创建主 Direct3D 绘图表面。

3.1.3 第一个 Direct3D 项目

我们来创建一个关于 Direct3D 的示例项目，感受一下完整的 Direct3D 程序是如何工作的。创建一个新的 Win32 项目类型的程序，命名为 Direct3DWindowed。在空白项目中添加一个新文件，命名为 main.cpp。现在我们来配置这个 Direct3D 项目。

建议

请记得虽然文件名都使用 .cpp 作为扩展名，但这些基本上只是 C 代码（不是 C++）。Visual C++在某些情况下会抱怨不以 .cpp 结尾的源文件。如今，我们只是不再使用 .c 作为扩展名。

1. 与 Direct3D 库链接

在项目中加入库以便程序使用的方法有两种。比如，Direct3D 是 DirectX SDK 中包含的一个库。Direct3D 库文件名为 d3d9.lib，描述它的头文件是 d3d9.h。DirectX SDK 中还有其他库和头文件。我们可将 d3d9.lib 添加到项目属性中，也可添加一条#pragma 代码让编译器（或者，更为精确地说，是链接器）在所创建的最终可执行文件中加入这个库文件。我将使用#pragma 方法，不过我至少要将如何在 Visual C++中通过设置链接器将 Direct3D 库加进来的方法告诉读者。

```
#pragma comment(lib, "d3d9.lib")
```

打开 Project 菜单并选择 Properties（菜单底部的最后一个选项）。Direct3D Windowed Property Pages 对话框如图 3.1 所示。现在，单击左边列表中的 Linker 条目，打开链接器选项。读者将注意到在 Linker 树条目下有许多子条目，比如 Genenral、Input、Debugging 等。选择 Linker 树菜单下名为 Input 的子条目。

在选项列表的顶端，第一个选项叫作 Additional Dependencies。这个字段展示了所有链接到程序中的库文件并且已经包含了 Windows SDK 所需的库文件。如果在项目中有一个 main.cpp 文件，那么它会被编译成 main.obj（这是个目标文件），它包含能够在计算机上执行的二进制指令。这是非常低级的二进制文件，是不可读的（编译程序之后，在 Debug 文件夹中可见到各种不同的输出文件）。如图 3.2 所示。

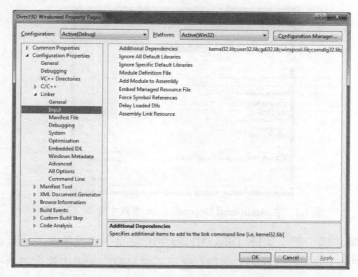

图 3.1　在 Direct3D Windowed Property Pages 对话框中设置 Linker Input

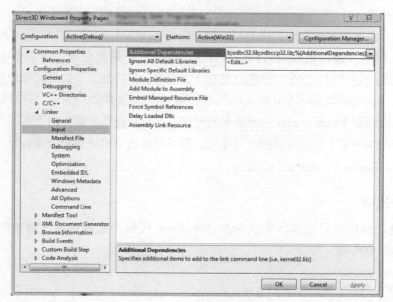

图 3.2　在 Additional Dependencies 字段中添加一个新文件

现在，让我们将新的库文件添加到 Additional Dependencies 的列表中。你可以直接在字段中键入库文件或单击下拉菜单选择 Edit，这会弹出一个更加方便的输入文本框，如图 3.3 所示。在 Additional Dependencies 字段中加入"d3d9.lib"，如图 3.3 所示，然后关闭对话框。

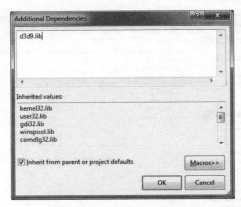

图 3.3　在 Additional Dependencies 字段中添加 d3d9.lib

假设源代码正确，那么编译 Direct3D 程序所需的一切就备齐了。我们现在已经在 Visual C++中配置了第一个 DirectX 项目！这可不容易啊，读者应该觉得自己有了长足的进步了——尤其是那些刚接触 C++语言的读者。当然，在库文件可以使用前，编译器需要一些实际的代码。

现在，介绍为项目添加库文件的第二种方法。

实际工作中，通常更偏向选择这种方法，因为它不需要在项目对话框中做任何设置——它只是一行代码。这个方法的好处在于，程序会更加独立，如果读者想要把代码分享给其他人（比如分享到一个在线论坛），就不必再把库文件添加为项目链接器选项。在把一个项目升级到 Visual Studio 的新版本的时候，这也是有帮助的。由于本书现在已经是第 4 版了，在本书第 1 版出版后的十几年里，项目升级这事情还真是要进行好几次。

```
#pragma comment(lib,"d3d9.lib")
```

2．键入源代码

以下是让程序运行起来所需的标准 Windows 代码。我将在这一清单的末尾展示 Direct3D 的特定代码。

```
#include <windows.h>
#include <d3d9.h>
#include <time.h>
#include <iostream>
using namespace std;
#pragma comment(lib,"d3d9.lib")
```

```cpp
//program settings
const string APPTITLE = "Direct3D_Windowed";
const int SCREENW = 1024;
const int SCREENH = 768;
//Direct3D objects
LPDIRECT3D9 d3d = NULL;
LPDIRECT3DDEVICE9 d3ddev = NULL;
bool gameover = false;
//macro to detect key presses
#define KEY_DOWN(vk_code) ((GetAsyncKeyState(vk_code) & 0x8000) ? 1 : 0)

// Game initialization function
bool Game_Init(HWND hwnd)
{
    //initialize Direct3D
    d3d = Direct3DCreate9(D3D_SDK_VERSION);
    if (d3d == NULL)
    {
        MessageBox(hwnd, "Error initializing Direct3D", "Error", MB_OK);
        return FALSE;
    }
    //set Direct3D presentation parameters
    D3DPRESENT_PARAMETERS d3dpp;
    ZeroMemory(&d3dpp, sizeof(d3dpp));
    d3dpp.Windowed = TRUE;
    d3dpp.SwapEffect = D3DSWAPEFFECT_DISCARD;
    d3dpp.BackBufferFormat = D3DFMT_X8R8G8B8;
    d3dpp.BackBufferCount = 1;
    d3dpp.BackBufferWidth = SCREENW;
    d3dpp.BackBufferHeight = SCREENH;
    d3dpp.hDeviceWindow = hwnd;
    //create Direct3D device
    d3d->CreateDevice(
        D3DADAPTER_DEFAULT,
        D3DDEVTYPE_HAL,
        hwnd,
        D3DCREATE_SOFTWARE_VERTEXPROCESSING,
        &d3dpp,
        &d3ddev);
    if (d3ddev == NULL)
    {
        MessageBox(hwnd, "Error creating Direct3D device", "Error", MB_OK);
        return FALSE;
    }
    return true;
}
// Game update function
void Game_Run(HWND hwnd)
{
```

```cpp
    //make sure the Direct3D device is valid
    if (!d3ddev) return;
    //clear the backbuffer to bright green
    d3ddev->Clear(0, NULL, D3DCLEAR_TARGET, D3DCOLOR_XRGB(0, 0, 255), 1.0f, 0);
    //start rendering
    if (d3ddev->BeginScene())
    {
        //do something?
        //stop rendering
        d3ddev->EndScene();
        //copy back buffer to the frame buffer
        d3ddev->Present(NULL, NULL, NULL, NULL);
    }
    //check for escape key (to exit program)
    if (KEY_DOWN(VK_ESCAPE))
        PostMessage(hwnd, WM_DESTROY, 0, 0);
}
// Game shutdown function
void Game_End(HWND hwnd)
{
    if (d3ddev)
    {
        d3ddev->Release();
        d3ddev = NULL;
    }
    if (d3d)
    {
        d3d->Release();
        d3d = NULL;
    }
}

// Windows event handling function
LRESULT WINAPI WinProc(HWND hWnd, UINT msg, WPARAM wParam, LPARAM lParam)
{
    switch (msg)
    {
    case WM_DESTROY:
        gameover = true;
        break;
    }
    return DefWindowProc(hWnd, msg, wParam, lParam);
}
// Main Windows entry function
int WINAPI WinMain(HINSTANCE hInstance, HINSTANCE hPrevInstance, LPSTR lpCmdLine,
int nCmdShow)
{
    WNDCLASSEX wc;
    MSG msg;
```

3.1 Direct3D 初步

```cpp
//set the new window's properties
//previously found in the MyRegisterClass function
wc.cbSize = sizeof(WNDCLASSEX);
wc.lpfnWndProc = (WNDPROC)WinProc;
wc.style = 0; // CS_HREDRAW | CS_VREDRAW;
wc.cbClsExtra = 0;
wc.cbWndExtra = 0;
wc.hIcon = NULL;
wc.hIconSm = NULL;
wc.lpszMenuName = NULL;
wc.hInstance = hInstance;
wc.hCursor = LoadCursor(NULL, IDC_ARROW);
wc.hbrBackground = (HBRUSH)GetStockObject(WHITE_BRUSH);
wc.lpszClassName = "MainWindowClass";
if (!RegisterClassEx(&wc))
    return FALSE;
//create a new window
//previously found in the InitInstance function
HWND hwnd = CreateWindow("MainWindowClass", APPTITLE.c_str(),
    WS_OVERLAPPEDWINDOW, CW_USEDEFAULT, CW_USEDEFAULT,
    SCREENW, SCREENH, (HWND)NULL,
    (HMENU)NULL, hInstance, (LPVOID)NULL);
//was there an error creating the window?
if (hwnd == 0) return 0;
//display the window
ShowWindow(hwnd, nCmdShow);
UpdateWindow(hwnd);
//initialize the game
if (!Game_Init(hwnd)) return 0;

// main message loop
while (!gameover)
{
    if (PeekMessage(&msg, NULL, 0, 0, PM_REMOVE))
    {
        TranslateMessage(&msg);
        DispatchMessage(&msg);
    }
    Game_Run(hwnd);
}
Game_End(hwnd);
return msg.wParam;
}
```

关于这段代码，读者首先会注意到的是 **MyRegisterClass** 和 **InitInstance** 函数消失了！我将这些代码直接移到了 **WinMain** 中，因为 Direct3D 代码需要访问窗口句柄，而我宁可选择就把 **CreateWindow** 函数保留在 **WinMain** 里面。在这段代码清单中还有许多更改，这与读者在上一章所看到的 **GameLoop** 程序形成了区别。首先，当 gameover 变量为真时（无论是因为用户关闭了窗口并触发了 WM_DESTROY 消息还是按了 Esc 键），都会调用 Game_End。这个函数在程序结束之前从内存中移除 Direct3D 对象。

现在，我们来看看对 Direct3D 进行初始化的代码的更多细节，我会逐步介绍。到目前为止，我是将读者在本章所学过的代码放在 Game_Init 之内的，WinMain 会在主循环开始运行之前调用这个函数。

```
bool Game_Init(HWND hwnd)
{
    //initialize Direct3D
    d3d = Direct3DCreate9(D3D_SDK_VERSION);
    if (d3d == NULL)
    {
        MessageBox(hwnd, "Error initializing Direct3D", "Error", MB_OK);
        return false;
    }
    //set Direct3D presentation parameters
    D3DPRESENT_PARAMETERS d3dpp;
    ZeroMemory(&d3dpp, sizeof(d3dpp));
    d3dpp.Windowed = TRUE;
    d3dpp.SwapEffect = D3DSWAPEFFECT_DISCARD;
    d3dpp.BackBufferFormat = D3DFMT_X8R8G8B8;
    d3dpp.BackBufferCount = 1;
    d3dpp.BackBufferWidth = SCREENW;
    d3dpp.BackBufferHeight = SCREENH;
    d3dpp.hDeviceWindow = hwnd;

    //create Direct3D device
    d3d->CreateDevice(
        D3DADAPTER_DEFAULT,
        D3DDEVTYPE_HAL,
        hwnd,
        D3DCREATE_SOFTWARE_VERTEXPROCESSING,
        &d3dpp,
        &d3ddev);

    if (d3ddev == NULL)
    {
        MessageBox(hwnd, "Error creating Direct3D device", "Error", MB_OK);
        return false;
    }
    return true;
}
```

接下来，让我们看一看 Game_Run，了解在 Direct3D 显示器上如何设置一个非常简单的渲染管线。在最初阶段，我们所做的就是用纯色清除帧缓冲区（表示背景色）。在这个示例中，这个颜色是蓝色。首先，这个函数确认 d3ddev（Direct3D 设备）存在。然后，调用 Clear

函数来清除后台缓冲区——清除为绿色。对 Clear 的调用不只是为了装点门面，它会在对每个帧进行渲染之前确实地将屏幕清空（以后读者还会学到：这个函数也清除用于绘制多边形的 z 缓冲区）。想象我们让一个角色在屏幕上行走。每一帧（在这里是在 Game_Run 中）我们都会更改成动画的下一帧，于是随着时间推移这个角色看起来就真的像在行走。而如果一开始不清除屏幕的话，动画的每一帧就会绘制在前一帧之上，在屏幕上造成一团糟。这也就是为什么在渲染开始之前调用 Clear 的原因：把以前的擦干净好为下一帧做准备。

```
void Game_Run(HWND hwnd)
{
    //make sure the Direct3D device is valid
    if (!d3ddev) return;
    //clear the backbuffer to bright green
    d3ddev->Clear(0, NULL, D3DCLEAR_TARGET, D3DCOLOR_XRGB(0,0,255), 1.0f, 0);

    //start rendering
    if (d3ddev->BeginScene())
    {
        //do something?

        //stop rendering
        d3ddev->EndScene();

        //copy back buffer on the screen
        d3ddev->Present(NULL, NULL, NULL, NULL);
    }
    //check for escape key (to exit program)
    if (KEY_DOWN(VK_ESCAPE))
        PostMessage(hwnd, WM_DESTROY, 0, 0);
}
```

建议

在后面的章节中我们将花费大量时间来讲解 Game_Run 中的 Direct3D 渲染代码。目前由于我们还在学习 Direct3D 初始化，所以就将这些讲解放到以后再说。

现在来看程序的最后一部分——Game_End 函数。当 WM_DESTROY 消息到来时，在 WinMain 中调用了 Game_End 函数，读者应该还记得吧。这通常发生在用户关闭程序时。

```
void Game_End(HWND hwnd)
{
    if (d3ddev)
    {
        d3ddev->Release();
        d3ddev = NULL;
    }
}
```

```
    if (d3d)
    {
        d3d->Release();
        d3d = NULL;
    }
}
```

3. 运行程序

如果运行程序（在 Visual C++中按 F5 键），应该看到一个空白窗口弹出，如图 3.4 所示。嘿，它虽然没做什么事情，但我们学到了许多关于初始化 Direct3D 的知识——这个乖乖已经可以弄出些多边形来了！这里最需要掌握的知识是，该程序初始化 Direct3D，清空帧缓冲区（也就是屏幕），优雅地处理退出过程。无论你是按下 ESC 键退出还是关闭程序窗口，消息循环都通过调用 Game_End 而结束，从而释放内存中的游戏资源。这对于避免内存泄漏极为重要。在示例中，我们只是释放了 Direct3D 和渲染设备。

图 3.4　演示如何初始化 Direct3D 的 Direct3D_Windowed 程序

3.1.4　全屏模式的 Direct3D

接下来要学习如何让 Direct3D 运行于全屏模式，这个模式是大多数游戏的运行模式。我们需要对 CreateWindow 函数调用以及 Direct3D 呈现参数做些更改。以 Direct3D_Windowed 程序作为基础，我们可以通过如下一些更改来让程序以全屏模式运行。

> **提示**
>
> 作为产品,游戏最好运行于全屏模式。但在编程阶段让它运行于窗口模式也是可以的,因为全屏模式下的 Direct3D 会完全控制屏幕,我们无法看到弹出的错误消息或者使用调试器(除非使用两个屏幕,如今这对于游戏程序员而言是非常普遍的)。

1. 修改 CreateWindow

对 CreateWindow 函数的调用必须要做的改动是:要支持全屏模式,尽管这只是一个简单的设置——更为重要的改动会在 Direct3D 设备初始化之后来做。真正重要的修改是,函数调用时要使用 dwStyle 参数,它会使得该窗口出现在所有其他窗口之上。窗口的起始位置也设置为(0,0)。在这里,屏幕的宽度和高度不再重要,因为在初始化 Direct3D 时,我们会查看显示设置,并且会使用桌面分辨率,而 640 像素×480 像素是最小的分辨率。

```
HWND hwnd = CreateWindow("MainWindowClass", APPTITLE.c_str(),
    WS_EX_TOPMOST | WS_POPUP, 0, 0,
    640, 480, (HWND)NULL,
    (HMENU)NULL, hInstance, (LPVOID)NULL);
```

当使用窗口句柄创建 Direct3D 设备时,现在把 CreateWindow 函数设置为进入全屏模式。WS_EX_TOPMOST 和 WS_POPUP 选项确保窗口具有焦点并且不再包括边框和标题栏。

2. 更改呈现参数

下一个更改涉及 Direct3D 呈现参数(D3DPRESENT_PARAMETERS),它直接影响 Direct3D 设备的外观和容量。接下来是支持全屏模式的新的更改。为了确保程序能够在任意的 PC 上运行,这个示例要求当前显示模式去查找屏幕的尺寸和颜色深度,以防止显示器模式转换。除非你的显示器支持某一特定分辨率,否则 Direct3D 设备不能获取该设备。这也是为什么我们偏好使用全屏模式而不是使用特定的分辨率运行。

```
D3DDISPLAYMODE dm;
d3d->GetAdapterDisplayMode(D3DADAPTER_DEFAULT, &dm);
ZeroMemory(&d3dpp, sizeof(d3dpp));
d3dpp.hDeviceWindow = hwnd;
d3dpp.SwapEffect = D3DSWAPEFFECT_DISCARD;
d3dpp.BackBufferFormat = dm.Format;
d3dpp.BackBufferCount = 1;
d3dpp.BackBufferWidth = dm.Width;
d3dpp.BackBufferHeight = dm.Height;
d3dpp.Windowed = FALSE;
```

第 3 章　初始化 Direct3D

　　Direct3D_Fullscreen 程序的输出只是一个大的空白窗口，与窗口程序一样填满了亮蓝颜色。所以无须给出屏幕截图。要想退出程序，只需按 **Esc** 键即可。下面给出全屏示例的完整源代码，供参考。

```cpp
#include <windows.h>
#include <d3d9.h>
#include <time.h>
#include <iostream>
using namespace std;
#pragma comment(lib,"d3d9.lib")
//program settings
const string APPTITLE = "Direct3D_Fullscreen";
//Direct3D objects
LPDIRECT3D9 d3d = NULL;
LPDIRECT3DDEVICE9 d3ddev = NULL;
bool gameover = false;
//macro to detect key presses
#define KEY_DOWN(vk_code) ((GetAsyncKeyState(vk_code) & 0x8000) ? 1 : 0)
// Game initialization function
bool Game_Init(HWND hwnd)
{
    D3DPRESENT_PARAMETERS d3dpp;
    //initialize Direct3D
    d3d = Direct3DCreate9(D3D_SDK_VERSION);
    if (d3d == NULL)
    {
        MessageBox(hwnd, "Error initializing Direct3D", "Error", MB_OK);
        return 0;
    }
    D3DDISPLAYMODE dm;
    d3d->GetAdapterDisplayMode(D3DADAPTER_DEFAULT, &dm);

    //set Direct3D presentation parameters
    ZeroMemory(&d3dpp, sizeof(d3dpp));
    d3dpp.hDeviceWindow = hwnd;
    d3dpp.SwapEffect = D3DSWAPEFFECT_DISCARD;
    d3dpp.BackBufferFormat = dm.Format;
    d3dpp.BackBufferCount = 1;
    d3dpp.BackBufferWidth = dm.Width;
    d3dpp.BackBufferHeight = dm.Height;
    d3dpp.Windowed = FALSE;
    //create Direct3D device
    d3d->CreateDevice(
        D3DADAPTER_DEFAULT,
        D3DDEVTYPE_HAL,
        hwnd,
        D3DCREATE_HARDWARE_VERTEXPROCESSING,
        &d3dpp,
```

```cpp
            &d3ddev);
    if (d3ddev == NULL)
    {
        MessageBox(hwnd, "Error creating Direct3D device", "Error", MB_OK);
        return FALSE;
    }
    return TRUE;
}
// Game update function
void Game_Run(HWND hwnd)
{
    //make sure the Direct3D device is valid
    if (!d3ddev) return;
    //clear the backbuffer to bright blue
    d3ddev->Clear(0, NULL, D3DCLEAR_TARGET, D3DCOLOR_XRGB(0,0,255), 1.0f, 0);
    //start rendering
    if (d3ddev->BeginScene())
    {
        d3ddev->EndScene();
        d3ddev->Present(NULL, NULL, NULL, NULL);
    }
    //check for escape key (to exit program)
    if (KEY_DOWN(VK_ESCAPE))
        PostMessage(hwnd, WM_DESTROY, 0, 0);
}
// Game shutdown function
void Game_End(HWND hwnd)
{
    if (d3ddev)
    {
        d3ddev->Release();
        d3ddev = NULL;
    }
    if (d3d)
    {
        d3d->Release();
        d3d = NULL;
    }
}
// Windows event handling function
LRESULT WINAPI WinProc(HWND hWnd, UINT msg, WPARAM wParam, LPARAM lParam)
{
    switch (msg)
    {
    case WM_DESTROY:
        gameover = true;
        break;
    }
    return DefWindowProc(hWnd, msg, wParam, lParam);
```

```cpp
}
// Windows entry point function
int WINAPI WinMain(HINSTANCE hInstance, HINSTANCE hPrevInstance,
LPSTR lpCmdLine, int nCmdShow)
{
    WNDCLASSEX wc;
    MSG msg;
    HWND hwnd;
    //set the new window's properties
    memset(&wc, 0, sizeof(WNDCLASS));
    wc.cbSize          = sizeof(WNDCLASSEX);
    wc.lpszClassName   = "MainWindowClass";
    wc.style           = CS_HREDRAW | CS_VREDRAW;
    wc.lpfnWndProc     = (WNDPROC)WinProc;
    wc.hInstance       = hInstance;
    wc.hCursor         = LoadCursor(NULL, IDC_ARROW);
    wc.cbClsExtra      = 0;
    wc.cbWndExtra      = 0;
    wc.hIcon           = 0;
    wc.lpszMenuName    = 0;
    wc.hIconSm         = 0;
    wc.hbrBackground   = 0;
    if (!RegisterClassEx(&wc))
        return FALSE;
    //create a new window
    hwnd = CreateWindow("MainWindowClass", APPTITLE.c_str(),
        WS_EX_TOPMOST | WS_POPUP, 0, 0,
        640, 480, (HWND)NULL,
        (HMENU)NULL, hInstance, (LPVOID)NULL);
    //was there an error creating the window?
    if (hwnd == 0) return 0;
    //display the window
    ShowWindow(hwnd, nCmdShow);
    UpdateWindow(hwnd);
    //initialize the game
    if (!Game_Init(hwnd)) return 0;
    // main message loop
    while (!gameover)
    {
        if (PeekMessage(&msg, NULL, 0, 0, PM_REMOVE))
        {
            TranslateMessage(&msg);
            DispatchMessage(&msg);
        }
        Game_Run(hwnd);
    }
    Game_End(hwnd);
    return msg.wParam;
}
```

3.2 你所学到的

本章我们学习了初始化以及运行窗口模式和全屏模式下的 Direct3D 程序的方法。以下是要点。

- 我们学习了 Direct3D 接口对象。
- 我们学习了 CreateDevice 函数。
- 我们学习了 Direct3D 呈现参数。
- 我们学习了在窗口模式下运行 Direct3D 所需的设置。
- 我们学习了如何在全屏模式下运行 Direct3D。

3.3 复习测验

以下是一些复习测验题，可挑战读者的过目不忘能力，看你是否有弱点。这些问题的答案可在"附录 B"中找到。

1. Direct3D 是什么？
2. Direct3D 接口对象的名称是什么？
3. Direct3D 设备叫什么？
4. 用于启动渲染的 Direct3D 函数是哪个？
5. 可异步读入键盘的函数是哪个？
6. 主 Windows 函数——也就是以程序的"进入点"著称的函数，其名称是什么？
7. 在 Windows 程序中用于做事件处理的函数，其常用名称是什么？
8. 哪个 Direct3D 函数在渲染完成后通过将后台缓冲区复制到视频内存的帧缓冲区中刷新屏幕？
9. 本书所用的 DirectX 是哪个版本？
10. Direct3D 的头文件叫什么？

3.4 自己动手

这些练习将给读者带来挑战，让读者学习更多与本章所给出的主题有关的知识，帮助读者提高自己的独立实践能力。

习题 1．修改 Direct3D_Windowed 程序，让它在背景上显示不同于蓝色的其他颜色。

习题 2．修改 Direct3D_Fullscreen 程序，让它使用一个特定的分辨率，而不是默认的桌面分辨率（请注意：你的显示器必须支持该分辨率，程序才能工作）。

第 2 部分
游戏编程工具箱

第 2 部分中的各章讲解游戏编程中许多的核心概念,即使只是让最简单的游戏工作起来,这些概念也是需要的。诸如键盘输入、鼠标输入、精灵、动画、计时、碰撞检测和响应等概念,以及其他重要的关键主题都会在这里探究。读者阅读这些章节,就可开始创建自己的游戏编程工具箱———一组可以让使用 C++和 DirectX 编写游戏更为简单的、可重用的数据类型和函数。随着对每个新主题的讲解,在一组可重用的源代码文件中就会加入新的数据类型和函数,读者可以在任何新的游戏项目中加入这些代码然后重用它们——而这是迈向创建你自己的游戏库的第一个步骤。最后一章会展示可供你学习的一个完整游戏。

- ◎ 如何绘制位图。
- ◎ 如何从键盘、鼠标和控制器获得输入。
- ◎ 如何绘制精灵并显示精灵动画。
- ◎ 如何精灵变换。
- ◎ 如何检测精灵碰撞。
- ◎ 如何打印文本。
- ◎ 如何卷动背景。
- ◎ 如何播放音频。
- ◎ 如何学习 3D 渲染基础。
- ◎ 如何渲染 3D 模型文件。
- ◎ Anti-Virus(反病毒)游戏。

第 4 章 绘制位图

史上最好的游戏中有一些是 2D 游戏,根本就不需要高级的 3D 加速视频卡。学习 2D 图形是重要的,因为它是显示在显示器上的所有图形的基础——无论这些图形如何渲染。而且,游戏图形都需要转换成屏幕上的像素阵列。本章我们将学习表面,这是可以绘制在屏幕上的常规位图(regular bitmap)。好,回想一下你最爱不释手的那些游戏。它们都是 3D 游戏吗?很可能不是——牛气冲天的游戏中,2D 游戏的数量要比 3D 游戏多。与其对比 2D 和 3D,还不如都学习它们,然后按照游戏的需要来使用。游戏程序员应该知道所有的一切,才能创建出最好的游戏。

以下是读者将在本章所学的内容。

◎ 如何在内存中创建表面。
◎ 如何用颜色来填充表面。
◎ 如何装载位图图像文件。
◎ 如何将表面绘制在屏幕上。

4.1 表面和位图

我们从最简单的东西开始我们的 Direct3D 图形编程之旅——使用 Direct3D 表面来装

第 4 章
绘制位图

载并绘制位图。表面很容易操作,因为 Direct3D 在内部使用它们,将图形发送到帧缓冲区——视频卡实际将像素绘制到屏幕上的那个部分。虽然 Direct3D 表面易于使用,但它们还是有一些限制,比如不支持透明。在第 6 章之前,我们还没学习**纹理**和**精灵**,所以我们将不得不用变通的手段绕过这个限制。当然 Direct3D 表面是要长期使用的,我们不会在本章之后抛弃表面。我们也会在第 10 章中使用表面来实现背景卷动,这对于平台游戏很有帮助。卷动平台是我最喜欢的主题之一!现在,我们继续来详细学习如何使用 Direct3D 表面。

Direct3D 使用表面来处理许多事情。显示器(如图 4.1 所示)显示视频卡发送的内容,视频卡从帧缓冲区中取出视频显示内容。并且一次一个像素地发送给显示器(它们可以处于单个文件中,不过它们移得相当快)。

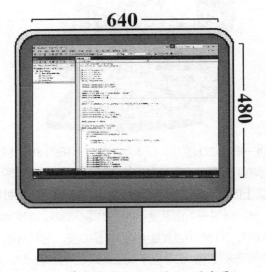

图 4.1 典型的 4∶3 显示器(不是宽屏)

帧缓冲区位于视频卡本身的内存芯片中(如图 4.2 所示),这些芯片通常非常快。曾几何时,PC 内存(RAM)极其昂贵,要比普通视频内存快很多。现在情况反过来了,视频内存(VRAM)通常由最快的芯片构成,而 PC 内存使用不太贵的芯片。2014 年初,我编写本书时,VRAM 通常由 DDR5 芯片构成,而 PC RAM 通常由 DDR3 芯片构成。

另一方面,PC 主板则永远处在不断改变的状态中,因为半导体公司相互竞争、不甘落后。而视频卡公司,无论它们会有多大的竞争力,却不能将六个月的工作押在会被其他内存技术所取代的不被市场认可的内存技术上。而且,由于主板是为不同的行业和用途而构建的,它们因此必须经历更多的检验;而视频卡的构建就是为了渲染图形(其次是数字运算)。

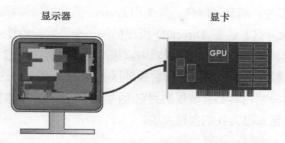

图 4.2　存储在 VRAM 中的帧缓冲区在屏幕上代表像素颜色

建议

如果你想要查看 Windows 或 DirectX 函数的帮助（例如 Direct3DCreate9），在 Visual Studio 中选中该函数，按 F1 键。将会在默认的浏览器中弹出上下文相关的帮助窗口，打开该函数细节相关的 Microsoft Developer Network 网页进行浏览。

帧缓冲区位于显卡内存中，代表要在显示器上显示的图像（如图 4.3 所示）。所以，创建图形最简单的方法就是直接修改帧缓冲区，这是合情合理的，结果就是我们可以在屏幕上立即看到改变。基本上一切就是这样工作的，但我漏掉了一个小细节。我们不会直接在帧缓冲区上绘图，因为在绘制、擦除、移动以及重绘图形的同时屏幕正被刷新，这会导致闪烁。我们要做的是在一个离屏缓冲区上绘制所有的一切，然后将这个"双重"或者"后台"缓冲区非常快速地喷到屏幕上。这称为"双缓冲（Double Buffering）"。还有其他的创建不闪烁的显示的方法，比如页翻转，但我趋向于选择后台缓冲区，因为它更为直白（而且容易一些）。

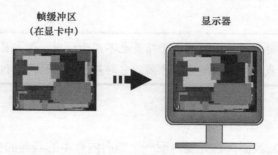

图 4.3　显卡内存中的帧缓冲区包含在显示器上渲染的图像

4.1.1　主表面

读者应该还记得在上一章通过设置呈现参数创建了一个后台缓冲区。而后，通过使用

Clear 函数,将后台缓冲区填满了绿色,并使用 Present 函数刷新屏幕。在不知不觉中,我们使用了双重/后台缓冲区!这是 Direct3D 所提供的一个美妙的特性———一个内置的后台缓冲区。这是合理的,因为在今天,在游戏中双缓冲就如厨房中面包和奶油一样普遍。

我早先提及的"帧缓冲区"也称为前台缓冲区(Front Buffer),这种叫法是有道理的,因为后台缓冲区的每一帧内容都会被复制到它上面。在配置呈现参数并调用 CreateDevice 时,前台和后台缓冲区都已为我们创建完成。

4.1.2 从的离屏(off-screen)表面

从或者离屏表面是我们可使用的另外一种表面。这种类型的表面实际上只是在内存中看起来像个位图(它有个头部,然后是代表像素的数组)的数组。在游戏中只要需要就可以创建任意多个离屏表面,在游戏运行中使用上百个表面和纹理都是常见的。原因在于游戏中的所有图形都储存在表面或纹理中,这些图像都通过一个名为位块传输(bit-block transfer)的过程复制到屏幕上。我们通常使用"blitter"这个词来代表这个术语——我们将图像"blit"到屏幕上。

读者应该还记得在第 2 章的 GameLoop 程序中使用了名为 BitBlt 的函数(我在那时有意忽略不讲解它)。BitBlt 是 Windows GDI 中用于将位图"blit"到设备环境(比如程序主窗口)中的函数。设备环境有如 Direct3D 的表面,但更难使用(这由 Windows GDI 的复杂性所决定)。对比而言 Direct3D 表面很简单,读者很快就会看到。实际上,在编写了 Windows 代码这么多年之后,我应该使用刷新这个词来描述它们。

建议

Direct3D 表面在游戏项目中既不用于精灵也不用于纹理,但却具备按位块传输(blit)的能力,这就是我们现在讲解它的原因。它与基于纹理的图形仅一步之遥。

1. 创建表面

要创建 Direct3D 表面,首先要声明一个指向内存中的表面的变量。表面对象称为 LPDIRECT3DSURFACE9,我们这样创建这个变量。

```
LPDIRECT3DSURFACE9 surface = NULL;
```

一旦创建了表面,就可以对其做许多操作了。可以使用位块传输(StretchRect)将位图绘制到表面上(当然得从其他表面),也可用颜色来填充表面等。比如,如果想在绘制之前清除表面上的内容，可以使用 ColorFill 函数，其语法如下。

```
HRESULT ColorFill(
    IDirect3DSurface9 *pSurface,
    CONST RECT *pRect,
    D3DCOLOR color
);
```

以下代码会导致目标表面被红颜色所填充。

```
d3ddev->ColorFill(surface, NULL, D3DCOLOR_XRGB(255,0,0));
```

2. 绘制表面（Blitting）

Blitter 可能是最有趣的函数。可以将某个表面的一部分或全部位块传输到另一个表面（包括后台缓冲区或者屏幕）。把这个 Direct3D 表面 Blitter 函数称作 StretchRect。

```
HRESULT StretchRect(
    IDirect3DSurface9 *pSourceSurface,
    CONST RECT *pSourceRect,
    IDirect3DSurface9 *pDestSurface,
    CONST RECT *pDestRect,
    D3DTEXTUREFILTERTYPE Filter
);
```

嗯，难道我没告诉你 Direct3D 要比 Windows GDI 更容易处理位图吗？我可不是在开玩笑。这个函数只有 5 个参数，真是很容易使用。我们来看个例子。

```
d3ddev->StretchRect(surface, NULL, backbuffer, NULL, D3DTEXF_NONE);
```

这是调用该函数最简单的方法——假设两个表面尺寸一致。如果源表面要比目标小，那么就会传输到目标表面的左上角。当然，这算不上什么，这个函数真正方便之处是在我们为源和目标表面指定矩形区域时。源矩形可以是整个表面的一小部分，目标表面也是如此，而我们通常将源传输到目标"上面"的某个位置上。以下是一个示例。

```
rect.left = 100;
rect.top = 90;
rect.right = 200;
rect.bottom = 180;
d3ddev->StretchRect(surface, NULL, backbuffer, &rect, D3DTEXF_NONE);
```

这段代码将源表面复制到目标，将其伸展到(100, 90, 200, 180)位置上的矩形，一共是

100 像素×90 像素的尺寸。无论源表面的尺寸多大，只要不是 NULL，都可以"填塞"到目标矩形的范围内。

我在没有事先讲解 backbuffer 的来历的情况下就使用了它。万一你想知道，不，没有一个名为 backbuffer 的可以自由使用的全局变量(除非我们创建一个)。但这不是什么大事，我们可以自己创建这个变量。它通常只是指向真实后台缓冲区的指针，通过调用 GetBackBuffer 这一特殊函数可以得到这个指针。但对于这个直白的方法，没有什么好争论的。

```
HRESULT GetBackBuffer(
    UINT iSwapChain,
    UINT BackBuffer,
    D3DBACKBUFFER_TYPE Type,
    IDirect3DSurface9 **ppBackBuffer );
```

以下是调用这个函数来获取指向后台缓冲区指针的方法。首先，创建一个 backbuffer 变量（也就是一个指针）；然后让这个神奇的 GetBackBuffer 函数将它"指向"真正的后台缓冲区。

```
LPDIRECT3DSURFACE9 backbuffer = NULL;
d3ddev->GetBackBuffer(0, 0, D3DBACKBUFFER_TYPE_MONO, &backbuffer);
```

我敢肯定读者会担心 Direct3D 会很困难。嗯，这取决于你自己的观点。你可以悲观并抱怨 DirectX SDK 中的每个未知函数，但也可以学以致用、如法炮制，并且开始编写游戏。我们肯定是要绘制多边形的，我们很快就会学到。

4.1.3 Create Surface 示例

我们来把这一切转变为示例程序，这样可以很好地了解它们。我编写了一个能够演示函数 ColorFill、StretchRect 和 GetBackBuffer 的程序，而且更重要的是，它能够演示如何使用表面，该程序名为 Create Surface。读者可以从图 4.4 中看到示例输出。如果读者不理解为什么图中只有一个矩形的话，那是因为程序运行的时候同一时间只有一个矩形在屏幕上，但它运行的速度很快，以至于我们会觉得屏幕上同时有许多矩形。

创建一个新的名为 Create Surface 的项目，并且将名为 main.cpp 的新文件添加到项目中。请记住，如果你在配置项目方面需要帮助的话，可以翻到"附录 A"，快速复习一下如何添加 DirectX SDK 文件夹以及设置多字节字符集。准备好了吧? 好，我们开始吧。以下是程序代码。我将关键代码行以粗体方式突出，如果读者通过修改上一章的示例程序(本程序原本的基础)来输入代码的话，可以很容易找到它们。

图 4.4 Create Surface 程序使用离屏表面绘制随机矩形

```cpp
#include <windows.h>
#include <d3d9.h>
#include <time.h>
#include <iostream>
using namespace std;
#pragma comment(lib,"d3d9.lib")
#pragma comment(lib,"d3dx9.lib")
//application title
const string APPTITLE = "Create Surface Program";
//macro to read the keyboard
#define KEY_DOWN(vk_code) ((GetAsyncKeyState(vk_code) & 0x8000) ? 1 : 0)
//screen resolution
#define SCREENW 1024
#define SCREENH 768
//Direct3D objects
LPDIRECT3D9 d3d = NULL;
LPDIRECT3DDEVICE9 d3ddev = NULL;
LPDIRECT3DSURFACE9 backbuffer = NULL;
LPDIRECT3DSURFACE9 surface = NULL;
bool gameover = false;
// Game initialization function
bool Game_Init(HWND hwnd)
{
    //initialize Direct3D
    d3d = Direct3DCreate9(D3D_SDK_VERSION);
    if (d3d == NULL)
    {
        MessageBox(hwnd, "Error initializing Direct3D", "Error", MB_OK);
        return false;
    }

    //set Direct3D presentation parameters
```

```cpp
        D3DPRESENT_PARAMETERS d3dpp;
        ZeroMemory(&d3dpp, sizeof(d3dpp));
        d3dpp.Windowed = TRUE;
        d3dpp.SwapEffect = D3DSWAPEFFECT_DISCARD;
        d3dpp.BackBufferFormat = D3DFMT_X8R8G8B8;
        d3dpp.BackBufferCount = 1;
        d3dpp.BackBufferWidth = SCREENW;
        d3dpp.BackBufferHeight = SCREENH;
        d3dpp.hDeviceWindow = hwnd;
        //create Direct3D device
        d3d->CreateDevice( D3DADAPTER_DEFAULT,
            D3DDEVTYPE_HAL, hwnd,
            D3DCREATE_SOFTWARE_VERTEXPROCESSING,
            &d3dpp, &d3ddev);
        if (!d3ddev)
        {
            MessageBox(hwnd, "Error creating Direct3D device", "Error", MB_OK);
            return false;
        }
        //set random number seed
        srand( (unsigned int)time(NULL) );
        //clear the backbuffer to black
        d3ddev->Clear(0, NULL, D3DCLEAR_TARGET, D3DCOLOR_XRGB(0,0,0), 1.0f, 0);
        //create pointer to the back buffer
        d3ddev->GetBackBuffer(0, 0, D3DBACKBUFFER_TYPE_MONO, &backbuffer);
        //create surface
        HRESULT result = d3ddev->CreateOffscreenPlainSurface(
            100,                    //width of the surface
            100,                    //height of the surface
            D3DFMT_X8R8G8B8,        //surface format
            D3DPOOL_DEFAULT,        //memory pool to use
            &surface,               //pointer to the surface
            NULL);                  //reserved (always NULL)
        if (result != D3D_OK) return false;
        return true;
    }

    // Game update function
    void Game_Run(HWND hwnd)
    {
        //make sure the Direct3D device is valid
        if (!d3ddev) return;
        //start rendering
        if (d3ddev->BeginScene())
        {
            //fill the surface with random color
            int r = rand() % 255;
```

```
            int g = rand() % 255;
            int b = rand() % 255;
            d3ddev->ColorFill(surface, NULL, D3DCOLOR_XRGB(r,g,b));
            //copy the surface to the backbuffer
            RECT rect;
            rect.left = rand() % SCREENW/2;
            rect.right = rect.left + rand() % SCREENW/2;
            rect.top = rand() % SCREENH;
            rect.bottom = rect.top + rand() % SCREENH/2;
            d3ddev->StretchRect(surface, NULL, backbuffer, &rect, D3DTEXF_NONE);
            //stop rendering
            d3ddev->EndScene();
            //copy the back buffer to the screen
            d3ddev->Present(NULL, NULL, NULL, NULL);
    }
    //check for escape key (to exit)
    if (KEY_DOWN(VK_ESCAPE))
            PostMessage(hwnd, WM_DESTROY, 0, 0);
}
// Game shutdown function
    void Game_End(HWND hwnd)
    {
        if (surface) surface->Release();
        if (d3ddev) d3ddev->Release();
        if (d3d) d3d->Release();
    }

// Windows event callback function
LRESULT WINAPI WinProc( HWND hWnd, UINT msg, WPARAM wParam, LPARAM lParam )
{
    switch( msg )
    {
        case WM_DESTROY:
            gameover = true;
            PostQuitMessage(0);
            return 0;
    }
    return DefWindowProc( hWnd, msg, wParam, lParam );
}
// Windows entry point function
int WINAPI WinMain(HINSTANCE hInstance, HINSTANCE hPrevInstance, LPSTR lpCmdLine, int nCmdShow)
{
    //create the window class structure
    WNDCLASSEX wc;
    wc.cbSize       = sizeof(WNDCLASSEX);
    wc.style        = CS_HREDRAW | CS_VREDRAW;
```

```
    wc.lpfnWndProc        = (WNDPROC)WinProc;
    wc.cbClsExtra         = 0;
    wc.cbWndExtra         = 0;
    wc.hInstance          = hInstance;
    wc.hIcon              = NULL;
    wc.hCursor            = LoadCursor(NULL, IDC_ARROW);
    wc.hbrBackground      = (HBRUSH)GetStockObject(WHITE_BRUSH);
    wc.lpszMenuName       = NULL;
    wc.lpszClassName      = " MainWindowClass ";
    wc.hIconSm = NULL;
    RegisterClassEx(&wc);
    //create a new window
    HWND window = CreateWindow("MainWindowClass", APPTITLE.c_str(),
        WS_OVERLAPPEDWINDOW, CW_USEDEFAULT, CW_USEDEFAULT,
        SCREENW, SCREENH, NULL, NULL, hInstance, NULL);
    //was there an error creating the window?
    if (window == 0) return 0;
    //display the window
    ShowWindow(window, nCmdShow);
    UpdateWindow(window);
    //initialize the game
    if (!Game_Init(window)) return 0;

    // main message loop
    MSG message;
    while (!gameover)
    {
        if (PeekMessage(&message, NULL, 0, 0, PM_REMOVE))
        {
            TranslateMessage(&message);
            DispatchMessage(&message);
        }
        Game_Run(window);
    }
    return message.wParam;
}
```

4.1.4 装载位图

在了解了使用 StretchRect 函数绘制位图的方法之后，我们可以进入下一个步骤——从文件中将位图装载到表面对象中，并将它从这里绘制出来。遗憾的是，Direct3D 没有任何用于装载位图文件的函数，所以我们不得不编写自己的位图装载器。

开个玩笑！

然而，事实是这样的，Direct3D 真的不知道如何装载位图。好在，我们有名为 D3DX

（代表 Direct3D Extensions——Direct3D 扩展）的辅助库，它提供许多有帮助的函数，包括一个将位图装载到表面的函数。使用这个库，需要在程序中添加#include <d3dx9.h>语句，以及加一行链接到 d3dx9.lib 库文件的语句（使用#pragma comment 行）。

建议

> 光有 D3D9 库已经不够了，现在我们还要有 D3DX9 库。这个库真的像其名字一样，只是做了进一步的内容添加。我常常想知道为什么 Microsoft 的市场人员不能花点时间给新产品想个好名字，就把它叫作"X"什么的呢？DirectX、Windows XP、Office XP、XNA、Xbox、Xbox 360、Filght Simulator X。"X"什么的是 20 世纪 90 年代的潮流，但潮得过了。曾经有一个名为 Microsoft Bob 的软件，但它没有广泛传播。但是，说真的，Apple 公司在它的操作系统上也陷入了极端 X 的行为。

这里我们所感兴趣的函数是 D3DXLoadSurfaceFromFile，语法如下。

```
HRESULT D3DXLoadSurfaceFromFile(
    LPDIRECT3DSURFACE9 pDestSurface,
    CONST PALETTEENTRY* pDestPalette,
    CONST RECT* pDestRect,
    LPCTSTR pSrcFile,
    CONST RECT* pSrcRect,
    DWORD Filter,
    D3DCOLOR ColorKey,
    D3DXIMAGE_INFO* pSrcInfo
);
```

好了，现在进入让人愉悦的部分。这个伟大的函数不仅可以装载标准 Windows 位图文件，还可以装载一大堆其他格式！表 4.1 列出了这些格式。

表 4.1 图形文件格式

扩展名	格式
.bmp	Windows 位图
.dds	DirectDraw 表面
.dib	Windows 设备无关位图
.jpg	联合图像专家组（JPEG）
.png	可移植网络图形
.tga	Truevision Targa

这些参数中有许多通常都是 NULL，所以它并不像看起来那么难用（虽然在我看到超

过 6 个参数的函数时，我的眼睛就一片昏花，我需要将其分为不同的行）。

4.1.5 Load_Bitmap 程序

我们写一个小程序来演示将位图文件装载到表面并绘制到屏幕上的方法。首先，读者无需再一次键入所有的代码，因为它和 Create Surface 程序类似，但是下面列出了完整的源代码清单，显著的改动用粗体字标出。如图 4.5 所示，程序在一个窗口中运行。

图 4.5 Draw Bitmap 程序使用 Direct3D 表面绘制位图

```
#include <windows.h>
#include <d3d9.h>
#include <d3dx9.h>
#include <time.h>
#include <iostream>
using namespace std;
#pragma comment(lib,"d3d9.lib")
#pragma comment(lib,"d3dx9.lib")
//program values
const string APPTITLE = "Draw Bitmap Program";
const int SCREENW = 1024;
const int SCREENH = 768;
//key macro
#define KEY_DOWN(vk_code) ((GetAsyncKeyState(vk_code) & 0x8000) ? 1 : 0)
//Direct3D objects
LPDIRECT3D9 d3d = NULL;
```

4.1 表面和位图

```cpp
LPDIRECT3DDEVICE9 d3ddev = NULL;
LPDIRECT3DSURFACE9 backbuffer = NULL;
LPDIRECT3DSURFACE9 surface = NULL;
bool gameover = false;
// Game initialization function
bool Game_Init(HWND window)
{
    //initialize Direct3D
    d3d = Direct3DCreate9(D3D_SDK_VERSION);
    if (!d3d)
    {
        MessageBox(window, "Error initializing Direct3D", "Error", MB_OK);
        return false;
    }
    //set Direct3D presentation parameters
    D3DPRESENT_PARAMETERS d3dpp;
    ZeroMemory(&d3dpp, sizeof(d3dpp));
    d3dpp.Windowed = TRUE;
    d3dpp.SwapEffect = D3DSWAPEFFECT_DISCARD;
    d3dpp.BackBufferFormat = D3DFMT_X8R8G8B8;
    d3dpp.BackBufferCount = 1;
    d3dpp.BackBufferWidth = SCREENW;
    d3dpp.BackBufferHeight = SCREENH;
    d3dpp.hDeviceWindow = window;
    //create Direct3D device
    d3d->CreateDevice(D3DADAPTER_DEFAULT, D3DDEVTYPE_HAL, window,
        D3DCREATE_SOFTWARE_VERTEXPROCESSING, &d3dpp, &d3ddev);
    if (!d3ddev)
    {
        MessageBox(window, "Error creating Direct3D device", "Error", MB_OK);
        return false;
    }
    //clear the backbuffer to black
    d3ddev->Clear(0, NULL, D3DCLEAR_TARGET, D3DCOLOR_XRGB(0, 0, 0), 1.0f, 0);
    //create surface
    HRESULT result = d3ddev->CreateOffscreenPlainSurface(
        SCREENW,            //width of the surface
        SCREENH,            //height of the surface
        D3DFMT_X8R8G8B8,    //surface format
        D3DPOOL_DEFAULT,    //memory pool to use
        &surface,           //pointer to the surface
        NULL);              //reserved (always NULL)
        if (result != D3D_OK) return false;
        //load surface from file into newly created surface
        result = D3DXLoadSurfaceFromFile(
            surface,        //destination surface
            NULL,           //destination palette
            NULL,           //destination rectangle
            "photo.png",    //source filename
```

```cpp
            NULL,           //source rectangle
            D3DX_DEFAULT,   //controls how image is filtered
            0,              //for transparency (0 for none)
            NULL);          //source image info (usually NULL)
    //make sure file was loaded okay
    if (result != D3D_OK) return false;
    return true;
}
// Game update function
void Game_Run(HWND hwnd)
{
    //make sure the Direct3D device is valid
    if (!d3ddev) return;
    //create pointer to the back buffer
    d3ddev->GetBackBuffer(0, 0, D3DBACKBUFFER_TYPE_MONO, &backbuffer);
    //start rendering
    if (d3ddev->BeginScene())
    {
        //draw surface to the backbuffer
        d3ddev->StretchRect(surface, NULL, backbuffer, NULL, D3DTEXF_NONE);
        //stop rendering
        d3ddev->EndScene();
        d3ddev->Present(NULL, NULL, NULL, NULL);
    }
    //check for escape key (to exit program)
    if (KEY_DOWN(VK_ESCAPE))
        PostMessage(hwnd, WM_DESTROY, 0, 0);
}
// Game shutdown function
void Game_End(HWND hwnd)
{
    if (surface) surface->Release();
    if (d3ddev) d3ddev->Release();
    if (d3d) d3d->Release();
}
// Windows event handling function
LRESULT WINAPI WinProc(HWND hWnd, UINT msg, WPARAM wParam, LPARAM lParam)
{
    switch (msg)
    {
    case WM_DESTROY:
        gameover = true;
        break;
    }
    return DefWindowProc(hWnd, msg, wParam, lParam);
}
```

```cpp
// Windows entry point function
int WINAPI WinMain(HINSTANCE hInstance, HINSTANCE hPrevInstance,
LPSTR lpCmdLine, int nCmdShow)
{
    WNDCLASSEX wc;
    HWND hwnd;
    MSG message;
    //initialize window settings
    wc.cbSize = sizeof(WNDCLASSEX);
    wc.style = CS_HREDRAW | CS_VREDRAW;
    wc.lpfnWndProc = (WNDPROC)WinProc;
    wc.cbClsExtra = 0;
    wc.cbWndExtra = 0;
    wc.lpszMenuName = NULL;
    wc.hIcon = NULL;
    wc.hIconSm = NULL;
    wc.hInstance = hInstance;
    wc.hCursor = LoadCursor(NULL, IDC_ARROW);
    wc.hbrBackground = (HBRUSH)GetStockObject(WHITE_BRUSH);
    wc.lpszClassName = "MainWindowClass";
    if (!RegisterClassEx(&wc))
        return FALSE;
    //create a new window
    hwnd = CreateWindow("MainWindowClass", APPTITLE.c_str(),
        WS_OVERLAPPEDWINDOW, CW_USEDEFAULT, CW_USEDEFAULT,
        SCREENW, SCREENH, NULL, NULL, hInstance, NULL);
    //was there an error creating the window?
    if (hwnd == 0) return 0;
    //display the window
    ShowWindow(hwnd, nCmdShow);
    UpdateWindow(hwnd);
    //initialize the game
    if (!Game_Init(hwnd)) return FALSE;
    // main message loop
    while (!gameover)
    {
        if (PeekMessage(&message, NULL, 0, 0, PM_REMOVE))
        {
            TranslateMessage(&message);
            DispatchMessage(&message);
        }
        //process game loop
        Game_Run(hwnd);
    }
    return message.wParam;
}
```

StretchRect 函数的一个有趣的效果，就是图形会改变以适应窗口大小。试着重新改变程序窗口大小，看看它是如何工作的（如图 4.6 所示）。

图 4.6　由于 StretchRect 函数，所以表面会动态调整

4.1.6　代码回收利用

读者是否注意到在最近两章中 Windows 代码一点儿都没改变？WinProc 和 WinMain 在各个程序中都是一样的。我们已经看到每个新项目中代码回收利用的好处了。通过将程序中不一致的部分移到标准的游戏函数（Game_Init、Game_Run 和 Game_End）中，我们使调用函数的回收利用成为可能，这样 WinProc 和 WinMain 将无需包含在每个项目中。当然，这些函数是需要存在于程序中的，所有示例都是完整的，但我们无需专注于它们并且在每一章都重复这些代码清单。少打字对读者的心智有好处；而少用纸张则是在保护环境！多好啊。

4.2　你所学到的

本章我们学习了如何创建并操纵表面。以下是要点。
- ◎ 我们学习了如何创建表面。
- ◎ 可以使用随机的颜色来填充表面。
- ◎ 我们找到了将位图图像从磁盘装载到表面的方法，这种方法支持许多图形文件格式。
- ◎ 我们学习了将整个或部分表面绘制到屏幕的方法。

4.3 复习测验

以下是一些复习测验题，可让读者无地自容并打击读者的积极性。想知道这些测验题你做得怎么样，请看"附录 B"。

1. 主 Direct3D 对象的名称是什么？
2. Direct3D 设备的名称是什么？
3. Direct3D 表面对象的名称是什么？
4. 用于将 Direct3D 表面绘制到屏幕上的是什么函数？
5. 描述复制内存中的图像的术语是什么？
6. 用于处理 Direct3D 表面的结构的名称是什么？
7. 同一个结构的长指针定义版本的名称是什么？
8. 返回 Direct3D 后台缓冲区指针的是哪个函数？
9. 哪个 Direct3D 设备函数将表面用给定颜色填充？
10. 用于将位图文件装载到内存中的 Direct3D 表面的是哪个函数？

4.4 自己动手

这些联系将帮助读者巩固今天所学的内容。虽然作用有限，但值得一试。

习题 1. Load_Bitmap 程序装载位图文件并显示在屏幕上。使用所学到的关于 StretchRect 的知识只将位图图像的一部分绘制到屏幕上。

习题 2. 星际联盟招募了你上前线防卫来自札克行星的攻击。使用本章所学到的知识编写一个简单的程序来展示你值得继续读完本书。

第 5 章
从键盘、鼠标和控制器获得输入

欢迎来到虚拟接口的一章！在接下来的几页中，我们将学习如何使用 DirectInput 进行键盘和鼠标编程，从而为游戏提供对最常见的输入设备的支持。我们还将学习对 Xbox 360 控制器的编程方法（如果你有的话——我强烈推荐它，因为如果有的话相关示例会更有趣）。我们将用加载的位图创建简单的 2D 图像，每个都基于上一章所学的 Direct3D 表面；在本章中我们将使用它来制作一个简单但是有趣的名为 Bomb Catcher 的游戏——所以，要提起精神！这个游戏有助于演示在游戏中如何同时使用键盘、鼠标以及控制器。

以下是本章将学习的内容。

◎ 如何创建 DirectInput 设备。
◎ 如何从键盘获取输入。
◎ 如何从鼠标获取输入。
◎ 如何从 Xbox 360 控制器获取输入。
◎ 如何创建并移动一个精灵。
◎ 如何制作你的第一个游戏。

第 5 章
从键盘、鼠标和控制器获得输入

5.1 键盘输入

键盘是所有游戏的标准输入设备,甚至是那些并不特别适用键盘的游戏的标准输入设备。所以游戏或多或少会使用键盘是个事实。就算没有别的,也应该允许用户通过按 Esc 键来退出游戏或至少进入某种形式的游戏内菜单(这是标准)。使用 DirectInput 对键盘编程不困难,但首先还是需要初始化 DirectInput。

主 DirectInput 设备称为 IdirectInput8,可以使用 LPDIRECTINPUT8 指针数据类型直接引用它。为什么在这些接口后带有 "8" 这个数字呢?因为,和 DirectSound 一样,DirectInput 很长时间没有改变。

DirectInput 库文件名为 dinput8.lib,要确认在 Project Settings 对话框的链接器选项中和其他库文件一起添加了这个文件。我将假定你阅读了上一章,而且,到此刻为止,学会了如何设置项目让其支持 DirectX 并且知道如何使用逐步建立起来的游戏框架。如果对如何设置项目有任何疑问,请参阅上一章中完整的概述和指导。在本章,我将让你在框架中使用两个新文件(dxinput.h 和 dxinput.cpp)添加一个新的组件用于 DirectInput。

5.1.1 DirectInput 对象和设备

好了,你对初始化 DirectX 组件的练习已经熟悉了,那么我们就来学习如何扫描键盘来确定是否有按钮输入。首先要定义程序所要用的主 DirectInput 对象以及设备的对象。

```
LPDIRECTINPUT8 dinput;
LPDIRECTINPUTDEVICE8 dinputdev;
```

定义了变量之后,可调用 DirectInput8Create 来初始化 DirectInput。函数的格式如下。

```
HRESULT WINAPI DirectInput8Create(
    HINSTANCE hinst,
    DWORD dwVersion,
    REFIID riidltf,
    LPVOID *ppvOut,
    LPUNKNOWN punkOuter );
```

这个函数创建我们传递给它的主 DirectInput 对象。第一个参数是当前程序的实例句柄。如果这个当前实例不能直接取得(通常只在 WinMain 中有)的话,获得它的方便方法是用 GetModuleHandle 函数。第二个参数是 DirectInput 版本,总是传递在 dinput.h 中定义的 DIRECTINPUT_VERSION 即可。第三个参数是想要使用的 DirectInput 版本的引用标识符。目前,这个值是 IID_IDirectInput8。第四个参数是指向主 DirectInput 对象指针的指针(注意这里是双重指针),而第五个参数总是 NULL。以下是调用这个函数的方法的示例。

```
HRESULT result = DirectInput8Create(
    GetModuleHandle(NULL),
    DIRECTINPUT_VERSION,
    IID_IDirectInput8,
    (void**)&dinput,
    NULL );
```

在初始化了对象之后,可通过调用 CreateDevice 函数来使用这个对象创建新的 DirectInput 设备。

```
HRESULT CreateDevice(
    REFGUID rguid,
    LPDIRECTINPUTDEVICE *lplpDirectInputDevice,
    LPUNKNOWN pUnkOuter );
```

第一个参数的值指定要创建的对象类型(比如键盘或鼠标)。以下是这个参数可用的值。

◎ GUID_SysKeyboard
◎ GUID_SysMouse

第二个参数是接收 DirectInput 设备句柄的地址的设备指针。第三个参数总是 NULL。以下是调用这个函数的方法。

```
result = dinput->CreateDevice(GUID_SysKeyboard, &dikeyboard, NULL);
```

5.1.2 初始化键盘

一旦拥有了键盘的 DirectInput 对象以及设备对象,就可以初始化键盘句柄,为输入做准备。下一步是设置键盘的数据格式,也就是告诉 DirectInput 如何将数据传回给程序。以这种方式进行抽象是因为市场上有上百种输入设备,其功能无数,必须要有统一的能够读取它们的方式。

1. 设置数据格式

SetDataFormat 为 DirectInput 设备指定数据格式。

```
HRESULT SetDataFormat( LPCDIDATAFORMAT lpdf );
```

本函数唯一的参数指定的是设备类型。对于键盘，应传递 c_dfDIKeyboard 值作为参数。为鼠标准备的常量为 c_dfDIMouse。以下是一个简单的函数调用。

```
HRESULT result = dikeyboard->SetDataFormat(&c_dfDIKeyboard);
```

注意我们不需要自己定义 c_dfDIKeyboard，它在 dinput.h 中定义。

2．设置协作级别

下一步是设置协作级别，它按优先级决定 DirectInput 将键盘输入传递给程序的程度。要设置协作级别，可调用 SetCooperativeLevel 函数。

```
HRESULT SetCooperativeLevel(
    HWND hwnd,
    DWORD dwFlags );
```

第一个参数是窗口句柄。第二个是个有趣的参数，因为它指定程序对键盘或鼠标所拥有的优先级。在键盘上最常用的值是 DISCL_NONEXCLUSIVE 和 DISCL_FOREGROUND。如果想获得对键盘的排他使用，DirectInput 有可能会抱怨，所以可以前台应用程序优先级请求非排他访问，这样可以给游戏最多的键盘控制。如此一来，调用这个函数的方法就是如下所示。

```
result = dikeyboard->SetCooperativeLevel(
    hwnd,
    DISCL_NONEXCLUSIVE | DISCL_FOREGROUND );
```

3．获取设备

初始化键盘的最后一步是使用 Acquire 函数获取键盘设备。

```
HRESULT Acquire(VOID);
```

如果函数返回正值（DI_OK），就成功地获得了键盘，可以开始检查键盘按键了。

在这里我需要表明的重要一点是，在游戏结束之前我们必须反获取（还回）键盘，否则 DirectInput 和键盘句柄会处于未知状态。Windows 和 DirectInput 可能会为我们处理清理工作，但这依赖于用户所运行的 Windows 版本。信不信由你，现在还有运行 Windows 98 和 ME 的计算机，尽管这些操作系统都已经很落后了。虽然 Windows XP（以及后来的版本）要稳定得多，只是我们不能任凭任何东西自生自灭。在游戏结束前最好还是反获取设备。每个 DirectInput 设备都有个 Unacquire 函数，格式如下。

```
HRESULT Unacquire(VOID);
```

5.1.3 读取键盘按键

我们需要在游戏循环的某个地方轮询键盘以便更新其键的值。说到键,我们需要定义一个键的数组,以便接受键盘设备状态,如下所示。

```
char keys[256];
```

我们必须通过轮询键盘来填充这个字符数组,为了实现这一目标需要调用 **GetDeviceState** 函数。这个函数可用于所有的设备,无论设备类型是什么,所以对于所有的输入设备而言它都是标准的。

```
HRESULT GetDeviceState(
    DWORD cbData,
    LPVOID lpvData );
```

第一个参数是用于填充数据的设备状态缓冲区的大小。第二个参数是指向数据的指针。对于键盘而言,调用这个函数的方法是:

```
dikeyboard->GetDeviceState(sizeof(keys), (LPVOID)&keys);
```

在轮询了键盘之后,就可以检查 keys 数组中与 DirectInput 键码相关的值。检查 Esc 键的方法会是这样的。

```
if (keys[DIK_ESCAPE] & 0x80)
{
    //ESCAPE key was pressed, so do something!
}
```

5.2 鼠标输入

一旦编写了键盘处理器,那么加入对鼠标的支持就是小菜一碟了,因为它们的代码非常相似并且共享 DirectInput 对象和设备指针。所以我们就直接学习鼠标接口吧。首先,定义鼠标设备。

```
LPDIRECTINPUTDEVICE8 dimouse;
```

下一步,创建鼠标设备。

```
result = dinput->CreateDevice(GUID_SysMouse, &dimouse, NULL);
```

5.2.1 初始化鼠标

我们假设键盘输入已经准备就绪，现在想做的就是添加一个鼠标处理器。下一步是设置鼠标的数据格式，它告诉 DirectInput 如何将数据传回给程序。鼠标和键盘的工作方式完全一样。

1．设置数据格式

SetDataFormat 函数如下。

```
HRESULT SetDataFormat( LPCDIDATAFORMAT lpdf );
```

本函数的唯一参数指定设备类型。鼠标的常量是 c_dfDIMouse。然后，就是一个简单的函数调用。

```
result = dimouse->SetDataFormat(&c_dfDIMouse);
```

再次注意，我们无需定义 c_dfDIMouse，因为它已定义在 dinput.h 中。

2．设置协作级别

下一步是设置协作级别，它按优先级决定 DirectInput 将鼠标输入传递给程序的程度。要设置协作级别，可调用 SetCooperativeLevel 函数。

```
HRESULT SetCooperativeLevel(
    HWND hwnd,
    DWORD dwFlags );
```

第一个参数是窗口句柄。第二个是个有趣的参数，因为它指定程序对鼠标所拥有的优先级。在鼠标上最常用的值是 DISCL_NONEXCLUSIVE 和 DISCL_FOREGROUND。调用这个函数的方法就是：

```
result = dimouse->SetCooperativeLevel(
    hwnd,
    DISCL_NONEXCLUSIVE | DISCL_FOREGROUND );
```

3．获取设备

最后一步是使用 Acquire 函数获取鼠标设备。如果函数返回 DI_OK，那么就成功地获取了鼠标，可以开始检查鼠标移动和按键了。和键盘设备一样，在使用完鼠标后也得反获取鼠标设备，否则 DirectInput 会处于不稳定状态。

```
HRESULT Unacquire(VOID);
```

5.2.2 读取鼠标

我们需要在游戏循环的某个地方轮询鼠标以便更新鼠标位置以及按钮状态。我们使用 **GetDeivceState** 函数来轮询鼠标。

```
HRESULT GetDeviceState(
    DWORD cbData,
    LPVOID lpvData );
```

第一个参数是用于填充数据的设备状态缓冲区的大小。第二个参数是指向该数据的指针。在轮询鼠标时可以使用这么一个结构：

```
DIMOUSESTATE mouse_state;
```

以下是调用 **GetDeviceState** 函数填充 **DIMOUSESTATE** 结构的方法。

```
dimouse->GetDeviceState(sizeof(mouse_state), (LPVOID)&mouse_state);
```

这个结构是这样的。

```
typedef struct DIMOUSESTATE {
    LONG lX;
    LONG lY;
    LONG lZ;
    BYTE rgbButtons[4];
} DIMOUSESTATE;
```

如果想支持超过 4 个按钮的复杂鼠标设备时，还有另外一个结构可用。这个时候，按钮数组的尺寸增加一倍，但结构却是一样。

```
typedef struct DIMOUSESTATE2 {
    LONG lX;
    LONG lY;
    LONG lZ;
    BYTE rgbButtons[8];
} DIMOUSESTATE2;
```

在轮询了鼠标之后，可以检查 mouse_state 结构，确定 x 和 y 的运动以及按钮状态。可以使用 *lX* 和 *lY* 成员变量来检查鼠标移动（鼠标移动也称为 mickey）。Mickey 是什么？Mickey 表示鼠标运动，而不是绝对位置，所以如果想使用鼠标定位值来绘制自己的鼠标指针的话必须保留老的位置值。Mickey 是处理鼠标运动的方便方法，因为用户在一个方向连续移动时鼠标可持续报告移动状态，即使"指针"到达屏幕的边缘。

如同结构中的内容所示，**rgbButtons** 数组保存按钮的结果。如果想检查某个特定按钮（从 0 开始，对应按钮 1），做法是这样的。

```
button_1 = obj.rgbButtons[0] & 0x80;
```

使用 define 是探测按钮状态的更为方便的方法。

```
#define BUTTON_DOWN(obj, button) (obj.rgbButtons[button] & 0x80)
```

通过使用 define，可以按如下方法检查按钮。

```
button_1 = BUTTON_DOWN(mouse_state, 0);
```

5.3 Xbox 360 控制器输入

如今，大多数 Windows PC 游戏玩家在他们的 PC 上都插入了 Xbox 360，因为现在许多 PC 游戏都支持控制器。编写必需控制器的 DirectX 游戏不是一个好点子，因为这会把大量没有 Xbox 360 的潜在用户拒之门外，更别说要他们为 PC 准备空闲的控制器。愿意为你的游戏赴汤蹈火的游戏者（不论是一般的还是铁杆的）会很罕见。首先，他们要么需要购买一个带线的 Xbox 360 控制器，要么为 PC 购买无线适配器以便使用更常见的 Xbox 360 无线控制器，如图 5.1 所示。这两种控制器一样都能良好工作，但对于用户已有的键盘和鼠标来说，它会是个额外的负担。而用户已经习惯于使用键盘鼠标来操作 PC 游戏——如果强迫要求使用控制器，对用户来说就不仅仅是一点点的不适了。

图 5.1 无线 Xbox 360 控制器

由于这个原因，我建议在任何游戏中都不仅仅对控制器提供支持。不过，不提供鼠标键盘以外的对 Xbox 360 控制器的支持，也是不合理的！而这正是我们将在本章和所有后面的章节中所要做的。一旦开始使用熟悉的控制器（如果你是个控制台玩家），就很难回到使用无聊的老键盘、鼠标的日子了。有些游戏用控制器来玩确实很棒，而有的游戏更适合用键盘和鼠标（键盘+鼠标>控制器）——虽然这是一个见仁见智的问题。

我们可使用 Microsoft Xinput 库来获得对 Xbox 360 控制器的访问。这个库由 Xinput.h 头文件和 Xinput.lib 库文件组成。可使用如下语句在项目中加入头文件。

```
#include <xinput.h>
```

然后在游戏项目中用这种方法引用库文件。

```
#pragma comment(lib,"xinput.lib")
```

建议

Xinput 库应该已经自动与 DirectX SDK 一起安装，所以无需做其他事情来获得对 Xinput 库的访问。如果出现任何问题，请参阅"附录 A"，了解如何配置 Visual Studio 和 DirectX。

5.3.1 初始化 XInput

如果不在 PC 上接入控制器，那么在运行使用控制器的程序时，不用担心会发生问题——不会有错误信息出现。如果有控制器可用，那就可开始读取其输入数据了。以下是初始化 XInput 库的一种方法：获取控制器的能力并且检查这些值，确定控制器是否接入（不论是无线适配器还是接入 USB 口的有线控制器）。

```
XINPUT_CAPABILITIES caps;
ZeroMemory(&caps, sizeof(XINPUT_CAPABILITIES));
XInputGetCapabilities(0, XINPUT_FLAG_GAMEPAD, &caps);
if (caps.Type != 0) return false;
```

如果在 PC 上接入了任何其他 Xbox 360 附件（比如"游戏垫"），那么这段只检查控制器的代码将报告失败信息。如果想对这些不寻常的设备之一提供支持，需要从 xinput.h 中找到该设备的类型值。例如，你可能想要支持摇杆以加强格斗游戏，这就需要查找摇杆的标识符，因为不会只是把它当作一个大的控制器，而是把它当作一个单独的设备。

> **建议**
>
> 虽然 DirectInput 支持其他厂商（比如罗技）生产的游戏棒、游戏垫、方向盘以及其他附件，但 XInput 库只支持 Xbox 360 附件——目前包括 Xbox 360 控制器、方向盘、摇杆、飞行杆、跳舞毯、吉他，甚至还有套鼓！

5.3.2 读取控制器状态

我们使用 XInput 的控制器状态结构和函数来读取 Xbox 360 控制器。这个结构称为 XINPUT_STATE，支持它的函数名为 XinputGetState。我们必须首先创建一个新的结构变量并将其清零。

```
XINPUT_STATE state;
ZeroMemory( &state, sizeof(XINPUT_STATE) );
```

然后通过调用 XinputGetState 函数读取控制器状态。

```
DWORD result = XInputGetState( 0, &state );
```

如果结果是零，就表示找到了控制器并且 XINPUT_STATE 结构填入了数据。否则，如果结果不是零，表示没找到控制器。检查了 XinputGetState 的结果之后，可以使用如下这样的代码来查看 XINPUT_STATE 变量中的属性。

```
if (state.Gamepad.bLeftTrigger)
    MessageBox(0, "Left Trigger", "Controller", 0);
```

XINPUT_STATE 结构包含这些属性。

◎ DWORD dwPacketNumber。
◎ XINPUT_GAMEPAD Gamepad。

它进一步分解到 XINPUT_GAMEPAD 结构中，真正重要的属性都在里面。

◎ WORD wButtons。
◎ BYTE bLeftTrigger。
◎ BYTE bRightTrigger。
◎ SHORT sThumbLX。
◎ SHORT sThumbLY。
◎ SHORT sThumbRX。
◎ SHORT sThumbRY。

模拟触发器按钮（bLeftTrigger 和 bRightTrigger）生成 8 位的范围在 0～255 之间的数字。

模拟的"拇指"杆为每个轴（x 和 y）生成 16 位的范围在−32 768（最左边）到+32 767（最右边）的数字。每个杆中间的"死区"通常在+/−1 500 个单元左右。所以，如果只想使用模拟杆实现方向按钮功能，最好是将其和+/−5 000 左右的值进行比较（比如 if (sThumbLX <−5000) ...)。

wButtons 属性是个包含位掩码的数字，它组合了所有的按钮。

- XINPUT_GAMEPAD_DPAD_UP。
- XINPUT_GAMEPAD_DPAD_DOWN。
- XINPUT_GAMEPAD_DPAD_LEFT。
- XINPUT_GAMEPAD_DPAD_RIGHT。
- XINPUT_GAMEPAD_START。
- XINPUT_GAMEPAD_BACK。
- XINPUT_GAMEPAD_LEFT_THUMB。
- XINPUT_GAMEPAD_RIGHT_THUMB。
- XINPUT_GAMEPAD_LEFT_SHOULDER。
- XINPUT_GAMEPAD_RIGHT_SHOULDER。
- XINPUT_GAMEPAD_A。
- XINPUT_GAMEPAD_B。
- XINPUT_GAMEPAD_X。
- XINPUT_GAMEPAD_Y。

想检查某个按钮的时候，必须使用位与运算（&）将 wButton 与定义的按钮值比较，判断特定按钮是否按下。比如：

```
if (state.wButtons & XINPUT_GAMEPAD_DPAD_LEFT) ...
```

对于组合动作（比如 A+B 来执行特殊攻击或特殊动作）的检查可通过包含多个按钮值来进行，但通常单独处理各个按钮按键或者使用 if 语句嵌套会更容易。

5.3.3 控制器振动

实际上，我们甚至可以通过一个非常简单的函数告诉控制器做振动动作！为了使用振动（也称为"力反馈"），我们使用 XINPUT_VIBRATION 结构，它有两个属性：wLeftMotorSpeed 和 wRightMotorSpeed，其值可设为 0 到 65 535 之间（0 表示关闭，65 535

表示全振动——小心，这样做会让控制器从桌子上振下来）。

```
XINPUT_VIBRATION vibration;
ZeroMemory( &vibration, sizeof(XINPUT_VIBRATION) );
vibration.wLeftMotorSpeed = left;
vibration.wRightMotorSpeed = right;
XInputSetState( 0, &vibration );
```

5.3.4 测试 XInput

我有一个很简短的示例程序要和你分享，这个程序名为 Xinput Test。这个程序包含三个有帮助的函数，你可在自己的 DirectX 游戏中通过它们来支持 Xbox 360 控制器。实际上，没有 DirectX 也可使用 XInput，因为这是个独立的库，根本不需要 Direct3D 起作用。唯一需要和 DirectX 链接在一起的情况是使用接到控制器上的语音聊天耳机时（这时候 XInput 和 DirectSound 一起工作）。所以如果想为一个工作中的数据库应用程序添加控制器输入支持而不告诉老板的话，干吧！（我建议使用按钮来执行数据库查询。）图 5.2 展示了简单的 XInput Test 程序，它只展示一个消息框，显示被按下的按钮的名称。遗憾的是，我们还没有学习如何使用字体来打印文本，所以这还需要一定的时间。

图 5.2　XInput Test 程序报告控制器输入事件

XInput Test 程序的源代码会是最后一个完全列出完整源代码的程序。由于我们在每个程序中都有大量重复的 Windows 代码，所以我们将把这个程序分解成许多小一些的部分，以便后面马上要介绍的 Bomb Catcher 游戏使用。重要的新代码以粗体突出显示。

建议

XInput Test 程序使用按钮 A 来启动振动、按钮 B 停止振动、按钮 Back 结束程序。使用 Esc 键仍旧可以退出。这会是我们将来所有程序的趋势。

```cpp
#include <windows.h>
#include <d3d9.h>
#include <d3dx9.h>
#include <xinput.h>
#include <iostream>
using namespace std;
#pragma comment(lib,"d3d9.lib")
#pragma comment(lib,"d3dx9.lib")
#pragma comment(lib,"xinput.lib")
#define KEY_DOWN(vk_code) ((GetAsyncKeyState(vk_code) & 0x8000) ? 1 : 0)
const string APPTITLE = "XInput Test Program";
const int SCREENW = 640;
const int SCREENH = 480;
LPDIRECT3D9 d3d = NULL;
LPDIRECT3DDEVICE9 d3ddev = NULL;
bool gameover = false;
// Initializes XInput and any connected controllers
bool XInput_Init(int contNum = 0)
{
    XINPUT_CAPABILITIES caps;
    ZeroMemory(&caps, sizeof(XINPUT_CAPABILITIES));
    XInputGetCapabilities(contNum, XINPUT_FLAG_GAMEPAD, &caps);
    if (caps.Type != XINPUT_DEVTYPE_GAMEPAD) return false;
    return true;
}
// Causes the controller to vibrate
void XInput_Vibrate(int contNum = 0, int left = 65535, int right = 65535)
{
    XINPUT_VIBRATION vibration;
    ZeroMemory( &vibration, sizeof(XINPUT_VIBRATION) );
    vibration.wLeftMotorSpeed = left;
    vibration.wRightMotorSpeed = right;
    XInputSetState( contNum, &vibration );
}
// Checks the state of the controller
void XInput_Update()
{
    XINPUT_STATE state;
```

```cpp
        string message = "";
        for (int i=0; i< 4; i++ )
        {
            ZeroMemory( &state, sizeof(XINPUT_STATE) );
            message = "";
            //get the state of the controller
            DWORD result = XInputGetState( i, &state );
    //is controller connected?
    if( result == 0 )
    {
        if (state.Gamepad.bLeftTrigger)
            message = "Left Trigger";
        else if (state.Gamepad.bRightTrigger)
            message = "Right Trigger";
        else if (state.Gamepad.sThumbLX < -10000 ||
        state.Gamepad.sThumbLX > 10000)
            message = "Left Thumb Stick";
        else if (state.Gamepad.sThumbRX < -10000 ||
        state.Gamepad.sThumbRX > 10000)
            message = "Right Thumb Stick";
        else if (state.Gamepad.wButtons & XINPUT_GAMEPAD_DPAD_UP)
            message = "DPAD Up";
        else if (state.Gamepad.wButtons & XINPUT_GAMEPAD_DPAD_DOWN)
            message = "DPAD Down";
        else if (state.Gamepad.wButtons & XINPUT_GAMEPAD_DPAD_LEFT)
            message = "DPAD Left";
        else if (state.Gamepad.wButtons & XINPUT_GAMEPAD_DPAD_RIGHT)
            message = "DPAD Right";
        else if (state.Gamepad.wButtons & XINPUT_GAMEPAD_START)
            message = "Start Button";
        else if (state.Gamepad.wButtons & XINPUT_GAMEPAD_LEFT_THUMB)
            message = "Left Thumb";
        else if (state.Gamepad.wButtons & XINPUT_GAMEPAD_RIGHT_THUMB)
            message = "Right Thumb";
        else if (state.Gamepad.wButtons & XINPUT_GAMEPAD_LEFT_SHOULDER)
            message = "Left Shoulder";
        else if (state.Gamepad.wButtons & XINPUT_GAMEPAD_RIGHT_SHOULDER)
            message = "Right Shoulder";
        else if (state.Gamepad.wButtons & XINPUT_GAMEPAD_A)
        {
            XInput_Vibrate(0, 65535, 65535);
            message = "A Button";
        }
```

```
        else if (state.Gamepad.wButtons & XINPUT_GAMEPAD_B)
        {
            XInput_Vibrate(0, 0, 0);
            message = "B Button";
        }
        else if (state.Gamepad.wButtons & XINPUT_GAMEPAD_X)
            message = "X Button";

        else if (state.Gamepad.wButtons & XINPUT_GAMEPAD_Y)
            message = "Y Button";
        else if (state.Gamepad.wButtons & XINPUT_GAMEPAD_BACK)
            gameover = true;
        //if an event happened, then announce it
        if (message.length() > 0)
            MessageBox(0, message.c_str(), "Controller", 0);
    }
    else {
        // controller is not connected
    }
}
}
bool Game_Init(HWND hwnd)
{
    //initialize Direct3D
    d3d = Direct3DCreate9(D3D_SDK_VERSION);
    if (d3d == NULL)
    {
        MessageBox(hwnd, "Error initializing Direct3D", "Error", MB_OK);
        return false;
    }
    //set Direct3D presentation parameters
    D3DPRESENT_PARAMETERS d3dpp;
    ZeroMemory(&d3dpp, sizeof(d3dpp));
    d3dpp.Windowed = TRUE;
    d3dpp.SwapEffect = D3DSWAPEFFECT_DISCARD;
    d3dpp.BackBufferFormat = D3DFMT_X8R8G8B8;
    d3dpp.BackBufferCount = 1;
    d3dpp.BackBufferWidth = SCREENW;
    d3dpp.BackBufferHeight = SCREENH;
    d3dpp.hDeviceWindow = hwnd;
    //create Direct3D device
    d3d->CreateDevice( D3DADAPTER_DEFAULT,
        D3DDEVTYPE_HAL, hwnd,
```

```cpp
                D3DCREATE_SOFTWARE_VERTEXPROCESSING,
            &d3dpp, &d3ddev);
    if (!d3ddev)
    {
        MessageBox(hwnd, "Error creating Direct3D device", "Error", MB_OK);
        return false;
    }
    //initialize XInput
    XInput_Init();

    return true;
}
void Game_Run(HWND hwnd)
{
    if (!d3ddev) return;
    d3ddev->Clear(0, NULL, D3DCLEAR_TARGET, D3DCOLOR_XRGB(0,0,150), 1.0f, 0);
    if (d3ddev->BeginScene())
    {
        //no rendering yet
        d3ddev->EndScene();
        d3ddev->Present(NULL, NULL, NULL, NULL);
    }
    if (KEY_DOWN(VK_ESCAPE))
        PostMessage(hwnd, WM_DESTROY, 0, 0);
    XInput_Update();
}
void Game_End(HWND hwnd)
{
    if (d3ddev) d3ddev->Release();
    if (d3d) d3d->Release();
}
LRESULT WINAPI WinProc( HWND hWnd, UINT msg, WPARAM wParam, LPARAM lParam )
{
    switch( msg )
    {
        case WM_DESTROY:
            gameover = true;
            break;
    }
    return DefWindowProc( hWnd, msg, wParam, lParam );
}
int WINAPI WinMain(HINSTANCE hInstance, HINSTANCE hPrevInstance, LPSTR lpCmdLine, int nCmdShow)
```

```cpp
{
    //create the window class structure
    WNDCLASSEX wc;
    wc.cbSize = sizeof(WNDCLASSEX);
    wc.style         = CS_HREDRAW | CS_VREDRAW;
    wc.lpfnWndProc   = (WNDPROC)WinProc;
    wc.cbClsExtra    = 0;
    wc.cbWndExtra    = 0;
    wc.hIcon = NULL;
    wc.hIconSm = NULL;
    wc.lpszMenuName = NULL;
    wc.hInstance = hInstance;
    wc.hCursor       = LoadCursor(NULL, IDC_ARROW);
    wc.hbrBackground = (HBRUSH)GetStockObject(WHITE_BRUSH);
    wc.lpszClassName = "MainWindowClass";
    if (!RegisterClassEx(&wc))
        return FALSE;
    //create a new window
    HWND window = CreateWindow("MainWindowClass", APPTITLE.c_str(),
        WS_OVERLAPPEDWINDOW, CW_USEDEFAULT, CW_USEDEFAULT,
        SCREENW, SCREENH, NULL, NULL, hInstance, NULL);
    //was there an error creating the window?
    if (window == 0) return 0;
    //display the window
    ShowWindow(window, nCmdShow);
    UpdateWindow(window);

    //initialize the game
    if (!Game_Init(window)) return 0;
    // main message loop
    MSG message;
    while (!gameover)
    {
        if (PeekMessage(& message, NULL, 0, 0, PM_REMOVE))
        {
            TranslateMessage(&message);
            DispatchMessage(&message);
        }
        Game_Run(window);
    }
    Game_End(window);
    return message.wParam;
}
```

5.4 精灵编程简介

对于即将学习的 Bomb Catcher 游戏，我们需要先介绍精灵编程的基础知识，以便追踪屏幕上的内容。使用 Direct3D 绘制精灵有两种方法。这两种方法都要求我们保存精灵的位置、尺寸和速度，还要保存我们自己所需的其他属性，所以此刻细节并不重要。

两种方法中简单的那种是将图像加载到表面中（在上一章已经学过了），然后使用 StretchRect 绘制精灵。难一点但是更强大的方法是使用特殊的称为 D3DXSprite 的对象来处理 Direct3D 中的精灵。D3DXSprite 使用纹理而不是表面来保存精灵图像，所以如果使用它，需要使用与上一章所学到的稍微不一样的方法。不过，将位图图像加载到纹理中不比将图像加载到表面中难。我将在本章讲解简单的绘制精灵的方法，因为这是我们一直使用的方法，在下一章讲解 D3DXSprite。

精灵是一个小的图像，通常是动画的，代表游戏中的一个角色或对象。精灵可用在像树木和岩石这样的静止对象上，也可以是诸如角色扮演游戏中的英雄人物这样的动画游戏角色。在现代游戏编程世界中有一件事情是肯定的：精灵只属于 2D 王国。

在 3D 游戏中没有精灵，除非这个精灵被绘制在 3D 渲染的游戏场景"之上"，但在今天这并不常见。更为常见的是在游戏中使用精灵系统的 HUD（平视显示器）或 GUI。

建议

> 精灵素材的一个好的来源是 WidgetWorx 网站中的 Ari Feldman's SpriteLib 收藏集。

比如，在一个带有聊天功能的多游戏者游戏中，来自其他游戏者的文本消息通常以单独的字母显示在屏幕上，每个字母都作为精灵对待。图 5.3 展示了储存于一个位图文件中的位图字符的示例（我们会在第 9 章介绍字体）。

图 5.3　在游戏中用于在屏幕上打印文本的位图字体

精灵通常将一系列图片单元（tile）储存于一个位图文件中，每个图片单元表示该精灵动画序列中的一个帧。动画的效果更像是改变了方向，而不是移动。就如射击游戏中的飞机或飞船那样。图 5.4 展示了一个朝向单个方向但包含了动画履带来表示移动的坦克精灵。

图 5.4　带有动画履带的坦克精灵

如果不仅想让坦克动，还要朝向其他方向该怎么办？不难想象，为每个行进方向添加新的动画帧的话，帧的数量可以以指数方式增加。图 5.5 展示了一个可以以非常平滑的旋转速率以 32 个方向旋转的不动的坦克。遗憾的是，在添加移动的坦克履带时，这 32 帧一时间就会变成 32×8=256 帧！

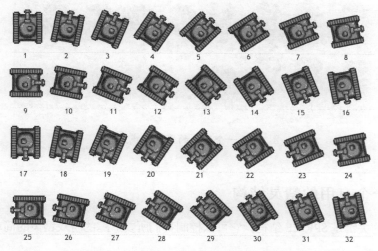

图 5.5　坦克精灵的 32 帧旋转（无动画）

给带有这么多帧的坦克编程会很困难，而且如何在位图文件中存储它们？以行和列线性地存储是最有可能的方法。更好的解决方案通常是减少帧的数量，先完成游戏，然后也许再让动画更为精细（如果如此倾向的话）。不过，所有这些只是推测，在下一章我们将学习如何使用代码实现精灵旋转！

MechCommander（MicroProse，FASA Studios）是史上动画效果最强的视频游戏之一，它是迄今为止我最为喜欢的 PC 游戏之一。MechCommander 迷人的地方在于其高度精细的基于精灵的 2D 游戏。游戏中的每个机甲都是储存于一系列位图文件中的精灵。当考虑到这个游戏有大约 100 000 个动画帧时，其传统的 2D 本质变得令人惊奇！想象一下，先要使用 3D 建模软件（比如 3ds Max）给机甲建模，然后将不同角度和位置的 100 000 个快照渲染出来，然后给每个精灵调整尺寸并且最后润色，这得花费多少时间啊！

注意

> 2006 年 8 月，Microsoft 发布了 MechCommander 和 MechCommander 2，人们可以免费下载来玩。由于链接经常变化，可以通过搜索 "mechcommander download source" 找到下载的链接。顺便提一下，你需要 4∶3 的显示器（或者高度至少是 1 200 像素的宽屏）才能正常运行它。

另外一种常见的精灵类型是平台游戏精灵，如图 5.6 所示。编写平台游戏（platform game）要比射击游戏难，但终究物有所值。

图 5.6　一个动画的平台游戏角色

5.4.1　一个有用的精灵结构

本程序的关键是 SPRITE 结构，它可以控制我们所要追踪的游戏精灵的简单属性。

```
struct SPRITE {
    float x,y;
    int width,height;
    float velx,vely;
}
```

这个结构显而易见的成员是 x、y、width 和 height。不那么显而易见的是 velx 和 vely。这些成员变量用于在更新每帧时更新精灵的 *x* 和 *y* 位置。以下这个示例展示了如何使用这个新结构创建一个精灵。

```
SPRITE spaceship;
```

```
spaceship.x = 100;
spaceship.y = 150;
spaceship.width = 96;
spaceship.height = 96;
spaceship.velx = 8.0f;
spaceship.vely = 0.0f;
```

5.4.2 加载精灵图像

制作简单的精灵所需的一切就是这个结构和一个给图像准备的 Direct3D 表面。然而，我们可以用它们做更多东西，稍后我们会介绍高级精灵的编程。作为复习，我们先来看看表面加载和绘制代码。首先，我们将再次看一下如何加载位图文件并将其储存到内存中的表面中（这些内容在上一章中讲解）。

```
//get width and height from bitmap file
D3DXIMAGE_INFO info;
HRESULT result = D3DXGetImageInfoFromFile(filename, &info);
//create surface
LPDIRECT3DSURFACE9 image = NULL;
result = d3ddev->CreateOffscreenPlainSurface(
    info.Width,         //width of the surface
    info.Height,        //height of the surface
    D3DFMT_X8R8G8B8,    //surface format
    D3DPOOL_DEFAULT,    //memory pool to use
    &image,             //pointer to the surface
    NULL);              //reserved (always NULL)
//load surface from file into newly created surface
result = D3DXLoadSurfaceFromFile(
    image,              //destination surface
    NULL,               //destination palette
    NULL,               //destination rectangle
    filename,           //source filename
    NULL,               //source rectangle
    D3DX_DEFAULT,       //controls how image is filtered
    transcolor,         //for transparency (0 for none)
    NULL);              //source image info (usually NULL)
```

5.4.3 绘制精灵图像

在成功地将位图文件加载到内存中的 Direct3D 表面后，就可使用 StretchRect 函数来绘

制图像了。假设已经创建了一个指向后台缓冲区的指针,那么绘制图像的方法就是:

```
d3ddev->StretchRect(image, NULL, backbuffer, NULL, D3DTEXF_NONE);
```

这里的两个 NULL 参数是源和目标矩形,用于确切地指定图像来源位置并且确切地指定要绘制的目标位置。通常应该传递实际的矩形,以便精灵按照我们想要的方式正确显示出来。以下就是一个实现这一功能的有帮助的函数。这个函数使用 D3DSURFACE_DESC 和 GetDesc()函数来获取源位图的宽度和高度,以便将其正确地绘制在目标表面上。

```
void DrawSurface( LPDIRECT3DSURFACE9 dest, float x, float y,
    LPDIRECT3DSURFACE9 source)
{
    //get width/height from source surface
    D3DSURFACE_DESC desc;
    source->GetDesc(& desc);
    //create rects for drawing
    RECT source_rect = {0, 0, (long)desc.Width, (long)desc.Height };
    RECT dest_rect = { (long)x, (long)y, (long)x+desc.Width, (long)y+desc.Height};

    //draw the source surface onto the dest
    d3ddev->StretchRect(source, &source_rect, dest, &dest_rect, D3DTEXF_NONE);
}
```

建议

我们将在后面两章中使用基于纹理的精灵来替换这里的基于表面的精灵代码,它们有更好的能力,比如旋转和缩放!

5.5 Bomb Catcher 游戏

对输入设备进行编程所需的代码差不多就是这些了。准备好用这些知识来实践我们的第一个 DirectX 游戏了吗?我们将创建一个称为 Bomb Catcher 的伪游戏来演示到目前为止我们所学的一切。这个游戏要求用户在屏幕底部移动一个篮筐,抓住从顶部随机落下的炸弹。看看你能抓住多少——不能让炸弹碰触到屏幕底部,小心!我们来盘点一下到目前为止所积累的技能。

◎ 初始化 Direct3D。

◎ 将位图文件加载到内存。
◎ 绘制位图。
◎ 键盘输入。
◎ 鼠标输入。
◎ 控制器输入。

在这么短的时间内有这么一个技能清单那是相当了不起了——我们还只是在第 5 章呢！但这些是制作最简单的游戏的所需的最小要求（还没有任何音响效果）。而且，必须承认的是，我们并不绝对需要支持控制器输入，但由于这是件非常容易做的事情，所以既然提到了，就把它做出来吧。

图 5.7 展示了进行中的 Bomb Catcher 游戏。这个游戏支持键盘、鼠标以及控制器输入，而且可以由你自己来改进！更重要的是，这是第一个将 Windows、DirectX 和游戏源代码分开存放在不同文件中的程序。

MyWindows.cpp	所有 Windows 代码，包括 WinMain 和 WinProc
MyDirectX.h	DirectX 变量和函数定义
MyDirectX.cpp	DirectX 变量和函数实现
MyGame.cpp	游戏的源代码

图 5.7 Bomb Catcher 游戏演示了鼠标、键盘和控制器输入

要成为专业程序员，代码重用是关键。我们不能一次一次重写代码并指望每一次都能

把工作做好。到目前为止我们所创建的源代码文件提供了一个可极大减少编写 Windows/DirectX 游戏所需工作量的游戏框架。而且我们所说的是成熟的 Direct3D 游戏！什么？我们甚至都还没进入 3D 呢？

我一直把 3D 压着不放是因为：它有点复杂。我想让代码基础（框架）先准备好，然后再投入到 3D 代码中，因为要是不这样的话我们就会淹没在大量代码中了。后面关于 3D 的章节（从第 12 章开始）将易于理解和掌握，因为我不会让你陷入任何 3D 数学中，不过在使用 Direct3D 时还是会涉及大量的代码。

继续，现在创建新的 Bomb Catcher 项目并将这些新源代码文件添加到项目中。我们将分别讲解这些源代码文件。

5.5.1 MyWindows.cpp

在新的 Win32 项目中添加一个新的源代码文件并将其命名为 MyWindows.cpp，如图 5.8 所示。这个源代码文件包含 WinProc 和 WinMain 函数中的所有标准 Windows 代码。由于这已经是我们在本书中第 5 次给出这些清单了，所以这也会是最后一次——请保留这个源代码文件，因为我们不会再复制它了（但是，下载文件中的每个项目都会包含它）。

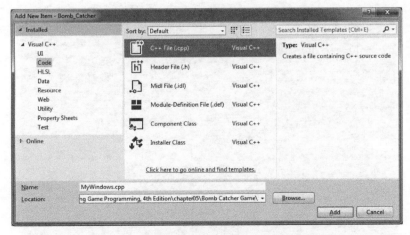

图 5.8　在项目中添加 MyWindows.cpp 文件

```
#include "MyDirectX.h"
using namespace std;
bool gameover = false;
// Windows event handler
```

```cpp
LRESULT WINAPI WinProc( HWND hWnd, UINT msg, WPARAM wParam, LPARAM lParam )
{
    switch( msg )
    {
        case WM_DESTROY:
            gameover = true;
            PostQuitMessage(0);
            return 0;
    }
    return DefWindowProc( hWnd, msg, wParam, lParam );
}
// Windows entry point
int WINAPI WinMain(HINSTANCE hInstance, HINSTANCE hPrevInstance,
    LPSTR lpCmdLine, int nCmdShow)
{
    //initialize window settings
    WNDCLASSEX wc;
    wc.cbSize = sizeof(WNDCLASSEX);
    wc.style         = CS_HREDRAW | CS_VREDRAW;
    wc.lpfnWndProc   = (WNDPROC)WinProc;
    wc.cbClsExtra    = 0;
    wc.cbWndExtra    = 0;
    wc.hInstance     = hInstance;
    wc.hIcon         = NULL;
    wc.hCursor       = LoadCursor(NULL, IDC_ARROW);
    wc.hbrBackground = (HBRUSH)GetStockObject(WHITE_BRUSH);
    wc.lpszMenuName  = NULL;
    wc.lpszClassName = "MainWindowClass";
    wc.hIconSm       = NULL;
    RegisterClassEx(&wc);
    //create a new window
    HWND window = CreateWindow("MainWindowClass", APPTITLE.c_str(),
        WS_OVERLAPPEDWINDOW, CW_USEDEFAULT, CW_USEDEFAULT,
        SCREENW, SCREENH, NULL, NULL, hInstance, NULL);
    if (window == 0) return 0;
    //display the window
    ShowWindow(window, nCmdShow);
    UpdateWindow(window);
    //initialize the game
    if (!Game_Init(window)) return 0;
    // main message loop
    MSG message;
    while (!gameover)
```

```
        {
            if (PeekMessage(&message, NULL, 0, 0, PM_REMOVE))
            {
                TranslateMessage(&message);
                DispatchMessage(&message);
            }
            //process game loop
            Game_Run(window);
        }
        //shutdown
        Game_End();
        return message.wParam;
    }
```

5.5.2 MyDirectX.h

在新的 Win32 项目中添加一个新源代码文件并命名为 MyDirectX.h,如图 5.9 所示。这个文件包含制作 DirectX 游戏所需的所有函数原型、头文件、库文件以及全局变量!我们会在添加新功能时在这个文件中增加内容(比如下一章中的纹理加载)。

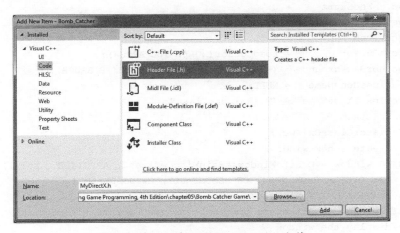

图 5.9　在项目中添加 MyDirectX.h 文件

```
#pragma once
//header files
#define WIN32_EXTRA_LEAN
#define DIRECTINPUT_VERSION 0x0800
#include <windows.h>
```

```cpp
#include <d3d9.h>
#include <d3dx9.h>
#include <dinput.h>
#include <xinput.h>
#include <ctime>
#include <iostream>
#include <iomanip>
#include <sstream>
using namespace std;
//libraries
#pragma comment(lib,"winmm.lib")
#pragma comment(lib,"user32.lib")
#pragma comment(lib,"gdi32.lib")
#pragma comment(lib,"dxguid.lib")
#pragma comment(lib,"d3d9.lib")
#pragma comment(lib,"d3dx9.lib")
#pragma comment(lib,"dinput8.lib")
#pragma comment(lib,"xinput.lib")
//program values
extern const string APPTITLE;
extern const int SCREENW;
extern const int SCREENH;
extern bool gameover;
//Direct3D objects
extern LPDIRECT3D9 d3d;
extern LPDIRECT3DDEVICE9 d3ddev;
extern LPDIRECT3DSURFACE9 backbuffer;
//Direct3D functions
bool Direct3D_Init(HWND hwnd, int width, int height, bool fullscreen);
void Direct3D_Shutdown();
LPDIRECT3DSURFACE9 LoadSurface(string filename);
void DrawSurface(LPDIRECT3DSURFACE9 dest, float x, float y,
    LPDIRECT3DSURFACE9 source);
//DirectInput objects, devices, and states
extern LPDIRECTINPUT8 dinput;
extern LPDIRECTINPUTDEVICE8 dimouse;
extern LPDIRECTINPUTDEVICE8 dikeyboard;
extern DIMOUSESTATE mouse_state;
extern XINPUT_GAMEPAD controllers[4];
//DirectInput functions
bool DirectInput_Init(HWND);
void DirectInput_Update();
void DirectInput_Shutdown();
```

```
int Key_Down(int);
int Mouse_Button(int);
int Mouse_X();
int Mouse_Y();
void XInput_Vibrate(int contNum = 0, int amount = 65535);
bool XInput_Controller_Found();
//game functions
bool Game_Init(HWND window);
void Game_Run(HWND window);
void Game_End();
```

5.5.3 MyDirectX.cpp

在新的 Win32 项目中添加一个新源代码文件并命名为 **MyDirectX.cpp**,如图 5.10 所示。这个文件包含游戏项目的 DirectX 实现。所有的 DirectX 代码都将包含在此,包括 Direct3D 和 DirectInput——是的,放在同一个源文件中来保持简洁。在每个新的章节中,随着我们在游戏编程工具集中增加新的技能,我们将在本文件中添加新内容。

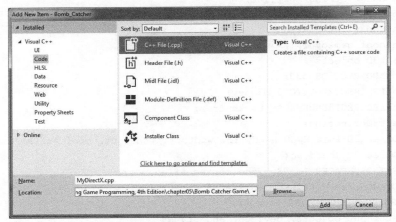

图 5.10　在项目中添加 MyDirectX.cpp 文件

```
#include "MyDirectX.h"
#include <iostream>
using namespace std;
//Direct3D variables
LPDIRECT3D9 d3d = NULL;
LPDIRECT3DDEVICE9 d3ddev = NULL;
LPDIRECT3DSURFACE9 backbuffer = NULL;
//DirectInput variables
```

```cpp
LPDIRECTINPUT8 dinput = NULL;
LPDIRECTINPUTDEVICE8 dimouse = NULL;
LPDIRECTINPUTDEVICE8 dikeyboard = NULL;
DIMOUSESTATE mouse_state;
char keys[256];
XINPUT_GAMEPAD controllers[4];
// Direct3D initialization
bool Direct3D_Init(HWND window, int width, int height, bool fullscreen)
{
    //initialize Direct3D
    d3d = Direct3DCreate9(D3D_SDK_VERSION);
    if (!d3d) return false;
    //set Direct3D presentation parameters
    D3DPRESENT_PARAMETERS d3dpp;
    ZeroMemory(&d3dpp, sizeof(d3dpp));
    d3dpp.Windowed = (!fullscreen);
    d3dpp.SwapEffect = D3DSWAPEFFECT_COPY;
    d3dpp.BackBufferFormat = D3DFMT_X8R8G8B8;
    d3dpp.BackBufferCount = 1;
    d3dpp.BackBufferWidth = width;
    d3dpp.BackBufferHeight = height;
    d3dpp.hDeviceWindow = window;
    //create Direct3D device
    d3d->CreateDevice( D3DADAPTER_DEFAULT, D3DDEVTYPE_HAL, window,
        D3DCREATE_SOFTWARE_VERTEXPROCESSING, &d3dpp, &d3ddev);
    if (!d3ddev) return false;
    //get a pointer to the back buffer surface
    d3ddev->GetBackBuffer(0, 0, D3DBACKBUFFER_TYPE_MONO, &backbuffer);
    return true;
}
// Direct3D shutdown
void Direct3D_Shutdown()
{
    if (d3ddev) d3ddev->Release();
    if (d3d) d3d->Release();
}
// Draws a surface to the screen using StretchRect
void DrawSurface(LPDIRECT3DSURFACE9 dest,
    float x, float y,
    LPDIRECT3DSURFACE9 source)
{
    //get width/height from source surface
    D3DSURFACE_DESC desc;
    source->GetDesc(&desc);
```

```cpp
    //create rects for drawing
    RECT source_rect = {0, 0,
        (long)desc.Width, (long)desc.Height };
    RECT dest_rect = { (long)x, (long)y,
        (long)x+desc.Width, (long)y+desc.Height};
    //draw the source surface onto the dest
    d3ddev->StretchRect(source, &source_rect, dest,
    &dest_rect, D3DTEXF_NONE);
}
// Loads a bitmap file into a surface
LPDIRECT3DSURFACE9 LoadSurface(string filename)
{
    LPDIRECT3DSURFACE9 image = NULL;

    //get width and height from bitmap file
    D3DXIMAGE_INFO info;
    HRESULT result = D3DXGetImageInfoFromFile(filename.c_str(), &info);
    if (result != D3D_OK) return NULL;
    //create surface
    result = d3ddev->CreateOffscreenPlainSurface(
        info.Width,         //width of the surface
        info.Height,        //height of the surface
        D3DFMT_X8R8G8B8,    //surface format
        D3DPOOL_DEFAULT,    //memory pool to use
        & image,            //pointer to the surface
        NULL);              //reserved (always NULL)
    if (result != D3D_OK) return NULL;
    //load surface from file into newly created surface
    result = D3DXLoadSurfaceFromFile(
        image,                  //destination surface
        NULL,                   //destination palette
        NULL,                   //destination rectangle
        filename.c_str(),       //source filename
        NULL,                   //source rectangle
        D3DX_DEFAULT,           //controls how image is filtered
        D3DCOLOR_XRGB(0,0,0),   //for transparency (0 for none)
        NULL);                  //source image info (usually NULL)
    //make sure file was loaded okay
    if (result != D3D_OK) return NULL;
    return image;
}
// DirectInput initialization
bool DirectInput_Init(HWND hwnd)
{
```

```cpp
    //initialize DirectInput object
    HRESULT result = DirectInput8Create(
        GetModuleHandle(NULL),
        DIRECTINPUT_VERSION,
        IID_IDirectInput8,
        (void**)&dinput,
        NULL);
    //initialize the keyboard
    dinput->CreateDevice(GUID_SysKeyboard, &dikeyboard, NULL);
    dikeyboard->SetDataFormat(&c_dfDIKeyboard);
    dikeyboard->SetCooperativeLevel(hwnd, DISCL_NONEXCLUSIVE | DISCL_FOREGROUND);
    dikeyboard->Acquire();
    //initialize the mouse
    dinput->CreateDevice(GUID_SysMouse, &dimouse, NULL);
    dimouse->SetDataFormat(&c_dfDIMouse);
    dimouse->SetCooperativeLevel(hwnd, DISCL_NONEXCLUSIVE | DISCL_FOREGROUND);
    dimouse->Acquire();
    d3ddev->ShowCursor(false);
    return true;
}
// DirectInput update
void DirectInput_Update()
{
    //update mouse
    dimouse->GetDeviceState(sizeof(mouse_state), (LPVOID)&mouse_state);
    //update keyboard
    dikeyboard->GetDeviceState(sizeof(keys), (LPVOID)&keys);
    //update controllers
    for (int i=0; i< 4; i++ )
{
    ZeroMemory( &controllers[i], sizeof(XINPUT_STATE) );
    //get the state of the controller
    XINPUT_STATE state;
    DWORD result = XInputGetState( i, &state );
    //store state in global controllers array
    if (result == 0) controllers[i] = state.Gamepad;
    }
}
// Return mouse x movement
int Mouse_X()
{
    return mouse_state.lX;
}
// Return mouse y movement
```

```cpp
int Mouse_Y()
{
    return mouse_state.lY;
}
// Return mouse button state
int Mouse_Button(int button)
{
    return mouse_state.rgbButtons[button] & 0x80;
}
// Return key press state
int Key_Down(int key)
{
    return (keys[key] & 0x80);
}
// DirectInput shutdown
void DirectInput_Shutdown()
{
    if (dikeyboard)
    {
        dikeyboard->Unacquire();
        dikeyboard->Release();
        dikeyboard = NULL;
    }
    if (dimouse)
    {
        dimouse->Unacquire();
        dimouse->Release();
        dimouse = NULL;
    }
}
// Returns true if controller is plugged in
bool XInput_Controller_Found()
{
    XINPUT_CAPABILITIES caps;
    ZeroMemory(&caps, sizeof(XINPUT_CAPABILITIES));
    XInputGetCapabilities(0, XINPUT_FLAG_GAMEPAD, &caps);
    if (caps.Type != 0) return false;

    return true;
}
// Vibrates the controller
void XInput_Vibrate(int contNum, int amount)
{
    XINPUT_VIBRATION vibration;
```

```
    ZeroMemory( &vibration, sizeof(XINPUT_VIBRATION) );
    vibration.wLeftMotorSpeed = amount;
    vibration.wRightMotorSpeed = amount;
    XInputSetState( contNum, &vibration );
}
```

5.5.4 MyGame.cpp

在新的 Win32 项目中添加一个新源代码文件并命名为 **MyGame.cpp**，如图 5.11 所示。这是 Bomb Catcher 游戏的主源代码文件，也是在将来的示例程序中需要编辑的同一个文件。我们在添加新的对 DirectX 功能的支持的时候，这些支持代码主要进入 **MyDirectX.h** 和 **MyDirectX.cpp** 文件中；而我们这里的主文件（**MyGame.cpp**）将主要包含游戏逻辑——也就是重要的东西。虽然我们将程序分为许多文件，但这个文件还是很大。这主要是由于对控制器输入过于热情的支持所致。在游戏中，你可使用控制器上任何一对按钮来移动篮子（抓住炸弹）。对于游戏来讲这并不正常，但我这么做是想在真实的游戏环境中展示使用这些按钮的方法。

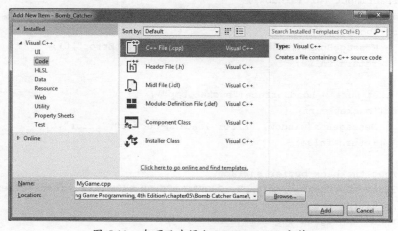

图 5.11　在项目中添加 MyGame.cpp 文件

```
#include "MyDirectX.h"
const string APPTITLE = "Bomb Catcher Game";
const int SCREENW = 1024;
const int SCREENH = 768;
LPDIRECT3DSURFACE9 bomb_surf = NULL;
LPDIRECT3DSURFACE9 bucket_surf = NULL;
struct BOMB
{
    float x,y;
```

```cpp
        void reset()
        {
            x = (float)(rand() % (SCREENW-128));
            y=0;
        }
};
BOMB bomb;

struct BUCKET
{
    float x,y;
};
BUCKET bucket;
int score = 0;
int vibrating = 0;
bool Game_Init(HWND window)
{
    Direct3D_Init(window, SCREENW, SCREENH, false);
    DirectInput_Init(window);
    bomb_surf = LoadSurface("bomb.bmp");
    if (!bomb_surf) {
        MessageBox(window, "Error loading bomb","Error",0);
        return false;
    }
    bucket_surf = LoadSurface("bucket.bmp");
    if (!bucket_surf) {
        MessageBox(window, "Error loading bucket","Error",0);
        return false;
    }
    //get the back buffer surface
    d3ddev->GetBackBuffer(0, 0, D3DBACKBUFFER_TYPE_MONO, &backbuffer);
    //position the bomb
    srand( (unsigned int)time(NULL) );
    bomb.reset();
    //position the bucket
    bucket.x = 500;
    bucket.y = 630;
    return true;
}
void Game_Run(HWND window)
{
    //make sure the Direct3D device is valid
    if (!d3ddev) return;
```

```cpp
//update input devices
DirectInput_Update();
//move the bomb down the screen
bomb.y += 2.0f;
//see if bomb hit the floor
if (bomb.y > SCREENH)
{
        MessageBox(0,"Oh no, the bomb exploded!!","YOU STINK",0);
        gameover = true;
}
//move the bucket with the mouse
int mx = Mouse_X();
if (mx < 0)
    bucket.x -= 6.0f;
else if (mx > 0)
    bucket.x += 6.0f;

//move the bucket with the keyboard
if (Key_Down(DIK_LEFT)) bucket.x -= 6.0f;
else if (Key_Down(DIK_RIGHT)) bucket.x += 6.0f;
//move the bucket with the controller
if (XInput_Controller_Found())
{
    //left analog thumb stick
    if (controllers[0].sThumbLX < -5000)
        bucket.x -= 6.0f;
    else if (controllers[0].sThumbLX > 5000)
        bucket.x += 6.0f;
    //left and right triggers
    if (controllers[0].bLeftTrigger > 128)
        bucket.x -= 6.0f;
    else if (controllers[0].bRightTrigger > 128)
        bucket.x += 6.0f;
    //left and right D-PAD
    if (controllers[0].wButtons & XINPUT_GAMEPAD_LEFT_SHOULDER)
        bucket.x -= 6.0f;
    else if (controllers[0].wButtons & XINPUT_GAMEPAD_RIGHT_SHOULDER)
        bucket.x += 6.0f;
    //left and right shoulders
    if (controllers[0].wButtons & XINPUT_GAMEPAD_DPAD_LEFT)
        bucket.x -= 6.0f;
    else if (controllers[0].wButtons & XINPUT_GAMEPAD_DPAD_RIGHT)
```

```cpp
            bucket.x += 6.0f;
    }
    //update vibration
    if (vibrating > 0)
    {
        vibrating++;
        if (vibrating > 20)
        {
            XInput_Vibrate(0, 0);
            vibrating = 0;
        }
    }
    //keep bucket inside the screen
    if (bucket.x < 0) bucket.x = 0;
    if (bucket.x > SCREENW-128) bucket.x = SCREENW-128;
    //see if bucket caught the bomb
    int cx = bomb.x + 64;
    int cy = bomb.y + 64;
    if (cx > bucket.x && cx < bucket.x+128 &&
        cy > bucket.y && cy < bucket.y+128)
    {
        //update and display score
        score++;
        std::ostringstream os;
        os << APPTITLE << " [SCORE " << score << "]";
        string scoreStr = os.str();
        SetWindowText(window, scoreStr.c_str());
        //vibrate the controller
        XInput_Vibrate(0, 65000);
        vibrating = 1;
        //restart bomb
        bomb.reset();
    }
    //clear the backbuffer
    d3ddev->ColorFill(backbuffer, NULL, D3DCOLOR_XRGB(0,0,0));
    //start rendering
    if (d3ddev->BeginScene())
    {
        //draw the bomb
        DrawSurface(backbuffer, bomb.x, bomb.y, bomb_surf);

        //draw the bucket
```

```
    DrawSurface(backbuffer, bucket.x, bucket.y, bucket_surf);

    //stop rendering
    d3ddev->EndScene();
    d3ddev->Present(NULL, NULL, NULL, NULL);
}
//escape key exits
if (Key_Down(DIK_SPACE) || Key_Down(DIK_ESCAPE))
    gameover = true;
//controller Back button also exits
if (controllers[0].wButtons & XINPUT_GAMEPAD_BACK)
    gameover = true;
}
void Game_End()
{
    if (bomb_surf) bomb_surf->Release();
    if (bucket_surf) bucket_surf->Release();
    DirectInput_Shutdown();
    Direct3D_Shutdown();
}
```

5.6 你所学到的

本章我们学习了如何使用 DirectInput 进行键盘、鼠标和控制器编程以及如何在 Direct3D 中对 2D 表面和精灵进行编程，并且小有成就！如果你对所有这些新知识还没建立起自信，请不要气馁，因为我们所学的可不是简单的技艺！如果有任何疑问，我建议你在进入讲解高级精灵编程的下一章之前重读本章内容。不要对这里所讨论的

2D 图形犹豫不决，我鼓励你继续学习，因为这是即将到来的 3D 章节的基础！以下是要点。

◎ 我们学习了如何初始化 DirectInput。
◎ 我们学习了如何创建键盘处理器。
◎ 我们学习了如何创建鼠标处理器。
◎ 我们学习了如何对 Xbox 360 控制器进行编程。
◎ 我们编写了一个名为 Bomb Catcher 的示例游戏。

5.7 复习测验

这些问题将挑战你在需要的时候进一步学习本章知识。

1. 主 DirectInput 对象的名称是什么？
2. 创建 DirectInput 设备的函数是什么？
3. 包含鼠标输入数据的结构的名称是什么？
4. 轮询键盘或鼠标时调用的函数是哪个？
5. 帮助检查精灵碰撞的函数名称是什么？
6. 表示游戏中角色的一个小的 2D 图像叫什么？
7. Direct3D 中的表面对象的名称是什么？
8. 将表面绘制在屏幕上应该用什么函数？
9. 将位图图像加载到表面中的 D3DX 助手函数是哪个？
10. 在网络中，哪儿能找到不错的免费精灵集？

5.8 自己动手

以下练习将帮助你跳出思维框框,最大限度地理解本材料。

习题 1. Bomb Catcher 项目还不是个完整的游戏,因为它只是个输入演示而已,不过它很好地完成了自己作为一个简单演示程序的角色。正是这个简单演示的本质让它很有可能成为一个游戏项目,因为它无需从头开始做起。你是否能为其加入分数、生命和其他游戏功能,让它不那么像个演示,而是更像个游戏。你会需要多阅读几章,学习一些新的技术,然后回到这里来改进这个游戏。

习题 2. 你是否能增强 Bomb Catcher 尚待观察,但我们在短时间内能实现的是:在演示中添加另外一个炸弹,让游戏者抓住两个炸弹,而不只是一个!

第 6 章
绘制精灵并显示精灵动画

本章进一步讲解精灵编程这一主题。通过利用纹理技术而不是表面来处理精灵图像，就有可能绘制出有透明效果的精灵（只显示对象本身的像素而不显示背景。在 Bomb Catcher 游戏中连背景都显示）。在切换到这种新的绘制精灵的方式后，还有一些特殊效果也成为可能，比如旋转和缩放。这些东西在计算机图形专家们的嘴里称为"变换"，我们将使用两个章节的篇幅来学习这些特殊效果。我们将开发一个健壮的、可重用的精灵函数集，在将来的游戏项目中也会有用处。本章先讲解基础知识，结束前会讨论精灵动画。

以下是本章要学的知识。
◎ 精灵是什么。
◎ 如何加载纹理。
◎ 如何绘制透明精灵。
◎ 如何使精灵动起来。

6.1 什么是精灵

精灵是游戏实体的 2D 表示，它通常必须以某种方式和游戏者交互。树木和岩石可以以 2D 方式渲染并且以挡道的方式和游戏者交互：以物理碰撞的方式停住游戏者。在上一章我们使用 Direct3D 表面作为绘制精灵的方式。而表面最大的问题除了绘图速度颇慢以外，还有缺乏对任何透明类型的支持（这是我们的炸弹和篮子精灵有黑色的轮廓的原因）。

我们还必须处理那些直接或不直接与游戏者的角色交互的游戏角色（比如飞船、意大利水管工或者带刺的刺猬）。在太空战斗游戏中，这些类型的与游戏者交互的精灵可能会是敌方的飞船或者激光炮——我将不断地用示例来说明。

在 Direct3D 中有两种渲染 2D 对象的方法。第一种方法是创建一个由带有表示想要绘制的 2D 图像的纹理的两个三角形组成的四边形（quad，也就是矩形）。这种技术不仅有效，而且甚至支持透明、响应光照并且可在 Z 方向上移动。第二种在 Direct3D 中可用于渲染 2D 对象的方法是使用精灵——这是我们将在本章所专注的方法。

6.2　加载精灵图像

你首先必须知道的是，ID3DXSprite 用来储存精灵图像的是纹理而不是表面。所以，虽然在上一章我们使用 LPDIRECT3DSURFACE9 对象来制作精灵，但在本章将使用的是 LPDIRECT3DTEXTURE9 对象。如果我创建的是基于图片单元卷动的街机游戏，比如 Super Mario World、R-Type 或者 Mars Matrix，那我就得使用表面来绘制（并且卷动）背景，但我会根据情况使用纹理来实现前景上代表游戏角色/飞船/敌人的精灵。选择表面而不是用纹理实在是对性能没有好处，因为昂贵的视频卡（带有高级 GPU）将在屏幕上使用硬件纹理映射系统来渲染精灵，它要比使用软件快上好几光年。那些使用汇编语言将 2D 精灵传输到屏幕上的日子已经一去不复返了！今天，我们让 Direct3D 来绘制精灵。这也正是我们将从现在开始使用纹理的原因。

创建游戏精灵首先要做的是创建一个用于加载精灵位图图像的纹理对象。

```
LPDIRECT3DTEXTURE9 texture = NULL;
```

而后需要做的是使用 D3DXGetImageInfoFromFile 函数从位图文件中取出分辨率数据（假设已经有可用的精灵位图）。

```
D3DXIMAGE_INFO info;
result = D3DXGetImageInfoFromFile("image.bmp", &info);
```

如果文件存在，我们将获得 Width（宽度）和 Height（高度），这对下一步有用。尤其在开始一个游戏项目时，这些信息真是很方便。所以，我们可以编写一个可重用的函数，以 D3DXVECTOR2（它有可用于包含图像宽度和高度信息的 X 和 Y 属性）来返回一个图像的尺寸。如果想使用它，可将这个函数加入到 MyDirectX.h 和 MyDirectX.cpp 中。

```
D3DXVECTOR2 GetBitmapSize(string filename)
{
    D3DXIMAGE_INFO info;
    D3DXVECTOR2 size = D3DXVECTOR2(0.0f,0.0f);
    HRESULT result = D3DXGetImageInfoFromFile(filename.c_str(), &info);
    if (result == D3D_OK)
        size = D3DXVECTOR2( (float)info.Width, (float)info.Height);
    else
        size = D3DXVECTOR2( (float)info.Width, (float)info.Height);
    return size;
}
```

接下来，我们使用 D3DXCreateTextureFromFileEx 函数一步直接从位图文件中将精灵的图像加载到纹理中。

```
HRESULT WINAPI D3DXCreateTextureFromFileEx(
    LPDIRECT3DDEVICE9
    pDevice,
    LPCTSTR
    pSrcFile,
    UINT
    Width,
    UINT
    Height,
    UINT
    MipLevels,
    DWORD
    Usage,
    D3DFORMAT
    Format,
    D3DPOOL
    Pool,
    DWORD
    Filter,
    DWORD
    MipFilter,
    D3DCOLOR
    ColorKey,
    D3DXIMAGE_INFO *pSrcInfo,
    PALETTEENTRY *pPalette,
```

```
        LPDIRECT3DTEXTURE9 *ppTexture
);
```

不用过多担心这么多的参数，它们当中的大多数都可用默认值和 NULL 来填写。唯一剩下的事情，就是编写一个小函数，让它为我们将所有这些信息放到一起并返回一个纹理。以下就是这样的函数，我将其命名为 LoadTexture（是不是很有创意）。

```
LPDIRECT3DTEXTURE9 LoadTexture(string filename, D3DCOLOR transcolor)
{
    LPDIRECT3DTEXTURE9 texture = NULL;
    //get width and height from bitmap file
    D3DXIMAGE_INFO info;
    HRESULT result = D3DXGetImageInfoFromFile(filename.c_str(), &info);
    if (result != D3D_OK) return NULL;
    //create the new texture by loading a bitmap image file
    D3DXCreateTextureFromFileEx(
        d3ddev,              //Direct3D device object
        filename.c_str(),    //bitmap filename
        info.Width,          //bitmap image width
        info.Height,         //bitmap image height
        1,                   //mip-map levels (1 for no chain)
        D3DPOOL_DEFAULT,     //the type of surface (standard)
        D3DFMT_UNKNOWN,      //surface format (default)
        D3DPOOL_DEFAULT,     //memory class for the texture
        D3DX_DEFAULT,        //image filter
        D3DX_DEFAULT,        //mip filter
        transcolor,          //color key for transparency
        &info,               //bitmap file info (from loaded file)
        NULL,                //color palette
        &texture );          //destination texture
    //make sure the bitmap texture was loaded correctly
    if (result != D3D_OK) return NULL;
    return texture;
}
```

6.3 透明的精灵

对于计划使用 Direct3D 编写 2D 游戏的程序员来说，ID3DXSprite 对象实在是个极大的惊喜。这么做的好处之一就是，在使用和以前的实现（比如，老的 DirectDraw）一样快的 2D 函数的同时有完整的 3D 渲染器随时为你服务。通过将精灵作为纹理来处理并且以矩形（由两个三角形组成，就如同所有的 3D 矩形那样）来渲染精灵，我们具备对精灵进行变换的能力！

提到变换，我的意思是可以用矩阵来移动精灵。通过在源位图中指定表示透明像素的 alpha 颜色，我们可以绘制透明的精灵。黑色（0,0,0）是常见的作为透明的颜色，但这样使用并不是非常理想。为什么呢？因为这样的话就难以区分哪些像素是透明的、哪些像素只是颜色深而已。使用粉红色（255,0,255）是个更好的选择，因为在游戏图形中很少用到，并且在源图像中显得明亮。在这样的图像中我们可以立即看到透明像素。如今，我们不再处理颜色键透明，因为使用 alpha 通道会更好。

显然，只使用 X 和 Y 作为参数的 ID3DXSprite 方法绘制精灵，这是我们要用的方法。不过在某些情况下，我们也可能需要使用原来的表面绘制代码——比如，绘制平铺的背景。在讲解更高级的精灵特性的下一章中，我们将学习如何使用 Direct3D 矩阵来实现精灵变换（也就是旋转、缩放和平移）。你知道这意味着什么吗？我们完全可以使用运行于视频卡上的 GPU（图形处理单元）中的顶点着色引擎来对精灵进行变换。我想知道高端的 GPU 能处理多少个精灵？

6.3.1 初始化精灵渲染器

ID3DXSprite 对象只是个包含从纹理绘制精灵的函数的精灵处理器（带有多种变换）。D3DX 定义了该类的指针版本：LPD3DXSPRITE，对我们来说它更为方便。以下是声明它的方法。

```
LPD3DXSPRITE spriteobj = NULL;
```

建议

> 在定义新对象时总是将它们设置为 NULL。如果不这么做，对象将是未定义的，将其与 NULL 做测试甚至不能工作。换句话说，如果不定义 spriteobj 对象，那么 if (spriteobj == NULL) 可能会导致程序奔溃，而不是返回 false 结果。

而后可通过调用 D3DXCreateSprite 函数来初始化对象。这个函数所做的基本上是将精灵处理器附着在 Direct3D 设备上，以便它知道如何在后台缓冲区中绘制精灵。

```
HRESULT WINAPI D3DXCreateSprite(
    LPDIRECT3DDEVICE9
    pDevice,
    LPD3DXSPRITE *ppSprite
);
```

以下是调用这个函数的方法的示例。

```
result = D3DXCreateSprite(d3ddev, &spriteobj);
```

1. 启动精灵渲染器

我一会儿就会讲解如何加载精灵图像，但现在先让我展示一下如何使用 ID3DXSprite。在主 Direct3D 设备中调用了 BeginScene 之后，就可以开始绘制精灵。首先要做的是锁住表面，以便绘制精灵。可以通过调用 ID3DXSprite 来实现，其格式如下。

```
HRESULT Begin( DWORD Flags );
```

flags 参数是必须的，通常会是 D3DXPRITE_ALPHABLEND，表示绘制精灵时支持透明。以下是一个示例。

```
spriteobj->Begin(D3DXSPRITE_ALPHABLEND);
```

2. 绘制精灵

绘制精灵比仅仅使用源和目标矩形图像做位块传输（如上一章的表面所做的）要复杂一些。不过，D3DXSprite 只使用单一的函数 Draw 来处理所有的变换选项，所以一旦理解了这个函数的工作原理，那么只需调整参数就可以执行透明、缩放和旋转。以下是 Draw 函数的声明。

```
HRESULT Draw(
    LPDIRECT3DTEXTURE9
    pTexture,
    CONST RECT *pSrcRect,
    CONST D3DXVECTOR3 *pCenter,
    CONST D3DXVECTOR3 *pPosition,
    D3DCOLOR
    Color );
```

第一个参数是最重要的一个，因为它指定精灵所用的源图像的纹理。第二个参数也是重要的，因为我们可使用它从源图像中抓出"图片单元"，于是就能将精灵的所有动画帧储存在单个位图文件中（本章稍后会有更多介绍）。第三个参数指定旋转发生的中心点。第四个参数指定精灵的位置，我们通常在这里设置 x 和 y 值。最后一个参数指定在绘制精灵图像时对其进行的色彩变更（并且不影响透明度）。

建议

> 注意：我们将在下章学习如何应用矩阵变换来旋转、缩放以及平移精灵。我发现先从简单的渲染，然后再进入像变换这样的复杂主题将更有帮助。你在进入下一章时已经对 ID3DXSprite 有了很好的理解。

D3DXVECTOR3 是个有三个成员变量的 DirectX 数据类型：x、y 和 z。

```
typedef struct D3DXVECTOR3 {
    FLOAT x;
    FLOAT y;
    FLOAT z;
} D3DXVECTOR3;
```

在 2D 屏幕表面移动精灵只需要前两个成员——x 和 y。我很快就会在一个示例程序中向你展示如何使用 Draw。

3．停止精灵渲染器

在完成了精灵的绘制之后并且在调用 EndScene 之前，必须调用 ID3DXSprite.End 来对表面解锁，以便其他进程使用。语法如下。

```
HRESULT End(VOID);
```

其用法很明显，因为函数很短。

```
spriteobj->End();
```

6.3.2　绘制透明的精灵

D3DXSprite 并不关心精灵的源图像使用的是颜色键还是 alpha 通道来实现透明——它只是按需渲染图像。如果图像有 alpha 通道——比如一个 32 位的 targa，那么它将以 alpha 进行渲染，包括在图像定义了部分 alpha 范围时和背景进行的半透明混合。但如果图像没有 alpha 而使用背景颜色键来做透明效果——比如 24 位位图，那像素就不会被绘制。我们甚至可以同时使用 alpha 通道和颜色键来绘制带有透明效果的图。

我们可以在整个游戏中只使用颜色键实现透明，但使用这种技术在质量上会有限制，因为除非执行某种形式的渲染时混合（render-time blending），否则在这样的图像中就必须有离散像素。虽然在运行时进行 alpha 混合是可能的，但这不是开发游戏的好方式——最好应该提前将美工工作准备好。

使用 alpha 通道是渲染透明图像的更好的方法（尤其对艺术家来说）。alpha 混合的图像能够支持部分透明性是它的优势之一，也就是说可以进行半透明混合。通过使用 alpha 级别来实现部分半透明效果，艺术家可以在精灵的边缘做出混合边界来（对比看来极为出色），而不仅仅是那种颜色键的精灵所能实现的黑色边界（老学究的突出显示精灵的方法）。要实现这种效果，必须使用支持 32 位图像的文件格式。Targa 是一个好的选择，PNG 文件也工作良好。

既然理解了 D3DXSprite 如何与 Direct3D 纹理一起工作来绘制透明精灵（至少这是理论），那么就让我们来编写一个简短的程序来展示将所有这一切放到一起的方法。如果愿意，你可以从下载的文件中加载这个项目。

1. 创建透明的精灵程序

首先，启动 Visual C++并且创建一个新的 Win32 项目，将其命名为 Transparent Sprite。你需要从上一个项目（在第 5 章）中复制源代码文件到新的项目中。这些源代码文件是：

- MyGame.cpp
- MyDirectX.h
- MyDirectX.cpp
- MyWindows.cpp

然后可以开始编辑 MyGame.cpp 文件并且从这里创建新项目。你还有另外一种选择，这也是我推荐的。在下载包中，在本章文件夹（\chapter06）下，有个名为 "DirectX_Project" 的项目。这是本章的模板项目，在每个新章节的文件夹下都有一个同名的项目，其中带有该章所需的所有最新函数和变量。

在阅读本书时，你可以使用这一项目作为自己的工作的模板，而无需打开已完成的项目（在本例中是 Transparent Sprite，也在下载包中）。打开已有的、已经可以运行的项目不会有良好的学习体验！通过每次使用 DirectX_Project 作为开始，你可以按照列出的代码完成剩余的工作并在此过程中学习更多。无论使用哪种方式，我都将假设你有一个可工作的、可以运行的 Transparent Sprite 项目，但这个项目不会带来任何用处。

2. 修改 MyDirectX.h

现在我们需要在名为 MyDirectX.h 的框架文件中加入对纹理加载的支持。这个文件已经在项目中，只需打开它然后添加新的代码行，让 LoadTexture 函数在整个项目中可见即可。另外，在这里我们也添加 GetBitmapSize 函数作为额外增添。

在 MyDirectX.h 的 Direct3D 函数原型一节中加入如下代码。

```
D3DXVECTOR2 GetBitmapSize(string filename);
LPDIRECT3DTEXTURE9 LoadTexture(string filename,
    D3DCOLOR transcolor = D3DCOLOR_XRGB(0,0,0));
```

在添加了这一行之后，Direct3D 函数的清单如下。

```
//Direct3D functions
bool Direct3D_Init(HWND hwnd, int width, int height, bool fullscreen);
void Direct3D_Shutdown();
LPDIRECT3DSURFACE9 LoadSurface(string filename);
void DrawSurface(LPDIRECT3DSURFACE9 dest, float x, float y,
    LPDIRECT3DSURFACE9 source);
D3DXVECTOR2 GetBitmapSize(string filename);
LPDIRECT3DTEXTURE9 LoadTexture(string filename,
    D3DCOLOR transcolor = D3DCOLOR_XRGB(0,0,0));
```

我们也需要在 MyDirectX.h 文件中加入精灵渲染对象。这个定义可以添加在文件中的任何位置上。

请仔细检查 MyDirectX.h 的备份文件，确保把 spriteobj 变量定义为 "extern"。

```
extern LPD3DXSPRITE spriteobj;
```

这个新对象被定义为 "extern" 是因为真正的定义发生在 MyDirectX.cpp 中。这里的定义仅告诉编译器在代码中碰到 spriteobj 时别紧张，这个对象的确存在。在编译过程的后面，链接器将会找到 MyDirectX.cpp 中的函数。

3. 修改 MyDirectX.cpp

既然已经定义了新的 LoadTexture 函数，程序的其他部分都可使用它了，那么现在应该打开 MyDirectX.cpp 文件并且在这个文件中添加实际的函数实现。我们也将添加 GetBitmapSize 函数。

```
LPDIRECT3DTEXTURE9 LoadTexture(std::string filename, D3DCOLOR transcolor)
{
    LPDIRECT3DTEXTURE9 texture = NULL;
    //get width and height from bitmap file
    D3DXIMAGE_INFO info;
    HRESULT result = D3DXGetImageInfoFromFile(filename.c_str(), &info);
    if (result != D3D_OK) return NULL;
    //create the new texture by loading a bitmap image file
        D3DXCreateTextureFromFileEx(
        d3ddev,                  //Direct3D device object
        filename.c_str(),        //bitmap filename
        info.Width,              //bitmap image width
        info.Height,             //bitmap image height
        1,                       //mip-map levels (1 for no chain)
        D3DPOOL_DEFAULT,         //the type of surface (standard)
        D3DFMT_UNKNOWN,          //surface format (default)
```

```
            D3DPOOL_DEFAULT,        //memory class for the texture
            D3DX_DEFAULT,           //image filter
            D3DX_DEFAULT,           //mip filter
            transcolor,             //color key for transparency
            &info,                  //bitmap file info (from loaded file)
            NULL,                   //color palette
            &texture );             //destination texture
        //make sure the bitmap texture was loaded correctly
        if (result != D3D_OK) return NULL;
        return texture;
    }
    D3DXVECTOR2 GetBitmapSize(string filename)
    {
        D3DXIMAGE_INFO info;
        D3DXVECTOR2 size = D3DXVECTOR2(0.0f,0.0f);
        HRESULT result = D3DXGetImageInfoFromFile(filename.c_str(), &info);
        if (result == D3D_OK)
            size = D3DXVECTOR2( (float)info.Width, (float)info.Height);
        else
            size = D3DXVECTOR2( (float)info.Width, (float)info.Height);
        return size;
    }
```

现在我们需要对 **Direct3D_Init** 和 **Direct3D_Shutdown** 做更改，以便在这些函数被调用时自动创建并销毁精灵对象。我将以粗体文本突出这些更改。

```
bool Direct3D_Init(HWND window, int width, int height, bool fullscreen)
{
    //initialize Direct3D
    d3d = Direct3DCreate9(D3D_SDK_VERSION);
    if (!d3d) return false;
    //set Direct3D presentation parameters
    D3DPRESENT_PARAMETERS d3dpp;
    ZeroMemory(&d3dpp, sizeof(d3dpp));
    d3dpp.hDeviceWindow = window;
    d3dpp.Windowed = (!fullscreen);
    d3dpp.SwapEffect = D3DSWAPEFFECT_DISCARD;
    d3dpp.EnableAutoDepthStencil = 1;
    d3dpp.AutoDepthStencilFormat = D3DFMT_D24S8;
    d3dpp.Flags = D3DPRESENTFLAG_DISCARD_DEPTHSTENCIL;
    d3dpp.PresentationInterval = D3DPRESENT_INTERVAL_IMMEDIATE;
    d3dpp.BackBufferFormat = D3DFMT_X8R8G8B8;
    d3dpp.BackBufferCount = 1;
    d3dpp.BackBufferWidth = width;
```

```
        d3dpp.BackBufferHeight = height;
        //create Direct3D device
        d3d->CreateDevice( D3DADAPTER_DEFAULT, D3DDEVTYPE_HAL, window,
            D3DCREATE_SOFTWARE_VERTEXPROCESSING, &d3dpp, &d3ddev);
        if (!d3ddev) return false;
        //get a pointer to the back buffer surface
        d3ddev->GetBackBuffer(0, 0, D3DBACKBUFFER_TYPE_MONO, &backbuffer);
        //create sprite object
        D3DXCreateSprite(d3ddev, &spriteobj);
        return 1;
    }
    void Direct3D_Shutdown()
    {
        if (spriteobj) spriteobj->Release();
        if (d3ddev) d3ddev->Release();
        if (d3d) d3d->Release();
    }
```

4. 修改 MyGame.cpp

既然新的纹理和精灵功能都已经添加到了支持文件中，我们就可以演示绘制带有透明效果的精灵的方法了。我将以粗体文本突出与纹理和精灵特定的代码行，以便你比较这个程序与第 5 章中以前的项目之间的区别。在把支持的框架代码（WinMain、Direct3D_Init 等）从主源代码文件中移出之后，现在的代码是不是简单多了，这对游戏或者演示而言难道不是很棒吗？

```
    #include "MyDirectX.h"
    const string APPTITLE = "Transparent Sprite Demo";
    const int SCREENW = 1024;
    const int SCREENH = 768;
    LPDIRECT3DTEXTURE9 image_colorkey = NULL;
    LPDIRECT3DTEXTURE9 image_alpha = NULL;
    LPDIRECT3DTEXTURE9 image_notrans = NULL;
    bool Game_Init(HWND window)
    {
        //initialize Direct3D
        if (!Direct3D_Init(window, SCREENW, SCREENH, false))
        {
            MessageBox(0, "Error initializing Direct3D","ERROR",0);
            return false;
        }
        //initialize DirectInput
        if (!DirectInput_Init(window))
        {
```

```
            MessageBox(0, "Error initializing DirectInput","ERROR",0);
            return false;
    }
    //load non-transparent image
    image_notrans = LoadTexture("shuttle_notrans.bmp");
    if (!image_notrans) return false;
    //load color-keyed transparent image
    image_colorkey = LoadTexture("shuttle_colorkey.bmp", D3DCOLOR_XRGB(255,0,255));
    if (!image_colorkey) return false;
    //load alpha transparent image
    image_alpha = LoadTexture("shuttle_alpha.tga");
    if (!image_alpha) return false;
    return true;
}
void Game_Run(HWND window)
{
    //make sure the Direct3D device is valid
    if (!d3ddev) return;
    //update input devices
    DirectInput_Update();
    //clear the scene
    d3ddev->Clear(0, NULL, D3DCLEAR_TARGET | D3DCLEAR_ZBUFFER,
        D3DCOLOR_XRGB(0,0,100), 1.0f, 0);
    //start rendering
    if (d3ddev->BeginScene())
    {
        //start drawing
        spriteobj->Begin(D3DXSPRITE_ALPHABLEND);
        //draw the sprite
        D3DXVECTOR3 pos1( 10, 10, 0);
        spriteobj->Draw( image_notrans, NULL, NULL, &pos1,
            D3DCOLOR_XRGB(255,255,255));
        D3DXVECTOR3 pos2( 350, 10, 0);
        spriteobj->Draw( image_colorkey, NULL, NULL, &pos2,
            D3DCOLOR_XRGB(255,255,255));
        D3DXVECTOR3 pos3( 700, 10, 0);
        spriteobj->Draw( image_alpha, NULL, NULL, &pos3,
            D3DCOLOR_XRGB(255,255,255));
        //stop drawing
        spriteobj->End();
        //stop rendering
        d3ddev->EndScene();
        d3ddev->Present(NULL, NULL, NULL, NULL);
    }
    //Escape key ends program
    if (KEY_DOWN(VK_ESCAPE)) gameover = true;
```

```
        //controller Back button also ends
        if (controllers[0].wButtons & XINPUT_GAMEPAD_BACK)
            gameover = true;
}
void Game_End()
{
    //free memory and shut down
    image_notrans->Release();
    image_colorkey->Release();
    image_alpha->Release();
    DirectInput_Shutdown();
    Direct3D_Shutdown();
}
```

5. 运行 Transparent Sprite 程序

图 6.1 展示了 Transparent Sprite 程序的运行。在程序中绘制了三张相同的图像是因为每一张所演示的是不同的透明类型。

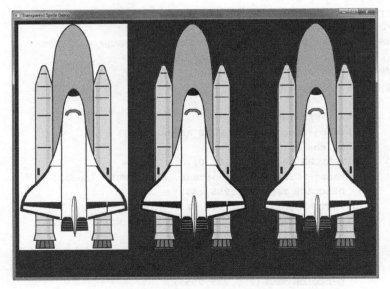

图 6.1　Transparent Sprite 程序演示 3 种不同的透明方法

左边第一张本质上没有透明度，因为源位图不包含 alpha 通道，也没有合适的透明颜色键。我们的 ID3DXSprite::Draw 代码默认使用黑色作为颜色键。在 DirectX 中使用这个宏来创建黑色：D3DCOLOR_XRGB(0,0,0)。不过，这有个问题。如果认真查看第一张航天飞机图像，可以分辨出图像的黑色部分（在鼻锥和机翼前沿）是用背景颜色绘制的。我将假定你自己运行 Trans_Sprite 程序，因为在印刷的书页中蓝色和黑色看起来一样，无法分辨其区别。如果你自己运行程序，那肯定会看穿航天飞机，看到其后的蓝色背景。

这是为什么呢？难道我们不是以不带透明效果绘制这一图像的？当然是！不难看出，在源图像中大多数背景区域是白色的。不过，如果我们使用白色作为透明颜色键，那么航天飞机（它是白色的）的大部分也将变成透明！

这里的关键是在做美工时对颜色的使用策略。当图像自身有黑色像素时我们不能使用黑色作为颜色键。我们在加载纹理时必须使用不同的颜色或者更改颜色键的定义。

接下来，看看屏幕截图中的第二张图像。哎呀，这一张才是正确的！在精灵的边缘有透明度，而且内部的黑色区域得到了渲染——它们**不是**透明的！这正是我们希望的模样。

但是，屏幕截图中的第三张图像有与第一个精灵一样的透明像素问题值得我们关注，虽然其背景的外沿部分是透明的。这透露了 ID3DXSprite::Draw 处理纹理的方式。如果在加载纹理时指定了透明颜色键，则 ID3DXSprite::Draw 将使用这一颜色键，即使在图像中还有 alpha 通道（而这其实是处理透明像素更好的方法）。

6.4　绘制动画的精灵

到目前为止，我们学习的是使用单一的位图图像来创建、操纵以及绘制精灵。在学习精灵编程时这是良好的起点，但还不够有效率。比如，如果要使用这种技术来做动画，那么游戏就必须保存许多纹理（一帧一个），这样既慢又乏味。在单一的平铺了图片单元的位图图像中编排动画的各个帧，这种处理动画的方式要好得多。我在上一章中对此有过暗示，那时我将一些平铺了图片单元的图像（坦克精灵）展示给了你。图 6.2 展示了一个奔跑的穴居人角色。

图 6.2　动画的穴居人精灵（感谢 Ari Feldman）

6.4.1 使用精灵表

高效地绘制动画的技巧在于理解源图像可以由图片单元形成的行和列组成——在精灵的上下文中，我们称这种平铺的图像为精灵表（sprite sheet）。我们需要做的是算出图片单元的左上角在位图图像中的位置，然后从图像中按照精灵的宽度和高度复制出一个源矩形来。幸运的是，ID3DXSprite::Draw 函数可以让我们定义图像的源矩形。这使得我们在需要时可以在大图像中指定出一个小的部分，或者说图片单元，或者说帧。想想这是怎么做成的吧，我们有了一种非常快速、高效的绘制动画的方法，可谓急速！

图 6.3 展示了定义有行和列的爆炸精灵。使用这个图片来阅读下面的动画算法可帮助你理解在对动画进行渲染时（一次一帧），从源图像中复制出动画帧的方法。

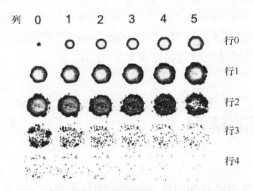

图 6.3　动画的帧以列和行排列

首先，需要算出图片单元的左位置，或者 x。我们通过使用模运算符%来实现。模运算返回除法的余数。比如，如果当前帧是 20，而且在位图中只有 5 个列，那么模运算会给出图片单元的水平起始位置（当我们将它和精灵宽度做乘法时）。计算图片单元的顶部边缘只需将当前帧除以列的数量，然后将结果乘以精灵高度即可。如果有 5 个列，那么图片单元 20 将会在第 4 行、第 5 列。以下是伪码。

```
left = (current frame % number of columns) * sprite width
top = (current frame / number of columns) * sprite height
```

以下是如何创建绘制 RECT 矩形的一个示例。注意在计算中使用了精灵宽度和高度求出源矩形的左边顶部和右边底部。

```
left = (curframe % columns) * width;
top = (curframe / columns) * height;
right = left + width;
```

```
bottom = top + height;
```

我们假设在这个示例中,爆炸动画的帧图像精灵表有 6 个列(阔)和 5 个行(深),每一帧尺寸是 128×128 像素,我们想绘制第 10 帧。请记住,行和列是从 0 开始计数的,C++ 中的数组和序列几乎都是以 0 为基数。所以,如果我想绘制第 10 帧,那么我在精灵表中要找的是第 9 个位置的帧(因为我们从 0 开始数)。

```
left = ( 9 % 6 ) * 128; // = 3 * 128 (use remainder)
top = ( 9 / 6 ) * 128; // = 1 * 128 (use quotient)
right = left + 128;
bottom = top + 128;
```

答案请见图 6.4(不过请先自己算一下)。要检查你是否算得对,请从左上角开始数,以从左到右、从上到下的顺序,直到到达"第 10"。还要记得的是它在逻辑上被当成"第 9"。

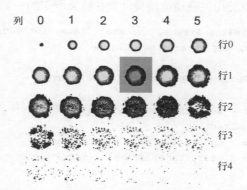

图 6.4 在本精灵表中,第 10 动画帧是突出显示的。

通过使用这一技术来绘制单个帧,我们可以编写一个能绘制精灵表中任何一帧的函数!为了让这个函数尽可能可重用,必须将能描述想要绘制的精灵的所有属性传递进来,包括源纹理、x 和 y 位置、帧号、帧尺寸以及列数量。我们来看一下。

```
void Sprite_Draw_Frame(LPDIRECT3DTEXTURE9 texture, int destx, int desty,
    int framenum, int framew, int frameh, int columns)
{
    D3DXVECTOR3 position( (float)destx, (float)desty, 0 );
    D3DCOLOR white = D3DCOLOR_XRGB(255,255,255);
    RECT rect;
    rect.left = (framenum % columns) * framew;
    rect.top = (framenum / columns) * frameh;
    rect.right = rect.left + framew;
```

```
        rect.bottom = rect.top + frameh;
        spriteobj->Draw( texture, &rect, NULL, &position, white);
}
```

作为最后一个参数传递给 ID3DXSprite::Draw 的颜色可以是任何颜色，但白色是最常用的。如果使用不同的颜色，将会导致精灵以这种颜色作为阴影来绘制，甚至可以传递一个带 alpha 成分的颜色让精灵以 alpha 混合的形式淡入淡出！要想实现这一效果，需要将 D3DCOLOR_XRGB 宏替换为一个不同的宏：D3DCOLOR_RGBA，它接收 4 个参数（红、绿、蓝和 alpha）。我们今后将使用这个小技巧来做一些特殊效果。

此外，只要有创意地使用定时器，就可以设计出一个以任何其他的帧速率来显示动画的函数。GetTickCount()函数（由 Windows API 提供）返回的毫秒值可用于计时。只要以引用方式传递一个帧变量和一个起始时间变量，这个函数就可以修改这些引用变量值。于是，每次调用这个函数时，帧号和定时器都会得到更新。将 Sprite_Animate 和 Sprite_Draw_Frame 一起使用，它们就能提供高质量精灵动画和渲染所需的一切。

```
void Sprite_Animate(int &frame, int startframe, int endframe,
    int direction, int &starttime, int delay)
{
    if ((int)GetTickCount() > starttime + delay)
    {
        starttime = GetTickCount();
        frame += direction;
        if (frame > endframe) frame = startframe;
        if (frame < startframe) frame = endframe;
    }
}
```

6.4.2 精灵动画演示

我们肯定需要一个示例来正确地演示精灵动画。学了这么多理论，我不知道你会有什么想法，但我是需要写一些代码的。我们就从在框架中添加新的助手函数来开始吧。我将假定你现在可以自己创建新项目或者在创建新程序时使用 DirectX_Project 模板项目作为起点了。如果你尚不清楚创建以及配置项目的方法，请参阅"附录 A"，其中对整个过程有彻底的讲解。

1. 更新 MyDirectX.h

这个在将新的功能添加到我们的游戏编程工具箱中的时候进行的更新框架文件的过

程，将会很快成为你的第二天性，因为我们会经常做这件事情。我将只需很快地把新函数列出来，你可自行将它添加到框架中。一旦这件事成为习惯，添加自己的可重用函数就会成为天性，而你很快地就会有一个全功能的游戏库了。

我们以之前创建的两个新精灵动画函数作为开始。这两个函数所需的原型定义需要添加到 **MyDirectX.h** 头文件中。它们是：

```
//new prototype functions added to MyDirectX.h file
void Sprite_Draw_Frame(LPDIRECT3DTEXTURE9 texture, int destx, int desty,
    int framenum, int framew, int frameh, int columns);
void Sprite_Animate(int &frame, int startframe, int endframe,
    int direction, int &starttime, int delay);
```

建议

请注意：本章所提供的新更改没有包括在"DirectX_Project"模板项目中。它将保留上一章所介绍的代码，却不带新代码。这么做是为了让它成为一个工作区，让你可以实现每个新章节中的新代码。如果想使用本项目完全完成的版本，可跳到下一章，里面包含的版本包括了来自本章的所有代码。

2. 更新 MyDirectX.cpp

这两个函数的完整实现必须添加到 MyDirectX.cpp 文件中。这两个函数位于文件中的什么位置实在是不重要，但我建议将它们加在 LoadSurface 函数之下。

```
void Sprite_Draw_Frame(LPDIRECT3DTEXTURE9 texture, int destx, int desty,
    int framenum, int framew, int frameh, int columns)
{
    D3DXVECTOR3 position( (float)destx, (float)desty, 0 );
    D3DCOLOR white = D3DCOLOR_XRGB(255,255,255);
    RECT rect;
    rect.left = (framenum % columns) * framew;
    rect.top = (framenum / columns) * frameh;
    rect.right = rect.left + framew;
    rect.bottom = rect.top + frameh;
    spriteobj->Draw( texture, &rect, NULL, &position, white);
}
void Sprite_Animate(int &frame, int startframe, int endframe,
    int direction, int &starttime, int delay)
{
```

```
        if ((int)GetTickCount() > starttime + delay)
        {
            starttime = GetTickCount();
            frame += direction;
            if (frame > endframe) frame = startframe;
            if (frame < startframe) frame = endframe;
        }
    }
```

3．动画精灵源代码

我称之为动画精灵的实际的演示的源代码，如同往常一样，位于 **MyGame.cpp** 中。由于你已经多次见到非常相似的代码了，所以我将开始减少代码清单中的注释，而你现在应该对这些代码很熟悉了。这是 **MyGame.cpp** 所有的源代码清单，所以如果有其他代码存在，在开始新代码之前，删除所有其他代码。

图 6.5　动画精灵程序演示动画

```
#include "MyDirectX.h"
using namespace std;
const string APPTITLE = "Animate Sprite Demo";
const int SCREENW = 800;
const int SCREENH = 600;
LPDIRECT3DTEXTURE9 explosion = NULL;
int frame = 0;
int starttime = 0;
```

6.4 绘制动画的精灵

```cpp
bool Game_Init(HWND window)
{
    if (!Direct3D_Init(window, SCREENW, SCREENH, false))
    {
        MessageBox(0, "Error initializing Direct3D","ERROR",0);
        return false;
    }
    if (!DirectInput_Init(window))
    {
        MessageBox(0, "Error initializing DirectInput","ERROR",0);
        return false;
    }
    //load explosion sprite
    explosion = LoadTexture("explosion_30_128.tga");
    if (!explosion) return false;
    return true;
}
void Game_Run(HWND window)
{
    if (!d3ddev) return;
    DirectInput_Update();
    d3ddev->Clear(0, NULL, D3DCLEAR_TARGET | D3DCLEAR_ZBUFFER,
        D3DCOLOR_XRGB(0,0,100), 1.0f, 0);
    if (d3ddev->BeginScene())
    {
        //start drawing
        spriteobj->Begin(D3DXSPRITE_ALPHABLEND);
        //animate and draw the sprite
        Sprite_Animate(frame, 0, 29, 1, starttime, 30);
        Sprite_Draw_Frame(explosion, 200, 200, frame, 128, 128, 6);
        //stop drawing
        spriteobj->End();
        d3ddev->EndScene();
        d3ddev->Present(NULL, NULL, NULL, NULL);
    }
    //exit with Escape key or controller Back button
    if (KEY_DOWN(VK_ESCAPE)) gameover = true;
    if (controllers[0].wButtons & XINPUT_GAMEPAD_BACK)
        gameover = true;
}
void Game_End()
{
```

```
    explosion->Release();
    DirectInput_Shutdown();
    Direct3D_Shutdown();
}
```

6.5 你所学到的

本章，我们学习了使用 D3DXSprite 在 Direct3D 中绘制透明精灵的方法。以下是要点。

◎ 我们学习了如何创建 D3DXSprite 对象。
◎ 我们学习了如何从位图文件加载纹理。
◎ 我们学习了如何绘制透明精灵。
◎ 我们学习了如何从单个位图中抓取精灵动画帧。

6.6 复习测验

以下这些复习题可考察你从本章学到了多少东西。
1. 用于处理精灵的 DirectX 对象的名称是什么？
2. 将位图图像加载到纹理对象中的函数是什么？
3. 用于创建精灵对象的函数是什么？
4. 绘制精灵的 D3DX 函数的名称是什么？
5. D3DX 纹理对象的名称是什么？
6. 哪个函数返回位图文件中图像的尺寸？
7. 当运行一个 Visual Studio 中的游戏项目时，图像文件必须要保存在哪里？
8. 在绘制任何精灵之前必须要调用的函数的名称是什么？
9. 在精灵绘制完成后要调用的函数的名称是什么？
10. 在精灵绘制函数中用于指定源矩形的数据类型是什么？

6.7 自己动手

以下练习可帮助你挑战自己对本章中的内容的掌握程度。

习题 1. 本章的动画精灵项目的确展示了动画的工作原理，但它却是个有点乏味的演示。修改程序，让它在一个时间内能生成超过一个爆炸精灵。

习题 2. 以上一道习题为基础，修改此项目，让每个爆炸动画以随机的动画速率显示。

第 7 章
精灵变换

本章继续我们从上一章开始的对精灵编程的学习。我们将给我们的游戏编程工具箱添加变换精灵的能力,而不仅仅是绘制带与不带动画的精灵,让我们可以使用 Direct3D 矩阵以及一个极为方便的 D3DX 助手函数来旋转、缩放以及平移精灵。在编写这些精灵函数时,你可能会想将所有功能合并到一个大的精灵绘制函数中,或者合并到一个精灵类中。虽然我可鼓励你创建一个 C++ 类来处理精灵,但我却不推荐将许多函数合并成一个大函数。请记住,我们可以**重载**同名函数,通过不同的参数集来区分;**而且我们可以设置参数的默认值**。让我们好好利用 C++ 语言的这些伟大的特性,并且有创造性地使用自定义数据类型,从而有效地处理精灵。

以下是在本章要学习的内容。

◎ 如何旋转精灵。
◎ 如何缩放精灵。
◎ 如何平移精灵。
◎ 如何对 2D 图形做矩阵变换。
◎ 如何以动画方式绘制变换的精灵。

7.1 精灵旋转和缩放

由于有 D3DX 库,精灵的旋转和缩放相对简单。不管是要绘制来自单个精灵表中的单

7.1 精灵旋转和缩放

帧的精灵,还是进行成熟的动画,我们都可使用同样的多功能的 ID3DXSprite::Draw()函数。不过,为了增加这些特殊功能,需要多加一个步骤。还记得上一章中的 Sprite_Draw_Frame() 函数吧,它是这样的。

```
void Sprite_Draw_Frame(LPDIRECT3DTEXTURE9 texture, int destx, int desty,
    int framenum, int framew, int frameh, int columns)
{
        D3DXVECTOR3 position( (float)destx, (float)desty, 0 );
        D3DCOLOR white = D3DCOLOR_XRGB(255,255,255);
        RECT rect;
        rect.left = (framenum % columns) * framew;
        rect.top = (framenum / columns) * frameh;
        rect.right = rect.left + framew;
        rect.bottom = rect.top + frameh;
        spriteobj->Draw( texture, &rect, NULL, &position, white);
}
```

这个函数可很好地处理动画,要是不考虑任何特殊效果(比如旋转和缩放)的话那么它也是个很好的通用精灵动画函数。不过我们的确关心特殊效果!在使用默认参数值定义函数原型时,函数可很容易地用于绘制简单的非动画精灵。注意以下的函数定义。

```
void Sprite_Draw_Frame(
    LPDIRECT3DTEXTURE9 texture,
    int destx,
    int desty,
    int framenum,
    int framew,
    int frameh,
    int columns
);
```

如果可以重新对函数参数做一点编排,那么,在需要绘制单帧精灵的情况中(也就是没有动画帧),我们可使用默认值来消除 framenum 和 columns 参数。

```
void Sprite_Draw_Frame(
    LPDIRECT3DTEXTURE9 texture = NULL,
    int destx =0,
    int desty =0,
    int framew = 64,
    int frameh = 64,
    int framenum = 0,
    int columns =1
);
```

对于这个函数定义,需要更改该函数的实现以便与之匹配。注意函数实现中的参数无需包含默认值，它们只需在函数原型中定义即可（会在 MyDirectX.h 头文件中定义）。在调用函数时，任何带有默认值的参数都可以跳过；不过，如果忽略一个参数，那么就必须忽略该参数后面的所有参数。由于这个原因，我们必须将把最为不定的参数放在参数列表的最后，而最为重要或不可选的参数则放在参数列表的前面。比如在下面的函数中，纹理参数绝对是重要的，因为没有它什么都画不出来。destx 和 desty 参数也是重要的，但如果让图像绘制在默认位置(0,0)也是可行的。帧的 width 和 height 参数也是重要的，但我给出(64,64)作为它们的默认值，因为这是游戏精灵中所用的非常常见的尺寸。当不使用动画时，最后两个参数有适合的默认值，它们分别为 0 和 1，表示对单一帧图像进行渲染。

还有一个细节：如果不提供纹理参数（虽然这种情况似乎不太可能），其默认值将是 NULL，所以必须在尝试绘制图像之前执行检查，看是否为 NULL。这是个好做法，我鼓励你在处理如 LPDIRECT3DTEXTURE9 或者任何为空时会导致崩溃的指针时，都采取这样的做法。

```
void Sprite_Draw_Frame(
    LPDIRECT3DTEXTURE9 texture,
    int destx,
    int desty,
    int framew,
    int frameh,
    int framenum,
    int columns)
{
    //perform check for NULL
    if (!texture) return;
    D3DXVECTOR3 position( (float)destx, (float)desty, 0 );
    D3DCOLOR white = D3DCOLOR_XRGB(255,255,255);
    RECT rect;
    rect.left = (framenum % columns) * framew;
    rect.top = (framenum / columns) * frameh;
    rect.right = rect.left + framew;
    rect.bottom = rect.top + frameh;
    spriteobj->Draw( texture, &rect, NULL, &position, white);
}
```

我将让 Sprite_Draw_Frame 保持它原来在 MyDirectX.h 和 MyDirectX.cpp 中的样式，不过，如果觉得有用的话，我鼓励你进行这些更改。

7.1.1　2D 变换

ID3DXSprite 可以处理变换矩阵是它的迷人之处，这让它就如 Direct3D 设备一样！虽然我们尚未深入研究 3D，但我们很快就会进入这一主题，你将学到创建视图矩阵、投影矩阵和变换矩阵（通常称为"世界矩阵——world matrix"）的方法，从而在 3D 场景中渲染对象。ID3DXSprite 的伟大之处在于我们可以对精灵做完全相同的事情，只是少了一个维（确切地说是 z 轴）而已。

建议

> 矩阵是个 4×4 的数组，4 行 4 列。它通过非常快速的矩阵数学计算而不是慢得多的正弦和余弦计算（这是从前在计算机上变换和渲染 3D 图形的方法）来变换要渲染的对象。DirectX 中矩阵的名称是 D3DXMATRIX。

现在，我想为你介绍让这一切成为可能的变换函数。它的名称为 D3DXMatrixTransformation2D，其定义如下。

```
D3DXMATRIX * D3DXMatrixTransformation2D(
    D3DXMATRIX * pOut,
    CONST D3DXVECTOR2 * pScalingCenter,
    FLOAT pScalingRotation,
    CONST D3DXVECTOR2 * pScaling,
    CONST D3DXVECTOR2 * pRotationCenter,
    FLOAT Rotation,
    CONST D3DXVECTOR2 * pTranslation
);
```

首先，这个函数生成一个实际上通过引用来传递的矩阵（第一个参数），然后填满矩阵值返回给用户。这个 4×4 矩阵包含所有的变换组合：旋转、缩放以及平移（也就是"位置"）。我们将在后面学习更多与这些变换有关的知识，目前，我们只需关注于掌握变换如何用于操纵精灵即可。

建议

> 在 3D 空间中 3D 向量既可用位置(x, y, z)也可以用方向（也是 x, y, z 集）来表示。由于只使用 x 和 y 值来进行精灵渲染，所以我们可以使用更简单的 2D 向量进行精灵编程。DirectX 的精灵向量的名称是 D3DXVECTOR2。

1. 变换了的 2D 矩阵

首先，我们来看看我们所传递的、会被填上矩阵数据的参数。

```
D3DXMATRIX mat;
```

在这里，D3DXMATRIX 是 D3DX 扩展库中一个结构的名称，它由 16 个浮点数组成，排成 4 行 4 列。矩阵不是 Direct3D 独有的，也不是 3D 计算机图形独有的。它是一种数学上的构造，会在第一年的代数课（线性代数）上学习。

和所有相对高级的主题一样，请不要试着一口气把它吞下，给自己时间，在实践中边用边学习新的概念。我们无需一头钻进 3D 图形中的每个概念和函数，以为这样才能有效地使用它们。这种错误是初学者常犯的——试着彻底理解所有的一切，然后因为信息过载而沮丧、不知所措。人类大脑的学习方式不是这样的。我喜欢以这种方式来思考学习——必须要向自己的大脑证实说，需要这些知识是为了生存。似乎有点奇怪，但这是我们运转的方式：如果想身体强健就必须说服自己的肌肉通过锻炼来增加力量。就如身体的肌肉那样，如果头脑不需要记忆某些东西的话（无论是事实还是肌肉张力的增加）就不会记忆它。我们的心智和我们的身体一样，能够也的确会适应我们的环境。不过高级的概念上的思考，包括计算机编程，是极为抽象的，必须多多练习才行。这就是这个领域既困难又很有回报的原因。

2．精灵缩放

接下来，我们需要为精灵的变换创建一个代表水平和垂直缩放值的向量。我们使用 D3DXVECTOR2 变量，它可以这样声明：

```
D3DXVECTOR2 scale( 2.0f, 2.0f );
```

在这里，缩放因子会导致精灵以其正常尺寸的两倍绘制。下一步，我们需要定义另外一个向量来表示精灵的中心。它会成为需要旋转的精灵的支点。如果不将支点设置为精灵的中心，那么在试着旋转它的时候，它就会有点像是沿着左上角(0,0)旋转而不是沿着中心旋转。

```
D3DXVECTOR2 center( (width*scaling) / 2.0f, (height*scaling) / 2.0f );
```

在这个示例中可以看到，宽度和高度乘以缩放因子，然后被 2 除（这是为了给我们中心点）。如果根本不更改精灵的比例，那么可以不管缩放。但为了做得彻底一些，我在这里包含了缩放以便在既需要旋转又需要将精灵缩放得小一些或大一些的时候，它能够正确绘制。否则，要是没有缩放因子的话，旋转会有畸变[1]。

如果需要，可以在水平轴和垂直轴上使用不同的宽度和高度比例值按不同的比例缩放精灵。由于这种做法不常见，所以我在代码中只使用了相同的宽度和高度缩放因子。

3．精灵旋转

旋转是个颇为直白的浮点值，不像缩放和平移那样是个向量。在旋转精灵的时候有个

---

[1]译者注：这里是指不使用缩放因子求出中心坐标就进行旋转的话，由于旋转的中心点不在 sprite 的中心位置上，无法得出正确的旋转结果。

7.1 精灵旋转和缩放

重要的问题需要记住：旋转角是以角度表示还是弧度表示？

我们马上要用来创建完整变换的精灵矩阵的函数需要的是弧度而不是角度。我们最为熟悉的是范围在 0～359 之间的、形成一个圆的角度（比如，指南针的读数就是角度）。

但在图形编程中所用的旋转则需要弧度，其范围是 0.0~2.0×PI ——因为圆的周长是 2 倍的圆周率乘上半径。如果想要的只是向量或方向，那么半径可以省掉。

看这个公式还有一个更简单的方法：将圆的直径（2.0×半径）乘以 PI，PI 大约等于 3.1415926535。

我跑题了。我们不需要圆的周长，这只是使用弧度的一个例子。我们所需的是一个在角度和弧度之间转换的函数。在代码中大多数时候我们使用角度，然后在最后一刻需要变换精灵时将角度转换为弧度。从角度转换为弧度的方法是将角度乘以 PI 然后除以 180。

```
radian angle = degree angle * PI / 180
```

我们用一个容易辨识的值来测试这个公式。如果完整的圆有 2×PI 弧度，那么 180 度就是这个值的一半，也就是 PI（而不是 2×PI），也就是 PI 本身。所以，半圆用弧度表示就是 3.14。

```
radian angle = 180 * 3.14 / 180
radian angle = 3.14
```

我们将这个公式编写到一个可重用的函数中。

```
double toRadians(double degrees)
{
    return degrees * 3.1415926535 / 180.0;
}
```

这段代码只有一个问题。你是否能看出这个函数有个低效问题？"PI"不会改变，而"180.0"也不会变。如果我们在游戏中需要大量做这件事情（这是有可能的，因为在典型的游戏中对象的确很常移动和旋转），那么这段代码就会（很愚蠢地）一次又一次地、没完没了、毫无意义地计算那些值。我们需要优化它。做到这一点的最好的方法，就是预先计算这些值，如下所示。

```
const double PI = 3.1415926535;
const double PI_under_180 = 180.0f / PI;
const double PI_over_180 = PI / 180.0f;
```

以下是优化后的函数。

```
double toRadians(double degrees)
{
    return degrees * PI_over_180;
}
```

第 7 章
精灵变换

从弧度转换为角度不常用，但为了更完整，以下也给出这个函数。

```
double toDegrees(double radians)
{
    return radians * PI_under_180;
}
```

4. 精灵平移

我们需要创建的最后一个参数是平移向量。

```
D3DXVECTOR2 trans( x, y );
```

将平移向量设置为期待中的精灵的 *x*, *y* 位置之后，在调用 s 函数以所有这些参数构建矩阵时，它们就会被编码到矩阵之中。我们接下来就来做这件事。

```
D3DXMatrixTransformation2D(
    &mat, //the resulting matrix
    NULL, //scaling center point (not used)
    0, //scaling rotation value (not used)
    &scale, //scaling vector
    &center, //rotation center/pivot vector
    rotation, //rotation angle
    &trans //translation vector
);
```

请注意有些参数是以引用方式传递的，这也是它们的名称之前有"&"符号的原因。特别地，函数通过第一个参数返回填满了数据的矩阵的 16 个值。这些值代表了精灵的旋转、缩放和平移变换。有了这样一个矩阵，我们就可以告诉精灵对象（ID3DXSprite）用它来作为当前的变换了。

```
spriteobj->SetTransform( &mat );
```

5. 创建精灵矩阵

D3DX 库在单一的函数调用中就为我们做好了一切：D3DXMatrixTransformation2D 构建矩阵；ID3DXSprite::SetTransform 在渲染下一个精灵时使用这个矩阵。把这一切组合在一起，这些参数和函数调用就是这样的：

```
//create a scale vector
D3DXVECTOR2 scale( scaling, scaling );
//create a translate vector
D3DXVECTOR2 trans( x, y );
//set center by dividing width and height by two
D3DXVECTOR2 center( (float)( width * scaling )/2, (float)( height * scaling )/2);
```

```
//create 2D transformation matrix
D3DXMATRIX mat;
    D3DXMatrixTransformation2D( &mat, NULL, 0, &scale, &center, rotation,
&trans );

//tell sprite object to use the transform
spriteobj->SetTransform( &mat );
```

7.1.2 绘制变换了的精灵

剩下的就是绘制精灵了！不过，与上一章不一样，调用 ID3DXSprite::Draw 时不能使用位置参数，而是传递 NULL 给它们。动画代码和以前一样。

```
int fx = (frame % columns) * width;
int fy = (frame / columns) * height;
RECT srcRect = {fx, fy, fx + width, fy + height};
```

但是 Draw 函数调用将有一点小变化，因为要用新的变换矩阵处理精灵的位置。

```
spriteobj->Draw( image, &srcRect, NULL, NULL, color );
```

有了用于变换并绘制高级精灵的代码之后，就可以将这些代码放到 **MyDirectX.cpp** 文件中作为一个可重用函数了（函数原型名称放在 **MyDirectX.h** 头文件中）。以下是添加到 **MyDirectX.h** 中的原型（注意有些参数有默认值，这就意味着如果不指定这些参数的话函数将使用默认值）。

```
void Sprite_Transform_Draw(
    LPDIRECT3DTEXTURE9 image,
    int x,
    int y,
    int width,
    int height,
    int frame = 0,
    int columns = 1,
    float rotation = 0.0f,
    float scaling = 1.0f,
    D3DCOLOR color = D3DCOLOR_XRGB(255,255,255)
);
```

以下是需要添加到 **MyDirectX.cpp** 中的新函数（注意函数的实现不包括默认参数值，默认值只需在原型中出现）。

```
void Sprite_Transform_Draw(LPDIRECT3DTEXTURE9 image, int x, int y,
    int width, int height, int frame, int columns,
    float rotation, float scaling, D3DCOLOR color)
```

```
{
    //create a scale vector
    D3DXVECTOR2 scale( scaling, scaling );
    //create a translate vector
    D3DXVECTOR2 trans( x, y );
    //set center by dividing width and height by two
    D3DXVECTOR2 center( (float)( width * scaling )/2, (float)( height * scaling )/2);
    //create 2D transformation matrix
    D3DXMATRIX mat;
    D3DXMatrixTransformation2D( &mat, NULL, 0, &scale, &center, rotation, &trans );

    //tell sprite object to use the transform
    spriteobj->SetTransform( &mat );
    //calculate frame location in source image
    int fx = (frame % columns) * width;
    int fy = (frame / columns) * height;
    RECT srcRect = {fx, fy, fx + width, fy + height};
    //draw the sprite frame
    spriteobj->Draw( image, &srcRect, NULL, NULL, color );
}
```

7.1.3 Rotate_Scale_Demo 程序

让我来展示一下这个新的可重用函数的作用。以下是一个名为 Rotate_Scale_Demo 的示例，其截屏图见图 7.1。

图 7.1 Rotate Scale 程序绘制带有变换的精灵

```
#include "MyDirectX.h"
using namespace std;
const string APPTITLE = "Sprite Rotation and Scaling Demo";
const int SCREENW = 1024;
```

7.1 精灵旋转和缩放

```cpp
const int SCREENH = 768;
LPDIRECT3DTEXTURE9 sunflower;
D3DCOLOR color;
int frame=0, columns, width, height;
int startframe, endframe, starttime=0, delay;
bool Game_Init(HWND window)
{
    //initialize Direct3D
    Direct3D_Init(window, SCREENW, SCREENH, false);
    //initialize DirectInput
    DirectInput_Init(window);
    //load the sprite image
    sunflower = LoadTexture("sunflower.bmp");
    return true;
}
void Game_Run(HWND window)
{
    static float scale = 0.001f;
    static float r = 0;
    static float s = 1.0f;
//make sure the Direct3D device is valid
if (!d3ddev) return;
//update input devices
DirectInput_Update();
//clear the scene
d3ddev->Clear(0, NULL, D3DCLEAR_TARGET | D3DCLEAR_ZBUFFER,
    D3DCOLOR_XRGB(0,0,100), 1.0f, 0);
//start rendering
if (d3ddev->BeginScene())
{
    //begin sprite rendering
    spriteobj->Begin(D3DXSPRITE_ALPHABLEND);
    //set rotation and scaling
    r = timeGetTime() / 600.0f;
    s += scale;
    if (s < 0.1 || s > 1.25f) scale *= -1;
    //draw sprite
    width = height = 512;
    frame = 0;
    columns = 1;
    color = D3DCOLOR_XRGB(255,255,255);
    Sprite_Transform_Draw( sunflower, 300, 150, width, height,
        frame, columns, r, s, color );
    //end sprite rendering
    spriteobj->End();

    //stop rendering
    d3ddev->EndScene();
```

```
        d3ddev->Present(NULL, NULL, NULL, NULL);
    }
    //exit when escape key is pressed
    if (KEY_DOWN(VK_ESCAPE)) gameover = true;
    //controller Back button also ends
    if (controllers[0].wButtons & XINPUT_GAMEPAD_BACK)
        gameover = true;
}
void Game_End()
{
    //free memory and shut down
    sunflower->Release();
    DirectInput_Shutdown();
    Direct3D_Shutdown();
}
```

Sprite_Transform_Draw()函数有许多默认参数，在任何无需使用高级功能的时候，我们就可以利用这一特性来简化代码。比如，如果只需绘制一个简单的（非动画的）精灵，在调用函数时就无需提供帧号、列数、旋转、缩放或颜色参数，比如：

```
Sprite_Transform_Draw( spaceship, 100, 100, 64, 64 );
```

对函数的调用将在 x, y 位置为 100,100 的地方绘制一个简单精灵图像，它指定精灵的尺寸为 64×64 像素。我们本来可进一步在 Sprite_Transform_Draw 函数中取出图像的宽度和高度，但这样会增加函数的复杂性，更不用说还降低了速度。

7.1.4 带有变换的动画

旋转等变换功能很棒，但如果我们也想做动画该如何呢？毕竟，如果精灵不支持储存于精灵表中的动画的话那就没什么用了。幸运的是，我们也可以将新的变换功能应用到动画上。由于 ID3DXSprite 用于绘制单个或多个帧的精灵，所以我们可以使用相同的变换来旋转或缩放精灵，无论它是否是动画的。图 7.2 展示了包含动画游戏角色帧的精灵表。

我们刚刚添加的 Sprite_Transform_Draw()函数是独立的而且是全功能的，这是这个函数的伟大之处！我们来看这个函数都能做什么。

◎ 在任意 x,y 位置上绘制简单的（非动画的）精灵。

◎ 旋转一个简单的精灵。

◎ 缩放一个简单的精灵。

◎ 旋转并缩放并平移一个简单的精灵。

◎ 在任意 x,y 位置上绘制动画精灵。

◎ 旋转一个动画精灵。

◎ 缩放一个动画精灵。

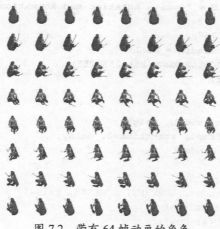

图 7.2　带有 64 帧动画的角色

无论想做出什么菜，这个可怕的函数都能帮你做成。

我们来看在有动画介入时这个函数如何工作。我这里给出一个新的名为 Rotate_Animate_Demo 的程序。这个程序使用我们在上一个实例中的"向日葵"精灵上使用的同样的变换，不同之处在于我们要处理动画精灵。有什么不同呢？就 Direct3D 而言，没有不同。我们的 Sprite_Translate_Draw() 函数在所有的变换都启用的情况下既能处理简单的精灵也能处理动画的精灵。

我们来试试带有完整变换的动画。图 7.3 展示了 Rotate_Animate 程序的输出，而后列出了其代码。

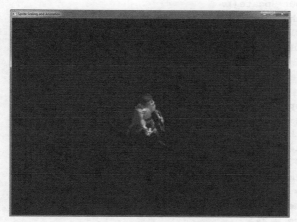

图 7.3　Rotate_Animate 程序绘制一个变换了的动画精灵

```cpp
#include "MyDirectX.h"
using namespace std;
const string APPTITLE = "Sprite Rotation and Animation Demo";
const int SCREENW = 1024;
const int SCREENH = 768;
LPDIRECT3DTEXTURE9 paladin = NULL;
D3DCOLOR color = D3DCOLOR_XRGB(255,255,255);
float scale = 0.004f;
float r = 0;
float s = 1.0f;
int frame=0, columns, width, height;
int startframe, endframe, starttime=0, delay;
bool Game_Init(HWND window)
{
    //initialize Direct3D
    Direct3D_Init(window, SCREENW, SCREENH, false);
    //initialize DirectInput
    DirectInput_Init(window);
    //load the sprite sheet
    paladin = LoadTexture("paladin_walk.png");
    if (!paladin) {
        MessageBox(window, "Error loading sprite", "Error", 0);
        return false;
    }
    return true;
}
void Game_Run(HWND window)
{
    //make sure the Direct3D device is valid
    if (!d3ddev) return;
    //update input devices
    DirectInput_Update();
    //clear the scene
    d3ddev->Clear(0, NULL, D3DCLEAR_TARGET | D3DCLEAR_ZBUFFER,
        D3DCOLOR_XRGB(0,0,100), 1.0f, 0);
//start rendering
if (d3ddev->BeginScene())
    {
        //begin sprite rendering
        spriteobj->Begin(D3DXSPRITE_ALPHABLEND);
        //scale the sprite from tiny to huge over time
        s += scale;
        if (s < 0.5f || s > 6.0f) scale *= -1;
        //set animation properties
        columns = 8;
        width = height = 96;
        startframe = 24;
```

```
        endframe = 31;
        delay = 90;
        Sprite_Animate(frame,startframe,endframe,1,starttime,delay );
        //transform and draw sprite
        Sprite_Transform_Draw( paladin, 300, 200, width, height,
            frame, columns, 0, s, color );

        //end sprite rendering
        spriteobj->End();
        //stop rendering
        d3ddev->EndScene();
        d3ddev->Present(NULL, NULL, NULL, NULL);
    }
    //exit when escape key is pressed
    if (KEY_DOWN(VK_ESCAPE)) gameover = true;
    //controller Back button also ends
    if (controllers[0].wButtons & XINPUT_GAMEPAD_BACK)
        gameover = true;
}
void Game_End()
{
    //free memory and shut down
    paladin->Release();
    DirectInput_Shutdown();
    Direct3D_Shutdown();
}
```

7.2 你所学到的

在本章，我们学习了在单个函数——Sprite_Transform_Draw 中使用支持动画、旋转、

缩放、移动和 alpha 混合功能的完整的基于矩阵的变换来渲染 2D 精灵。这个函数将成为我们在将来编写的任何 2D 演示和游戏的干将。在下一章中，我们将创建新的精灵结构并且学习检测精灵碰撞的两种技术。

概括地说，我们学习了如何：
◎ 执行基于矩阵的精灵缩放。
◎ 执行基于矩阵的精灵旋转。
◎ 执行基于矩阵的精灵平移。
◎ 使用"精灵表"图像来实现精灵动画。
◎ 使用计时技术来设置动画的速度。

7.3 复习测验

以下这些复习测验题可用于检验你从本章学到了哪些东西。这些复习测验题的答案在"附录 B"中。

1. 精灵的源图像使用哪种类型的 Direct3D 对象来处理？
2. 使用传递给函数的旋转、缩放和平移向量来创建变换 2D 精灵的矩阵的函数是哪个？
3. 在旋转精灵时，角是如何编码的，是角度还是弧度？
4. 保存用于精灵缩放的向量的数据类型是什么？
5. 保存用于精灵移动的向量的数据类型是什么？
6. 保存用于精灵旋转的向量的数据类型是什么？
7. 将矩阵应用于精灵的变换的 ID3DXSprite 函数是哪个？
8. 哪个参数总是需要传递给 ID3DXSprite::Begin 函数？

9. 除了宽度、高度和帧号以外，动画还需要哪些值？
10. 用于将 alpha 颜色成分编码到 D3DCOLOR 中的是哪个宏？

7.4 自己动手

以下练习可帮助你挑战自己对本章中的内容的掌握程度。

习题 1．修改 Rotate Animate Demo 程序，使用你自己获得的动画精灵（可使用 SpriteLib）替换移动的角色。

习题 2．修改 Rotate Animate Demo 程序，当缩放比例改变时，让花朵精灵保持在屏幕中央。

第 8 章
检测精灵碰撞

到目前为止,我们学习了如何在屏幕上绘制精灵,不过要制作游戏,仅仅具备绘图的能力是远远不够的。这还只是开始而已,就如同启动汽车的发动机一样:一旦启动了,就可以开走了。真正的游戏有许多精灵(或者 3D 网格——我们很快会介绍)相互交互,比如子弹和火箭击中敌人的飞船造成爆炸,比如必须在迷宫中穿行但不能穿越墙壁的精灵,以及越过板条箱并且落在敌人角色顶上的精灵(就如在 Super Mario World 中 Mario 跳到乌龟上面把它打掉)。所有这些都要求我们能够探测两个精灵的碰撞,或者说碰在一起。碰撞检测是可集成到游戏中的最简单(也是最重要的)物理(physics)类型。精灵碰撞打开了游戏编程的世界并使得构建一个真正的游戏成为可能!

以下是本章要学习的内容。
◎ 边界框(bounding box)碰撞检测。
◎ 基于距离的碰撞检测。

8.1 边界框碰撞检测

检测精灵碰撞主要有两种算法(或方法)——边界矩形(也称为"边界框")以及基

于距离的碰撞检测（根据从精灵的中心到边缘的半径）。真正让一个游戏鹤立鸡群的是程序对碰撞的响应能有多好。通过学习我们会发现使用这两种方法进行碰撞检测有多简单，但这却是我们对精灵（以及以后要介绍的网格）进行编程并让它在真正起作用的碰撞事件中响应的方法。

我们先学习边界框碰撞检测。这种碰撞检测类型的关键在于识别两个精灵在屏幕上的位置，然后比较它们的边界框（或矩形，看是否重叠。这就是这种类型的碰撞测试称为边界框碰撞测试的原因——因为每个精灵都被当成一个逻辑上的盒子，或者说矩形。

如果知道两个精灵的位置并且知道每个精灵的宽度和高度，那么就可以确定两个矩形是否相交。边界矩形碰撞检测描述了使用精灵的边界来进行碰撞测试。要取得精灵的左上角位置，只需看它的 X 和 Y 值。要取得右下角的值，对 X 和 Y 分别加上宽度和高度值即可。共同地，这些值可以以左、上、右和下来表示。

8.1.1 处理矩形

我们将使用 RECT 来表示每个边界框。RECT 有四个属性：left、top、right 和 bottom。以下是示例。

```
int x = 10, y = 10;
int width = 64, height = 64;
RECT rect;
rect.left = x;
rect.top = y;
rect.right = x + width;
rect.bottom = y + height;
```

也可用如下这种更简单的格式来创建 RECT。

```
RECT rect = { x, y, x + width, y + height };
```

这条语句的结果是生成有如下这些值的 RECT。

```
left = 10
top = 10
right = 73
bottom = 73
```

在创建一个表示精灵边界框的矩形的时候，要将这个矩形的左和上属性设置为精灵的 x 和 y 值，而右下角则设置为精灵的位置加上尺寸值。结果就是一个在逻辑上包围了屏幕上的精灵的矩形。

要实际应用这些代码，我们得调用 Windows API 函数。这个函数极为有用，因为它只需一个调用就为我们执行了碰撞测试！这个函数称为 IntersectRect。它接收两个 RECT 变量并且简单地返回 FALSE 和 TURE（表示精灵正在发生碰撞）。这个函数也返回两个精灵的交集[1]——也就是重叠的部分，但我们对这一信息不感兴趣（简单的是和不是就足够了）。

不过，请等一等！我们一直使用全局变量来处理精灵——纹理、位置、尺寸、旋转、缩放等等。我们不太可能将所有这些变量传递给一个碰撞测试函数。所以，需要有个精灵结构来包含所有这些属性。这个结构就如同第 5 章中所用的 BOMB 结构那样。

```
struct BOMB
{
    float x,y;
    void reset()
    {
        x = (float)(rand() % (SCREENW-128));
        y=0;
    }
};
```

我很喜欢这个改进过的程序，这使得我们可以很容易地保存炸弹的位置以及使用 reset() 函数随机地移动它。我们需要有一个相似的结构来给更为一般化的精灵使用，然后在需要的时候给它增加新功能。那么，对于初学者来说，我们来编写这个基础结构的代码，让它先具备测试碰撞所需的精灵属性。

```
struct SPRITE
{
    float x,y;
    int width, height;
};
```

8.1.2 编写碰撞函数

我们现在来看一个在这些精灵属性的基础上创建两个矩形并且调用 IntersetRect 来检查它们是否碰撞的函数。这个函数名为 Collision，可重用性非常好（即使我们更改 SPRITE 结构）。

```
int Collision(SPRITE sprite1, SPRITE sprite2)
{
    RECT rect1;
    rect1.left = sprite1.x;
    rect1.top = sprite1.y;
    rect1.right = sprite1.x + sprite1.width;
```

---

[1]译者注：原文为"并集"，感觉有误。

```
    rect1.bottom = sprite1.y + sprite1.height;

    RECT rect2;
    rect2.left = sprite2.x;
    rect2.top = sprite2.y;
    rect2.right = sprite2.x + sprite2.width;
    rect2.bottom = sprite2.y + sprite2.height;

    RECT dest; //ignored
    return IntersectRect(&dest, &rect1, &rect2);
}
```

建议

你将注意到在 Collision 函数上有编译器警告信息，因为 SPRITE.x 和 SPRITE.y 属性是浮点数，而 RECT 属性是长整型。要想去除这些警告，可将精灵属性强制转换成 long。

8.1.3 新的精灵结构

为了至少能够处理在前面的章节中所给出的所有功能，我们需要对 SPRITE 结构添加新的特性。随着需求的增加，我们可以在其最初的定义后面添加新内容。对于这个结构，我喜欢它的地方在于一个简单的构造函数就设置好了一个简单的精灵（不带任何动画）所需的所有的初始条件。因为无需每次手动设置所有的属性，所以使用这个结构来处理非常简单的精灵会很容易。

```
struct SPRITE
{
    float x,y;
    int frame, columns;
    int width, height;
    float scaling, rotation;
    int startframe, endframe;
    int starttime, delay;
    int direction;
    float velx, vely;
    D3DCOLOR color;

    SPRITE()
    {
        frame = 0;
        columns = 1;
        width = height = 0;
        scaling = 1.0f;
        rotation = 0.0f;
        startframe = endframe = 0;
        direction = 1;
        starttime = delay = 0;
        velx = vely = 0.0f;
```

```
            color = D3DCOLOR_XRGB(255,255,255);
    }
};
```

8.1.4 为精灵的缩放进行调整

如果更改精灵的比例,那么 Collision 函数就无法正确工作,因为它只认识原来的边界框。我们需要调整 Collision 函数以便它能将缩放因子计算在内。从技术上说,我们应该在进行了任何类型的变换之后重新计算边界框,因为(尤其是)旋转会更改边界框的尺寸,但我们将让这一情况继续错下去并忽略旋转。我真正关心的只是缩放,因为它对碰撞的有效性绝对有影响。

为了计入缩放因子,我们必须要做的是在创建边界框(以 RECT 的形式)时将精灵的宽度和高度乘以缩放值。为了让使用默认比例的精灵正常工作,我们必须确认将默认缩放值设置为 1.0(你可能会错误地设置成 0,因为将变量初始化为 0 很常见。但缩放因子必须是 1,它表示其尺寸的 100%)。如果创建并测试碰撞的是简单的精灵,那么默认的 1.0 就可以了。但如果创建的精灵使用了其他因子值来缩放(比 1.0 大或小),那么 Collision 函数中的缩放因子就应该起作用。以下是新的版本,更改内容用粗体表示。

```
int Collision(SPRITE sprite1, SPRITE sprite2)
{
    RECT rect1;
    rect1.left = (long)sprite1.x;
    rect1.top = (long)sprite1.y;
    rect1.right = (long)sprite1.x + sprite1.width * sprite1.scaling;
    rect1.bottom = (long)sprite1.y + sprite1.height * sprite1.scaling;

    RECT rect2;
    rect2.left = (long)sprite2.x;
    rect2.top = (long)sprite2.y;
    rect2.right = (long)sprite2.x + sprite2.width * sprite2.scaling;
    rect2.bottom = (long)sprite2.y + sprite2.height * sprite2.scaling;

    RECT dest; //ignored
    return IntersectRect(&dest, &rect1, &rect2);
}
```

8.1.5 边界框演示程序

我们需要用一个完整的(但简单的)示例来演示这种碰撞检测类型。我有个名为 Bound Box Demo 的程序要与你分享,其源代码在下面。这个程序需要对框架文件做一点点更改以便将 Collision 函数集成到我们的成长中的游戏库中。你可使用\resources\chapter08 文件夹中的 DirectX_Project 模板作为本项目的开始点(为了方便使用,它已经更新到上一章的内容)。

1. 在 MyDirectX.h 中添加代码

打开 **MyDirectX.h** 头文件并添加以下函数原型。

```
//bounding box collision detection
int Collision(SPRITE sprite1, SPRITE sprite2);
```

我们也将 SPRITE 结构添加到这个文件中，这样的话在主程序中就可以见到它，而且对 Collision 函数可用（作为依赖）。可以在 **MyDirectX.h** 文件靠近顶部的任何地方添加 SPRITE 结构。

```
//sprite structure
struct SPRITE
{
    float x,y;
    int frame, columns;
    int width, height;
    float scaling, rotation;
    int startframe, endframe;
    int starttime, delay;
    int direction;
    float velx, vely;
    D3DCOLOR color;
    SPRITE()
    {
        frame = 0;
        columns = 1;
        width = height = 0;
        scaling = 1.0f;
        rotation = 0.0f;
        startframe = endframe = 0;
        direction = 1;
        starttime = delay = 0;
        velx = vely = 0.0f;
        color = D3DCOLOR_XRGB(255,255,255);
    }
};
```

2. 在 MyDirectX.cpp 中添加代码

接下来，打开 **MyDirectX.cpp** 文件并添加完整的函数。

```
//bounding box collision detection
int Collision(SPRITE sprite1, SPRITE sprite2)
{
    RECT rect1;
    rect1.left = (long)sprite1.x;
    rect1.top = (long)sprite1.y;
    rect1.right = (long)sprite1.x + sprite1.width * sprite1.scaling;
```

```
        rect1.bottom = (long)sprite1.y + sprite1.height * sprite1.scaling;

        RECT rect2;
        rect2.left = (long)sprite2.x;
        rect2.top = (long)sprite2.y;
        rect2.right = (long)sprite2.x + sprite2.width * sprite2.scaling;
        rect2.bottom = (long)sprite2.y + sprite2.height * sprite2.scaling;

        RECT dest; //ignored
        return IntersectRect(&dest, &rect1, &rect2);
}
```

3. MyGame.cpp

现在我们可以把重点放在边界框演示程序的 **MyGame.cpp** 文件中的源代码上了。我希望这个程序做的是一艘用户可在屏幕上上下移动的飞船以及两颗从左到右移动的星星。在把飞船移到星星的路径上时，这两个精灵将会碰撞并且导致星星以相反的方向弹回。图 8.1 展示了运行中的程序。

图 8.1　Bounding Box Demo 程序演示基本的碰撞检测

```
#include "MyDirectX.h"
using namespace std;

const string APPTITLE = "Bounding Box Demo";
const int SCREENW = 1024;
const int SCREENH = 768;

SPRITE ship, asteroid1, asteroid2;
LPDIRECT3DTEXTURE9 imgShip = NULL;
LPDIRECT3DTEXTURE9 imgAsteroid = NULL;

bool Game_Init(HWND window)
{
    //initialize Direct3D
```

```
    Direct3D_Init(window, SCREENW, SCREENH, false);

    //initialize DirectInput
    DirectInput_Init(window);

    //load the sprite textures
    imgShip = LoadTexture("fatship.tga");
    if (!imgShip) return false;
    imgAsteroid = LoadTexture("asteroid.tga");
    if (!imgAsteroid) return false;

    //set properties for sprites
    ship.x = 450;
    ship.y = 300;
    ship.width = ship.height = 128;

    asteroid1.x = 50;
    asteroid1.y = 200;
    asteroid1.width = asteroid1.height = 60;
    asteroid1.columns = 8;
    asteroid1.startframe = 0;
    asteroid1.endframe = 63;
    asteroid1.velx = -2.0f;

    asteroid2.x = 900;
    asteroid2.y = 500;
    asteroid2.width = asteroid2.height = 60;
    asteroid2.columns = 8;
    asteroid2.startframe = 0;
    asteroid2.endframe = 63;
    asteroid2.velx = 2.0f;

    return true;
}
void Game_Run(HWND window)
{
    if (!d3ddev) return;
    DirectInput_Update();
    d3ddev->Clear(0, NULL, D3DCLEAR_TARGET | D3DCLEAR_ZBUFFER,
        D3DCOLOR_XRGB(0,0,100), 1.0f, 0);
    //move the ship up/down with arrow keys
    if (Key_Down(DIK_UP))
    {
        ship.y -= 1.0f;
        if (ship.y < 0) ship.y = 0;
    }

    if (Key_Down(DIK_DOWN))
    {
        ship.y += 1.0f;
        if (ship.y > SCREENH -ship.height)
            ship.y = SCREENH -ship.height;
    }
```

```cpp
    //move and animate the asteroids
    asteroid1.x += asteroid1.velx;
    if (asteroid1.x < 0 || asteroid1.x > SCREENW-asteroid1.width)
        asteroid1.velx *= -1;
    Sprite_Animate(asteroid1.frame, asteroid1.startframe, asteroid1.endframe,
        asteroid1.direction, asteroid1.starttime, asteroid1.delay);

    asteroid2.x += asteroid2.velx;
    if (asteroid2.x < 0 || asteroid2.x > SCREENW-asteroid2.width)
        asteroid2.velx *= -1;
    Sprite_Animate(asteroid2.frame, asteroid2.startframe, asteroid2.endframe,
        asteroid2.direction, asteroid2.starttime, asteroid2.delay);

    //test for collisions
    if (Collision(ship, asteroid1))
        asteroid1.velx *= -1;

    if (Collision(ship, asteroid2))
        asteroid2.velx *= -1;

    if (d3ddev->BeginScene())
    {
        spriteobj->Begin(D3DXSPRITE_ALPHABLEND);
        Sprite_Transform_Draw(imgShip, ship.x, ship.y, ship.width, ship.height,
            ship.frame, ship.columns);

        Sprite_Transform_Draw(imgAsteroid, asteroid1.x, asteroid1.y,
            asteroid1.width, asteroid1.height, asteroid1.frame, asteroid1.columns);

        Sprite_Transform_Draw(imgAsteroid, asteroid2.x, asteroid2.y,
            asteroid2.width, asteroid2.height, asteroid2.frame, asteroid2.columns);

        spriteobj->End();
        d3ddev->EndScene();
        d3ddev->Present(NULL, NULL, NULL, NULL);
    }
    if (KEY_DOWN(VK_ESCAPE)) gameover = true;
    if (controllers[0].wButtons & XINPUT_GAMEPAD_BACK)
        gameover = true;
}
void Game_End()
{
    if (imgShip) imgShip->Release();
    if (imgAsteroid) imgAsteroid->Release();

    DirectInput_Shutdown();
    Direct3D_Shutdown();
}
```

8.2 基于距离的碰撞检测

边界框碰撞检测产生相当精确的碰撞结果,而且非常快速。但有些情况下这种方法不能很好地适应，比如使用带有圆角的美工作品或非常复杂的形状（比如带有突出机翼的飞机）。在非常情况下，具有另外一种检测碰撞的方式将是有好处的，而在这些情况下我们可以使用基于距离的碰撞算法。

在使用距离确定两个精灵是否碰撞时，我们必须要做的是计算每个精灵的中心点，计算精灵的半径（从中心点到边缘），然后检查两个中心点之间的距离。如果这个距离少于两个半径的和，那么就可以肯定两个精灵有重叠。为什么呢？每个精灵的半径加起来必须小于两个精灵之间的距离。

8.2.1 计算距离

要计算任意两点之间的距离，我们只需参考经典的数学距离公式即可。通过将两点作为直角三角形两条边的顶点，任意两点都可转换为直角三角形。取得每个点的 *X* 和 *Y* 的 **delta** 值（差值），将每个 delta 值平方然后相加，然后求其平方根，就是两点间的距离。如图 8.2 所示。

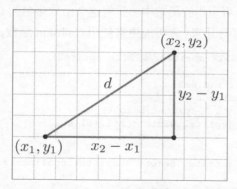

图 8.2　两点间距离的计算通过形成一个连接它们的直角三角形来进行

```
delta_x = x1 - x2
delta_y = y1 - y2
distance = square root ( (delta_x * delta_x) + (delta_y * delta_y) )
```

8.2.2 编写距离计算的代码

我们可以把这些内容编写到函数中，它使用两个精灵作为参数并从精灵的属性计算出 delta 值和距离。缩放因子也必须考虑在内，就如在边界框碰撞检测中所做的一样。此外，精灵的最大尺寸（不是宽度就是高度）将用于计算半径。我们首先计算第一个精灵的半径。

```
if (sprite1.width > sprite1.height)
```

```
        radius1 = (sprite1.width * sprite1.scaling) / 2.0;
    else
        radius1 = (sprite1.height * sprite1.scaling) / 2.0;
```

有了半径之后，再计算第一个精灵的中心点。我将把中心值储存在向量中。

```
double x1 = sprite1.x + radius1;
double y1 = sprite1.y + radius1;
D3DXVECTOR2 vector1(x1, y1);
```

这个名为 vector1 的向量包含了第一个精灵的中心点，无论它是否位于屏幕上。将相同的代码复制给第二个精灵，我们就会得到两个精灵的中心点和半径。一旦有了这些值，就可以开始进行距离计算了。首先涉及的是计算 X 和 Y 的 delta 值。

```
double deltax = vector1.x -vector2.x;
double deltay = vector2.y -vector1.y;
```

有了这些 delta 值之后计算距离那就是非常容易的事情了。

```
double dist = sqrt((deltax * deltax) + (deltay * deltay));
```

我们将此编写到一个可重用的函数中。我将这个函数命名为 CollisionD 以便与边界框的版本（称为 Collision）区分开来（你可能更常使用 Collision 函数，因为它毕竟要快得多）。

```
bool CollisionD(SPRITE sprite1, SPRITE sprite2)
{
    double radius1, radius2;
    //calculate radius 1
    if (sprite1.width > sprite1.height)
        radius1 = (sprite1.width * sprite1.scaling) / 2.0;
    else

        radius1 = (sprite1.height * sprite1.scaling) / 2.0;
    //center point 1
    double x1 = sprite1.x + radius1;
    double y1 = sprite1.y + radius1;
    D3DXVECTOR2 vector1(x1, y1);

    //calculate radius 2
    if (sprite2.width > sprite2.height)
        radius2 = (sprite2.width * sprite2.scaling) / 2.0;
    else
        radius2 = (sprite2.height * sprite2.scaling) / 2.0;

    //center point 2
    double x2 = sprite2.x + radius2;
    double y2 = sprite2.y + radius2;
    D3DXVECTOR2 vector2(x2, y2);

    //calculate distance
    double deltax = vector1.x -vector2.x;
```

```
    double deltay = vector2.y -vector1.y;
    double dist = sqrt((deltax * deltax) + (deltay * deltay));
    //return distance comparison
    return (dist < radius1 + radius2);
}
```

现在正是将这个函数复制到框架中的时候了，我们这就来做。将这个函数添加到 **MyDirectX.cpp** 中，将原型添加到 **MyDirectX.h** 中。

```
bool CollisionD(SPRITE sprite1, SPRITE sprite2);
```

8.2.3 测试的碰撞

我有一个新的示例程序用于演示基于距离的碰撞检测，不过它是基于前面的边界框碰撞演示的，而且只涉及两行代码的更改。所以我不再在这里重复这个程序的代码清单。如果从下载包中加载 Radial Collision Demo 项目，只需留意如下两行代码的不同：它们调用新的 CollisionD 函数。否则，这两个程序一模一样。

```
//test for collisions
if (CollisionD(ship, asteroid1))
    asteroid1.velx *= -1;
if (CollisionD(ship, asteroid2))
    asteroid2.velx *= -1;
```

8.3 你所学到的

在本章，我们学习了两种常见的 2D 基于精灵的碰撞检测形式：边界框和距离。虽然本章中的两个示例程序展示了实现碰撞的方法，但我们还没在真实的游戏中见到它们，所

以，要在目前这个早期阶段将碰撞检测（和响应）的概念在游戏项目中的作用说明白有点困难。先把它放一边，我们将在第 14 章得到一个完整的游戏。

以下是要点。

◎ 基于边界框的碰撞检测。
◎ 基于距离的碰撞检测。

8.4 复习测验

以下这些复习测验题可用于检验你从本章学到了哪些东西。

1. 在使用 IntersectRect 函数时，填充为每个精灵边界值所需的对象是什么类型？
2. 传递给 IntersetRect 的第一个参数有什么作用？
3. 计算两点之间的距离所用的三角形是什么类型的（概念上的）？
4. 简要描述边界框方法处理精灵缩放的方法。
5. 在快节奏的、每次在屏幕上有上百个精灵的街机游戏中，精度并不是那么重要，应该使用两种碰撞检测方法中的哪一种？
6. 在慢一点的游戏中（比如 RPG 游戏），玩游戏时精度很重要，而且在屏幕上一个时间内显示的精灵不多，应该使用两种碰撞检测方法中的哪一种？
7. 在计算两个精灵之间的距离时，每个精灵上的 X、Y 点通常位于何处？
8. 在两个精灵发生碰撞之后，在下一帧之前为什么要将精灵彼此移开？
9. IntersectRect 函数的第二个和第三个参数是什么？
10. 简要描述游戏中需要使用两种碰撞检测技术来检测相同的两个精灵以便确定它们是否碰触的情况。

8.5　自己动手

以下练习可帮助你挑战自己对本章中的内容的掌握程度。

习题 1. Bounding Box Demo 项目是个非常简单化的项目，只为了正确演示碰撞检测的工作方式。我们可以在它上面做一些更有趣的事情。比如，试试这个：修改程序，让星星在屏幕上以随机的方向运动而不仅仅是在固定的行上水平移动。

习题 2. Radial Collision Demo 使用相同的项目代码演示了基于距离的碰撞检测。我们来物尽其用：修改程序，让它在调用距离函数时为每个精灵使用更小的半径值。你可尝试原半径值的一半或者四分之一，会有什么发生？

第 9 章 打印文本

本章我们将学习使用 ID3DXFont 创建字体并在屏幕上打印文本的方法。这个类使我们可以使用任何安装在 Windows 系统中的 TrueType 字体来打印文本，不过我建议只使用标准字体（比如 Times New Roman 和 Verdana），这样文本在每一台 PC 上都会显得和计划中的一样（如果使用不寻常的字体而系统中没有该字体的话，那么 Windows 会尝试使用接近它的字体，这不是我们希望在游戏中发生的）。

以下是在本章要学习的内容。

◎ 如何使用 ID3DXFont 创建新字体。
◎ 如何使用字体将文本打印在屏幕上。
◎ 如何让文本在某个区域内折行。

9.1 创建字体

我们将通过 ID3DXFont 接口使用任何想用的字体将文本打印到屏幕上。在过去我喜欢使用基于位图的字体，其字体集以 ASCII 顺序存储在一个位图文件中，它比使用 DirectX 字体系统简单很多。

> **建议**
>
> ASCII 代表美国标准信息交换码（American Standard Code for Information Interchange），它是用于对字符集编码的标准。比如，空格的 ASCII 码是 32，回车的 ASCII 码是 13。ASCII 码与 Windows 虚拟键盘码以及 DirectInput 键盘码不同（它们是 Windows 专有的）。

DirectX 提供一个字体类，它为我们抽象了整个过程，从而让我们可以少关注流程（比如满载字体的位图图像）而花更多的时间在游戏代码上。ID3DXFont 接口用于创建字体，其指针版本已经预定义好了。

```
LPD3DXFONT font;
```

我们将使用一个名为 D3DXCreateFontIndirect 的函数来创建字体并且为字体打印做准备。不过在做这件事之前，我们必须先使用 D3DXFONT_DESC 结构来设置想要的字体属性。

9.1.1 字体描述符

D3DXFONT_DESC 结构由以下属性组成。

- INT Height
- UINT Width
- UINT Weight
- UINT MipLevels
- BOOL Italic
- BYTE CharSet
- BYTE OutputPrecision
- BYTE Quality
- BYTE PitchAndFamily
- CHAR FaceName[LF_FACESIZE]

别被这些描述符属性给吓着了，因为它们当中的大多数都设为 0 或者默认值。只有两个属性是真正重要的：Height 和 FaceName。以下是字体描述符变量的一个示例，它被初始化成 Arial 24 点字体的值。

```
D3DXFONT_DESC desc = {
    24,                         //height
    0,                          //width
    0,                          //weight
```

```
    0,                          //miplevels
    false,                      //italic
    DEFAULT_CHARSET,            //charset
    OUT_TT_PRECIS,              //output precision
    CLIP_DEFAULT_PRECIS         //quality
    DEFAULT_PITCH,              //pitch and family
    "Arial"                     //font name
};
```

9.1.2 创建字体对象

在设置了字体描述符之后，就可以使用 **D3DXCreateFontIndirect** 函数来创建字体对象了。这个函数需要 3 个参数。

◎ **Direct3D** 设备
◎ **D3DXFONT_DESC**
◎ **LPD3DXFONT**

我们来看一个使用这个函数创建字体的示例。

9.1.3 可重用的 MakeFont 函数

我们来将所有这些代码放到一个可重用的函数中，然后添加到游戏库中。这个函数需要字体名称以及字体点尺寸作为参数，它返回一个指向 LPD3DXFONT 对象的指针。

```
LPD3DXFONT MakeFont(string name, int size)
{
    LPD3DXFONT font = NULL;
    D3DXFONT_DESC desc = {
    size,                       //height
    0,                          //width
    0,                          //weight
    0,                          //miplevels
    false,                      //italic
    DEFAULT_CHARSET,            //charset
    OUT_TT_PRECIS,              //output precision
    CLIP_DEFAULT_PRECIS,        //quality
    DEFAULT_PITCH,              //pitch and family
    ""                          //font name
    };
    strcpy(desc.FaceName, name.c_str());
```

```
D3DXCreateFontIndirect(d3ddev, &desc, &font);
return font;
}
```

9.2 使用 ID3DXFont 打印文本

我们已经学习了创建字体对象的方法,但还不知道如何用它将文本打印到屏幕上。这是要在本小节学习的内容。为了使用一个已有字体来打印文本(这个字体先前创建并初始化过),可以使用 ID3DXFont::DrawText()函数。DrawText 函数需要这些属性。

LPD3DXSPRITE pSprite	精灵渲染对象
LPCSTR pString	要打印的文本
INT count	文本长度
LPRECT pRect	指定位置和边界的矩形
DWORD format	比如 DT_WORDBREAK 这样的格式化选项
D3DCOLOR color	文本的输出颜色

9.2.1 使用 DrawText 打印

我们假设已经创建了名为 "font" 的字体对象,并且使用 DrawText 函数打印一些东西。以下是示例。

```
RECT rect = { 10, 10, 0, 0 };
D3DCOLOR white = D3DCOLOR_XRGB(255,255,255);
string text = "This is a text message that will be printed.";
font->DrawText(
    spriteobj,
    text.c_str(),
    text.length(),
    &rect,
    DT_LEFT,
    white
);
```

我想我们可以将这些代码包装成一个可重用函数。以下是我的想法。最后一个参数指定的是颜色,如果忽略的话默认是白色。

```
void Print(
    LPD3DXFONT font,
    int x,
    int y,
    string text,
    D3DCOLOR color = D3DCOLOR_XRGB(255,255,255))
{
    //figure out the text boundary
    RECT rect = { x, y, 0, 0 };
    font->DrawText(NULL,text.c_str(),text.length(),&rect,DT_CALCRECT,color);
    //print the text
    font->DrawText(spriteobj,text.c_str(),text.length(),&rect,DT_LEFT,color);
}
```

9.2.2 文本折行

如果想让文本在一个定义了文本边界的矩形区域内格式化，有一个选项可以利用。如果设置了它，那么文本将自动在每个词（以空格作为分割符）之后折行[1]。举个例子来说，在使用我们自定义的 GUI 控件时这会非常有用。通常，这个矩形被定义为宽度和高度为 0，也就是根本不使用边界。但如果指定了宽度和高度，并且使用 **DT_WORDBREAK** 选项，那么 **DrawText** 将进行自动词折行！以下是示例。

```
RECT rect = { 60, 250, 350, 700 };
D3DCOLOR white = D3DCOLOR_XRGB(255,255,255);
string text = "This is a long string that will be wrapped.";
font->DrawText(
    spriteobj,
    text.c_str(),
    text.length(),
    &rect,
    DT_WORDBREAK,
    White);
```

注意 RECT 被定义为宽度为 290 像素（left = 60，right = 350），而 bottom 属性被设为一个很高的值（在这里它不像宽度那么重要）。在 DrawText 司其职的时候，如果到达右边缘（在本例中是 350），它将找到最近的空格字符并将其后的词折到下一行。DrawText 通过打印整个词并在绘制每个字符之前计算每个词是否合入空间中来完成这一任务。这是个极为有帮助的功能！

---

[1] 译者注：以便让文本显示在矩形区域内，也就是一种"包裹"的效果。

9.3 测试字体输出

现在我们来看一个示例程序，它演示了 ID3DXFont::DrawText 的大多数选项。首先我们将字体函数添加到助手文件中，以便能在将来的项目中使用它。打开 MyDirectX.h 头文件然后添加函数原型。

```
//font functions
LPD3DXFONT MakeFont(
    string name,
    int size
);
void FontPrint(
    LPD3DXFONT font,
    int x,
    int y,
    string text,
    D3DCOLOR color = D3DCOLOR_XRGB(255,255,255)
);
```

接下来，打开 MyDirectX.cpp 文件并添加如下函数。

```
LPD3DXFONT MakeFont(string name, int size)
{
    LPD3DXFONT font = NULL;
    D3DXFONT_DESC desc= {
        size,                   //height
        0,                      //width
        0,                      //weight
        0,                      //miplevels
        false,                  //italic
        DEFAULT_CHARSET,        //charset
        OUT_TT_PRECIS,          //output precision
        CLIP_DEFAULT_PRECIS     //quality
        DEFAULT_PITCH,          //pitch and family
        ""                      //font name
    };
    strcpy(desc.FaceName, name.c_str());
    D3DXCreateFontIndirect(d3ddev, &desc, &font);
    return font;
}
void FontPrint(LPD3DXFONT font, int x, int y, string text, D3DCOLOR color)
{
```

```
    //figure out the text boundary
    RECT rect = { x, y, 0, 0 };
    font->DrawText( NULL, text.c_str(), text.length(), &rect, DT_CALCRECT, color);
    //print the text
    font->DrawText(spriteobj, text.c_str(), text.length(), &rect, DT_LEFT, color);
}
```

既然字体支持函数已经位于游戏库文件中了，我们就可以使用示例文件来测试字体输出。Font Demo 程序生成的输出内容如图 9.1 所示。

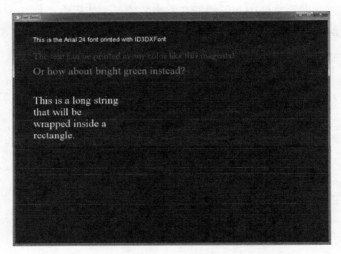

图 9.1　Font Demo 程序演示使用 ID3DXFont 打印文本的方法

```
#include "MyDirectX.h"
using namespace std;
const string APPTITLE = "Font Demo";
const int SCREENW = 1024;
const int SCREENH = 768;
//declare some font objects
LPD3DXFONT fontArial24 = NULL;
LPD3DXFONT fontGaramond36 = NULL;
LPD3DXFONT fontTimesNewRoman40 = NULL;

bool Game_Init(HWND window)
{
    Direct3D_Init(window, SCREENW, SCREENH, false);
    DirectInput_Init(window);
    //create some fonts
    fontArial24 = MakeFont("Arial",24);
    fontGaramond36 = MakeFont("Garamond",36);
    fontTimesNewRoman40 = MakeFont("Times New Roman", 40);
    return true;
}
```

```cpp
void Game_Run(HWND window)
{
    //make sure the Direct3D device is valid
    if (!d3ddev) return;
    //update input devices
    DirectInput_Update();

    d3ddev->Clear(0, NULL, D3DCLEAR_TARGET | D3DCLEAR_ZBUFFER,
        D3DCOLOR_XRGB(0,0,100), 1.0f, 0);
    //start rendering
    if (d3ddev->BeginScene())
    {
        spriteobj->Begin(D3DXSPRITE_ALPHABLEND);
        //demonstrate font output
        FontPrint(fontArial24, 60, 50,
            "This is the Arial 24 font printed with ID3DXFont");
        FontPrint(fontGaramond36, 60, 100,
            "The text can be printed in any color like this magenta!",
            D3DCOLOR_XRGB(255,0,255));
        FontPrint(fontTimesNewRoman40, 60, 150,
            "Or how about bright green instead?",
            D3DCOLOR_XRGB(0,255,0));
        //demonstrate text wrapping inside a rectangular region
        RECT rect = { 60, 250, 350, 700 };
        D3DCOLOR white = D3DCOLOR_XRGB(255,255,255);
        string text = "This is a long string that will be ";
        text += "wrapped inside a rectangle.";
        fontTimesNewRoman40->DrawText( spriteobj, text.c_str(),
            text.length(), &rect, DT_WORDBREAK, white);

        spriteobj->End();
        d3ddev->EndScene();
        d3ddev->Present(NULL, NULL, NULL, NULL);
    }
    if (KEY_DOWN(VK_ESCAPE)) gameover = true;
    if (controllers[0].wButtons & XINPUT_GAMEPAD_BACK)
        gameover = true;
}
void Game_End()
{
    if (fontArial24) fontArial24->Release();
    if (fontGaramond36) fontGaramond36->Release();
    if (fontTimesNewRoman40) fontTimesNewRoman40->Release();
    DirectInput_Shutdown();
    Direct3D_Shutdown();
}
```

9.4 你所学到的

在本章，我们学习了使用 ID3DXFont 在支持 TrueType 字体的基于 Direct3D 的屏幕上打印文本的方法。以下是要点。

- ◎ 我们学习了如何创建新字体。
- ◎ 我们学习了如何使用字体打印文本。
- ◎ 我们学习了如何在矩形内实现文本折行。

9.5 复习测验

以下这些复习测验题可用于检验你从本章学到了哪些东西。
1. 用于将文本打印在屏幕上的字体对象的名称是什么？
2. 字体对象的指针版本的名称是什么？
3. 用于将文本打印在屏幕上的函数名称是什么？
4. 用于创建基于特定字体属性的新字体对象的函数是哪个？
5. 用于指定文本在屏幕上给定矩形区域中折行的常量名称是什么？
6. 如果不给字体渲染器提供精灵对象，在将字体渲染到屏幕上时，它是否会创建自己的精灵对象用于 2D 输出？
7. std::string 中哪个函数将字符串数据转换为 C 样式的字符数组，以便如 strcpy 这样的函数使用？
8. std::string 中哪个函数返回字符串的长度（比如，字符串中的字符数量）？
9. 用于定义文本输出颜色的 Direct3D 数据类型是什么？
10. 哪个函数返回带有 alpha 通道成分的 Direct3D 颜色？

9.6 自己动手

以下练习可帮助你挑战自己对本章中的内容的掌握程度。

习题 1. 修改 Font Test 项目，让它打印出你的姓名，而不是演示中提供的示例文本。

习题 2. 修改 Font Test 项目，让它能够如同移动精灵那样在屏幕上移动文本消息。

第 10 章
卷动背景

我们在大多数动作和街机游戏中看到的背景移动效果使用的是基于图片单元的卷动。虽然这种技术已经有几十年了,但它仍旧被用来渲染背景,而这类 2D 游戏当今仍旧频繁活跃着(特别是在移动平台上,例如 Android 和 iOS)。回到那些老时光,当时计算机内存极为有限,使用基于图片单元的卷动方式是因为它极为高效。今天我们想当然地认为内存应该有数个 G,但那么多的内存在视频游戏的早期岁月里是难以置信的,即使是硬盘也没那么大,更不用说主存储器(RAM)了。我们将在本章学习**虚拟屏幕缓冲区**的概念,在当时只在非常有限的视频卡中使用(带有 256 到 1 024 KB 视频内存)。在那时,能有两个 320×240 像素的屏幕那是非常幸运的事,更不用想会有足够的内存来进行大的卷动效果了。本章专注于创建卷动背景的两种不同方法。

以下是本章的主要内容。
◎ 卷动介绍。
◎ 创建基于图片单元的背景。
◎ 使用单一的大卷动缓冲区。
◎ 使用动态绘制的图片单元。

10.1 卷动

卷动是什么?在今天的游戏世界中,3D 是每个人的关注点,从来没听说过卷动的游戏者和程序员大有人在。实在是很遗憾啊！就算不被理解或欣赏，但现代游戏又长又迷人的历史传承，在今天仍旧有价值。控制台游戏工业为卷动效果倾尽全力并带来极大价值，尤其是在手持系统中，比如 Game Boy Advance。举不同寻常的 GBA 销售市场为例，你如果知道在一天中销售的 2D 游戏数量要超过 3D 游戏，是否感到惊奇？图 10.1 展示了卷动的概念。

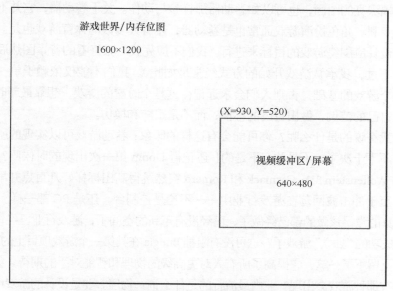

图 10.1 卷动窗口展示大游戏世界中的一小部分

建议

卷动是在屏幕窗口中显示大的虚拟游戏世界的一小部分，然后通过移动窗口中的视图来反应游戏世界内位置的变化。

我们可以在虚拟游戏世界中显示一个巨大的位图图像来表示游戏的当前这一关，然后将该虚拟世界的一部分复制（位传输）到屏幕上。这是最简单的滚动形式。另外一种方法是使用图片单元来创建游戏世界，我很快就会讲解这种方法。首先，我们将编写一个小程序来演示使用位图卷动的方法。

你已经看到了简单的卷动器的样子，虽然它得依靠键盘输入来卷动。高速卷动的街机游戏应该自动地水平或垂直卷动，显示位于游戏者（通常由飞机或飞船来表示）之下的基于地面的、空中的或空间的地形。这些游戏的要点是保持快速动作，让游戏者没有机会从一波又一波的敌人中缓过劲来。随后的两章专注的就是这些主题！目前，我暂时将这些问题简化，讲解卷动的基础知识，为你以后深入探究这些高级章节做准备。

10.1.1 背景和布景

背景由某种形式的影像或地形组成，精灵就绘制在背景之上。背景可以仅仅是游戏动作背后的一幅漂亮的图画，也可以如卷动器那样参与动作。关于卷动器，它并不只是高速街机游戏的专利。角色扮演游戏通常也是卷动器，还有大多数的体育游戏也是。

背景的设计应围绕游戏的目标来进行。我们不应先找一张好看的背景图然后在此之上构建游戏（不过，我承认游戏开始的方式经常是如此）。我们不能仅依赖于单一的酷的技术来作为整个游戏的基础，否则人们会永远记得这是个时髦的游戏，想靠最新时尚赚钱。我们要设好自己的范例，做出自己的标准；而不是跟随和模仿。

你会问我在说的是什么呢？你可能会有这样的印象：卷动游戏可以实现的所有一切都已经被做了不下十次了。不是的，不是的！还记得 Doom 第一次出现的时候吗？那时所有人都在模仿 Wolfenstein 3D：Carmack 和 Romero 突然跳得高出标杆好几百点并吊足了所有人的胃口以至于冲击波回荡在游戏行业中——不论是控制台，还是 PC 都一样。

你是否真的觉得该做的都已经做了，已经没有革新的空间了，游戏行业已经饱和，不可能再制作出成功的"独立"游戏了？这可没有阻挡 Bungie 在其第一个游戏项目上的努力。Halo 在游戏历史上留下了一笔，它提高了所有人对更高级的物理和智能对手的期待。如今，在多年之后，还有那种游戏会出现？业内最流行的是什么词？物理。要是设计的游戏中没有它，这个游戏突然就显得那么像 20 世纪 90 年代游戏出版物。现在都在拼物理和人工智能，而这些都是从 Halo 开始的。而对于 Halo 来讲这是完美的——我个人还真想不起在 Halo 之前哪个游戏能有它那种水平的交互。所以，认为我们不能引领游戏的下一次革新或变革，是绝对没有理由的，即使是在 2D 游戏中。只要看看 Minecraft 就知道了，它已经卖了 500 万个拷贝。

10.1.2 从图片单元创建背景

卷动背景的真实力量来自名为铺砌（tiling）的技术。铺砌是这么一个过程，其中没有真正的背景，而是由图片单元阵列形成要显示的背景。换而言之，这是个虚拟的虚拟背景，与完全位图型的背景相比，只需非常少的内存。图 10.2 给出了一个示例。

你能否数出构成图 10.2 中背景的图片单元数量？实际上一共有 18 块图片单元构成这一图像。想象一下，整个游戏屏幕只由几个图片单元构成，而结果却很不赖！显然，真正的游戏将不仅只有草、路、河和桥，真正的游戏还会有精灵移动于背景之上。来个示例怎么样？我想你会喜欢这个主意。

图 10.2　由图片单元构成的位图图像

10.1.3　基于图片单元的卷动

　　Tile Static Scroll 程序在程序开始时使用图片单元来填充大的背景位图，我们马上就来编写这个程序。它从位图（包含以行和列编排的图片单元）中装载图片单元，然后使用地图数据来填充由内存中的大位图所表示的虚拟卷动表面。请看图 10.3。

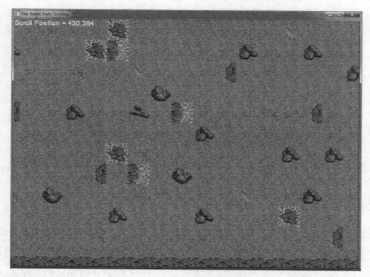

图 10.3　Tile Static Scroll 程序演示执行基于图片单元的卷动的方法

　　这个程序通过将图片单元绘制到创建于内存（实际上是 Direct3D 表面——我们使用表面而不使用纹理是因为这里无需透明度）中的一个大位图图像来创建上面这幅由图片单元组

成的图片。包含这些图片单元的实际位图展示在图 10.4 中。这些图片单元是由 **Air Feldman** 所创建，是他免费的 **SpriteLib** 的一部分。

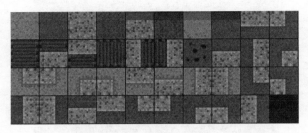

图 10.4　包含在 Tile Static Scroll 程序中使用的图片单元的源文件

我在图 10.5 中准备了每个图片单元的图例及其值。在构建我们自己的地图时可使用这个图例。

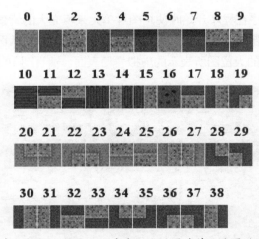

图 10.5　在 Tile Static Scroll 程序中所用的图片单元地图的图例及其值

基于图片单元的卷动项目

现在，我们来编写一个用于演示的测试程序，因为对于想构建一个真正的游戏的人来说，仅有理论是走不远的。我不了解你的情况，但对于我自己而言，动手要比单纯的阅读学得更好。我假定你会按照上一章中的同样步骤打开已存在的 DirectX_Project 项目，然后从这里继续前进。

```
#include "MyDirectX.h"
#include <sstream>
```

```cpp
using namespace std;
const string APPTITLE = "Tile-Based Static Scrolling";
const int SCREENW = 1024;
const int SCREENH = 768;
LPD3DXFONT font;
//settings for the scroller
const int TILEWIDTH = 64;
const int TILEHEIGHT = 64;
const int MAPWIDTH = 25;
const int MAPHEIGHT = 18;
//scrolling window size
const int WINDOWWIDTH = (SCREENW / TILEWIDTH) * TILEWIDTH;
const int WINDOWHEIGHT = (SCREENH / TILEHEIGHT) * TILEHEIGHT;
//entire game world dimensions
const int GAMEWORLDWIDTH = TILEWIDTH * MAPWIDTH;
const int GAMEWORLDHEIGHT = TILEHEIGHT * MAPHEIGHT;
int ScrollX, ScrollY;
int SpeedX, SpeedY;
long start;
LPDIRECT3DSURFACE9 gameworld = NULL;
int MAPDATA[MAPWIDTH*MAPHEIGHT] = {
80,81,81,81,81,81,81,81,81,81,81,81,81,81,81,81,81,81,81,81,
81,81,81,82,90,3,3,3,3,3,3,3,3,3,3,3,3,3,3,92,3,3,3,3,3,92,3,
92,90,3,13,83,96,3,3,23,3,92,3,13,92,3,3,3,3,3,3,11,3,13,3,3,92,
90,3,3,3,3,3,3,10,3,3,3,3,23,3,3,3,3,3,3,13,3,92,90,3,96,
3,13,3,3,3,3,3,3,3,3,3,3,96,3,23,3,96,3,3,92,90,3,3,3,3,3,
13,3,3,3,13,3,3,11,3,3,3,3,3,3,13,3,92,90,3,83,11,3,92,3,3,3,
3,3,11,3,3,3,3,3,3,3,83,3,3,3,92,92,90,3,3,3,96,3,13,3,3,3,11,
10,3,3,3,3,13,3,3,13,3,3,3,92,90,3,23,3,3,3,3,3,96,3,3,83,
3,3,3,92,3,3,3,3,3,13,3,92,90,3,3,3,3,3,3,3,3,3,3,23,3,3,3,
3,3,3,3,3,3,3,92,90,3,3,3,11,3,92,3,3,13,3,3,131,3,10,3,3,3,96,
3,92,3,96,3,92,90,3,13,83,3,3,3,3,3,3,3,3,3,13,3,3,3,3,3,3,
3,3,92,90,3,3,3,13,3,3,3,3,3,11,96,3,3,3,3,3,3,13,3,13,3,11,
92,90,92,3,13,3,3,3,3,3,3,92,3,10,3,23,3,3,3,3,3,3,3,3,92,90,
3,3,3,3,3,96,3,23,3,3,3,3,3,3,3,83,3,3,13,3,96,3,92,90,3,3,3,
3,92,3,3,3,3,3,13,3,3,3,13,3,3,3,11,3,3,3,3,92,90,3,13,3,3,3,
3,3,3,96,3,3,3,3,3,3,3,3,92,3,3,92,100,101,101,101,101,101,
101,101,101,101,101,101,101,101,101,101,101,101,101,101,101,
101,101,102
};
void DrawTile(
    LPDIRECT3DSURFACE9 source,      // source surface image
    int tilenum,                    // tile #
    int width,                      // tile width
    int height,                     // tile height
    int columns,                    // columns of tiles
```

```
        LPDIRECT3DSURFACE9 dest,        // destination surface
        int destx,                      // destination x
        int desty)                      // destination y
    {
        //create a RECT to describe the source image
        RECT r1;
        r1.left = (tilenum % columns) * width;
        r1.top = (tilenum / columns) * height;
        r1.right = r1.left + width;
        r1.bottom = r1.top + height;

        //set destination rect
        RECT r2 = {destx,desty,destx+width,desty+height};

        //draw the tile
        d3ddev->StretchRect(source, &r1, dest, &r2, D3DTEXF_NONE);
    }
    void BuildGameWorld()
    {
        HRESULT result;
        int x, y;
        LPDIRECT3DSURFACE9 tiles;

        //load the bitmap image containing all the tiles
        tiles = LoadSurface("groundtiles.bmp");

        //create the scrolling game world bitmap
        result = d3ddev->CreateOffscreenPlainSurface(
            GAMEWORLDWIDTH,             //width of the surface
            GAMEWORLDHEIGHT,            //height of the surface
            D3DFMT_X8R8G8B8,
            D3DPOOL_DEFAULT,
            &gameworld,                 //pointer to the surface
            NULL);
        if (result != D3D_OK)
        {
            MessageBox(NULL,"Error creating working surface!","Error",0);
            return;
        }
        //fill the gameworld bitmap with tiles
        for (y=0; y < MAPHEIGHT; y++)
            for (x=0; x < MAPWIDTH; x++)
                DrawTile(tiles, MAPDATA[y * MAPWIDTH + x], 64, 64, 16,
                gameworld, x * 64, y * 64);

        //now the tiles bitmap is no longer needed
```

10.1 卷动

```cpp
    tiles->Release();
}
bool Game_Init(HWND window)
{
    Direct3D_Init(window, SCREENW, SCREENH, false);
    DirectInput_Init(window);
    //create pointer to the back buffer
    d3ddev->GetBackBuffer(0, 0, D3DBACKBUFFER_TYPE_MONO, &backbuffer);
    //create a font
    font = MakeFont("Arial", 24);
    BuildGameWorld();
    start = GetTickCount();
    return true;
}
void Game_End()
{
    if (gameworld) gameworld->Release();
    DirectInput_Shutdown();
    Direct3D_Shutdown();
}
void ScrollScreen()
{
    //update horizontal scrolling position and speed
    ScrollX += SpeedX;
    if (ScrollX < 0)
        {
         ScrollX = 0;
         SpeedX = 0;
        }
    else if (ScrollX > GAMEWORLDWIDTH -SCREENW)
      {
        ScrollX = GAMEWORLDWIDTH -SCREENW;
        SpeedX = 0;
        }

    //update vertical scrolling position and speed
    ScrollY += SpeedY;
    if (ScrollY < 0)
    {
        ScrollY = 0;
        SpeedY = 0;
    }
    else if (ScrollY > GAMEWORLDHEIGHT -SCREENH)
    {
        ScrollY = GAMEWORLDHEIGHT -SCREENH;
```

```cpp
            SpeedY = 0;
    }
    //set dimensions of the source image
    RECT r1 = {ScrollX, ScrollY, ScrollX+SCREENW-1, ScrollY+SCREENH-1};

    //set the destination rect
    RECT r2 = {0, 0, SCREENW-1, SCREENH-1};

    //draw the current game world view
    d3ddev->StretchRect(gameworld, &r1, backbuffer, &r2,
        D3DTEXF_NONE);
}
void Game_Run(HWND window)
{
    if (!d3ddev) return;
    DirectInput_Update();
    d3ddev->Clear(0, NULL, D3DCLEAR_TARGET | D3DCLEAR_ZBUFFER,
        D3DCOLOR_XRGB(0,0,100), 1.0f, 0);
    //scroll based on key or controller input
    if (Key_Down(DIK_DOWN) || controllers[0].sThumbLY < -2000)
        ScrollY += 1;
    if (Key_Down(DIK_UP) || controllers[0].sThumbLY > 2000)
        ScrollY -= 1;
    if (Key_Down(DIK_LEFT) || controllers[0].sThumbLX < -2000)
        ScrollX -= 1;
    if (Key_Down(DIK_RIGHT) || controllers[0].sThumbLX > 2000)
        ScrollX += 1;
    //keep the game running at a steady frame rate
    if (GetTickCount() -start >= 30)
    {
        //reset timing
        start = GetTickCount();
        //start rendering
        if (d3ddev->BeginScene())
        {
            //update the scrolling view
            ScrollScreen();
            spriteobj->Begin(D3DXSPRITE_ALPHABLEND);
            std::ostringstream oss;
            oss << "Scroll Position = " << ScrollX << "," << ScrollY;
            FontPrint(font, 0, 0, oss.str());

            spriteobj->End();
            //stop rendering
            d3ddev->EndScene();
```

```
            d3ddev->Present(NULL, NULL, NULL, NULL);
        }
    }
    //to exit
    if (KEY_DOWN(VK_ESCAPE) ||
        controllers[0].wButtons & XINPUT_GAMEPAD_BACK)
        gameover = true;
}
```

10.2 动态渲染的图片单元

只是为了验证理论而显示图片单元不会起实际作用。是的，我们得有一些创建虚拟背景的代码，将图片单元装载到它上面，然后卷动整个游戏世界。在过去，我曾经使用源代码生成了一幅看起来很真实的游戏地图，我使用了一种算法来匹配地形曲线和直线（比如路、桥和河流），也就是说我从头创建了一幅可怕的地图，这一切都是我自己做的。构建出算法型的风景是一方面，但在运行时构造出它却不是个好的解决方案——即使地图生成例程做得非常好。

举例来说，在许多游戏中，如 Warcraft III、Age of Mythology 和 Civilization IV 可飞快地生成游戏世界。显然，程序员花费了大量时间让世界生成例程变得完美。如果游戏能从具备随机生成游戏世界这样的功能中获益的话，那么这样做是合适的，结果是值得的。只要有时间进行开发，这就仅仅是需要做的那些设计上的考虑之一。

10.2.1 图片单元地图

如果没有生成随机地图的想法（或者就是不想走那条路线），那么可以简单地在数组中创建它，就如我们在上一个项目中所做的那样。但地图数据实际是从哪儿来的呢？而且，更进一步说，我们要从哪儿开始？首先必须意识到，图片单元都是编号了的，应该在地图数组中以这种编号方式引用。图片单元地图中的每个数字表示位图文件中的一个图片单元图像。以下给出的是 Tile_Dynamic_Scroll 程序（我们会很快在这里介绍）中所定义的数组。

```
int MAPDATA[MAPWIDTH*MAPHEIGHT] = {
1,2,3,4,5,6,7,8,9,10,11,12,13,14,15,16,
17,18,19,20,21,22,23,24,25,26,27,28,29,30,31,32,
33,34,35,36,37,38,39,40,41,42,43,44,45,46,47,48,
49,50,51,52,53,54,55,56,57,58,59,60,61,62,63,64,
65,66,67,68,69,70,71,72,73,74,75,76,77,78,79,80,
81,82,83,84,85,86,87,88,89,90,91,92,93,94,95,96,
```

```
97,98,99,100,101,102,103,104,105,106,107,108,109,110,111,112,
113,114,115,116,117,118,119,120,121,122,123,124,125,126,127,128,
129,130,131,132,133,134,135,136,137,138,139,140,141,142,143,144,
145,146,147,148,149,150,151,152,153,154,155,156,157,158,159,160,
161,162,163,164,165,166,167,168,169,170,171,172,173,174,175,176,
177,178,179,180,181,182,183,184,185,186,187,188,189,190,191,192,
1,2,3,4,5,6,7,8,9,10,11,12,13,14,15,16,
17,18,19,20,21,22,23,24,25,26,27,28,29,30,31,32,
33,34,35,36,37,38,39,40,41,42,43,44,45,46,47,48,
49,50,51,52,53,54,55,56,57,58,59,60,61,62,63,64,
65,66,67,68,69,70,71,72,73,74,75,76,77,78,79,80,
81,82,83,84,85,86,87,88,89,90,91,92,93,94,95,96,
97,98,99,100,101,102,103,104,105,106,107,108,109,110,111,112,
113,114,115,116,117,118,119,120,121,122,123,124,125,126,127,128,
129,130,131,132,133,134,135,136,137,138,139,140,141,142,143,144,
145,146,147,148,149,150,151,152,153,154,155,156,157,158,159,160,
161,162,163,164,165,166,167,168,169,170,171,172,173,174,175,176,
177,178,179,180,181,182,183,184,185,186,187,188,189,190,191,192
};
```

这里的技巧在于，这只是个一维数组，但其列表方式让地图的样式很明显，因为每一行有 16 个数字——与位图文件中每一行的图片单元数量一致，地图的效果如图 10.6 所示。我故意这么做以便你在创建自己的地图时可以用它作为模板。如果需要，还可以创建多张地图。只需更改每个地图的名称并且引用想要绘制的地图，新的地图就可展现出来。我们并没有限制在每一行中不能增加更多图片单元。你还可以尝试一件有趣的事情，那就是将 MAPDATA 做成包含许多地图的二维数组，然后在运行时更换地图！如果你有足够编写成百上千种不同游戏的创意和魄力，那么这段简单的卷动代码可作为它们的基础。

图 10.6　星空图像用于创建图片单元地图

10.2.2 使用 Mappy 创建图片单元地图

我将带你使用特棒（而且免费）的图片单元编辑程序 Mappy 按步骤创建一个非常简单的图片单元地图。这个程序可在 http://www.tilemap.co.uk 获得，也已包含在了下载包中。这是我最喜欢的基于图片单元游戏的游戏关编辑程序，也是许多专业游戏开发人员（尤其是那些开发手持游戏和战略游戏的人员）的选择。我希望我能有时间给出完整的 Mappy 用法教程，因为它真的是挤满了各种令人惊奇的功能（全都藏在各个子菜单中）。但我们将只能在这里对 Mappy 做简单介绍，读入一个大的照片文件然后将其转换为图片单元地图。

注意

如果你乐于进行基于图片单元的游戏关编辑和开发，我推荐《Game Programming All in One》第 3 版（Cengage PTR 出版社，2006 年），它包含许多关于卷动背景的章节，有一章全面讲授了 Mappy 的使用方法，并且有一个完整的双人分屏坦克对战游戏。该书介绍了 C++和 Allegro 游戏库。

我们从启动 Mappy 开始。当它开始运行时，打开 File 菜单并选择 New Map。系统显示如图 10.7 所示的 New map 对话框。如本图所示，键入 64 和 64 作为图片单元尺寸、16 和 24 作为地图尺寸（图片单元地图中图片单元的数量）。新的地图将会被创建，但还没有图片单元存在，如图 10.8 所示。

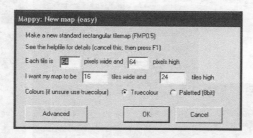

图 10.7　使用 Mappy 创建新地图

1. 导入现有的位图文件

接下来，我们将把一张由哈勃望远镜拍摄的太空图片导入 Mappy，然后将它转换为图片单元地图。如图 10.9 所示，打开 MapTools 菜单，选择 Useful Functions，然后选择 "Create map from big picture" 选项。浏览位于\source\chapter10\Tile Dynamic Scrolling Demo\map 上的 space1.bmp

文件。在选择这个文件时，Mappy 将把它导入到图片单元画板中，如图 10.10 所示。

图 10.8　Mappy 已创建新地图，正在等待用户的图片单元

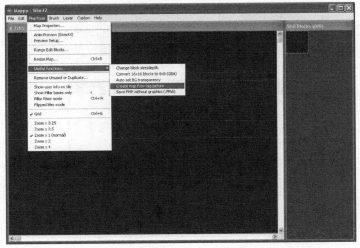

图 10.9　准备导入大的位图文件作为图片单元的来源

如图 10.10 所示，有**许多**图片单元组成了这幅图像！如果你对画板中图片单元的数量感到好奇的话，我们就来看一看！打开 MapTools 菜单并选择 Map Properties。系统显示 Map Properties 对话框，如图 10.11 所示。看对话框左边的文本值：Map Array、Block Str、

Graphics 等。Map Array 文本告诉我们地图的尺寸（正是我们所指定的 16×24，以图片单元为单位）。现在看一看 Graphics 信息。我们看到这个图片单元地图中一共有 193 个图片单元，它们的尺寸都是 64×64 像素，颜色深度是 24 位。

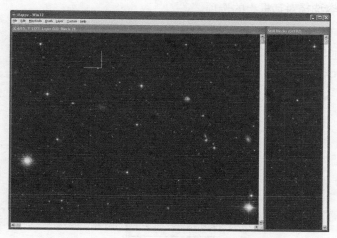

图 10.10　从大的太空照片中导入图片单元画板

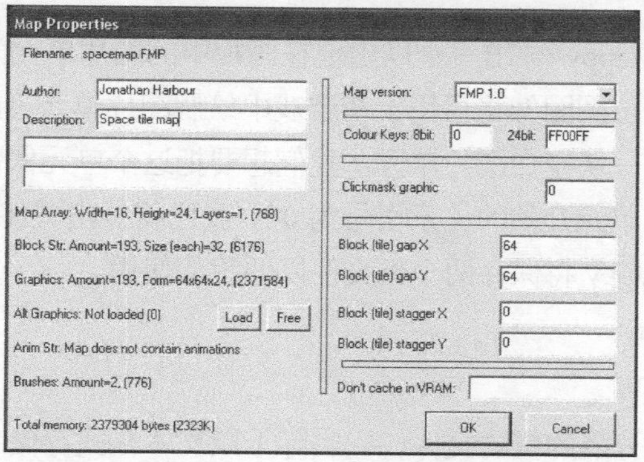

图 10.11　Map Properties 对话框展示图片单元地图的属性

在将大位图导入到 Mappy 时，它会从位图的左上角开始抓取图片单元，从左到右从上到下一格一格处理图像，直到整个图像都编入图片单元中。然后它使用图片单元编号来构造图片单元地图并将图片单元地图插入到编辑器中，于是这个地图就和原来的位图图像一样了。注意，创建出来的图片单元地图至少和原来的位图一样大（本例中是 1 024×768 像素），甚至更大。

2. 导出图片单元地图

我们先将图片单元地图以 Mappy 的本地文件格式保存，以便今后编辑。打开 File 菜单并选择 Save。我将这个图片单元地图命名为"spacemap"。Mappy 文件的默认扩展名是.fmp。

现在，如果需要的话可以继续编辑图片单元地图，但我想将图片单元地图导出并展示导出的方法。首先，打开 File 菜单并选择 Export 选项。系统显示 Export 对话框，如图 10.12 所示。按下列内容选择对话框上的选项。

◎ Map array as comma values only (?.CSV)。
◎ Graphics Blocks as picture (?.BMP)。
◎ 16 Blocks a row。

图 10.12　使用 Export 对话框将图片单元地图导出成文本文件

这些选项将导致 Mappy 导出一个以出现在画板中的图片单元为顺序组成的新位图文件——也就意味着这个位图图像将可用于在游戏中绘制图片单元。注意 Mappy 会在画板中的第一个位置自动插入一块空白图片单元。我们想要把这个单元保留在原位，因为图片单元地图值是从这块空白单元开始的（索引号为 0）。我已将导出文件命名为 spacemap。

单击 OK 按钮，Mappy 将保存两个新文件以便我们使用。

◎ spacemap.csv。
◎ spacemap.bmp。

.csv 文件是以逗号分隔的值的文件，它实际上以文本格式存储（可以使用记事本或者任何其他文本编辑器打开）。如果安装了 Microsoft Excel，双击这个文件时它会尝试打开.csv 文件，因为 Excel 也使用这种格式作为基于文本的电子表格格式。如果需要，可以将它重命名为 spacemap.txt 以便更容易打开。打开它之后，请将其内容复制出来，粘贴到源代码中原来已经存在的图片单元地图上（在本章的示例中定义其名为 MAPDATA 的数组中）。

10.2.3　Tile Dynamic Scroll 项目

我们现在来创建一个新项目。如果需要，可以从前面的章节中重用一个项目，因为这样的话库文件等都已经正确配置。如果已经创建了 Tile_Static_Scroll 项目，那么也完全可以重用这个项目。

如果创建新的项目文件，请命名为 Tile_Dynamic_Scroll，这是这个程序的名称。这个程序与静态演示类似，但它直接将图片单元绘制到屏幕上，无需内存中的大位图。这个程序也将使用更小的虚拟背景，从而减少地图数组的尺寸。为什么呢？不是为了节省内存，而是为了让程序更可管理。因为在上一个程序中虚拟背景尺寸是 1 600 × 1 200 像素，这将需要 50 列宽、37 行深的图片单元来填满！对于地图编辑器程序来讲这不是个问题，但要手工键入这么多数据则是太多了。

为了更方便管理，新的虚拟背景将会有 1 024 像素宽，这也是程序在屏幕上的宽度。这是故意这么做的，因为动态卷动程序将模拟一个垂直卷动的射击街机游戏。这个程序的要点在于演示它的工作原理，而不是构建一个游戏引擎，所以目前不要担心精度问题。如果想键入这些值来创建一个更大的地图，没问题，干吧！这实际上会是个极佳的学习体验。为了方便你（我的主要目标是在书中能够在一行源代码中打印完整的一行数字），我将坚持使用宽 16 个图片单元、深 24 个单元。

在示例图片单元地图上，我通过复制整个图片单元地图值，然后在末尾粘贴的方法将其尺寸增大一倍，这种做法有效地给地图尺寸加倍；否则就无法卷动它了。在这样的游戏中我们将来回卷动屏幕上的图片单元，不过在本示例中，卷动是通过鼠标来控制的。通过使用比屏幕高度更高的地图，就可以很好地测试上下卷动功能了。图 10.13 展示了动态卷动演示程序的输出。

图 10.13　动态卷动程序演示对定义在 map 数组中的地图进行卷动

Tile_Dynamic_Scroll 源代码

我们来键入动态卷动演示项目的源代码。这些代码位于 **MyGame.cpp** 文件中。

```cpp
#include "MyDirectX.h"
#include <sstream>
using namespace std;
const string APPTITLE = "Tile-Based Dynamic Scrolling";
const int SCREENW = 1024;
const int SCREENH = 768;
LPD3DXFONT font;
//settings for the scroller
const int TILEWIDTH = 64;
const int TILEHEIGHT = 64;
const int MAPWIDTH = 16;
const int MAPHEIGHT = 24;
//scrolling window size
const int WINDOWWIDTH = (SCREENW / TILEWIDTH) * TILEWIDTH;
const int WINDOWHEIGHT = (SCREENH / TILEHEIGHT) * TILEHEIGHT;
int ScrollX, ScrollY;
int SpeedX, SpeedY;
long start;
LPDIRECT3DSURFACE9 scrollbuffer=NULL;
LPDIRECT3DSURFACE9 tiles=NULL;
int MAPDATA[MAPWIDTH*MAPHEIGHT] = {
1,2,3,4,5,6,7,8,9,10,11,12,13,14,15,16,17,18,19,20,21,22,23,24,25,
26,27,28,29,30,31,32,33,34,35,36,37,38,39,40,41,42,43,44,45,46,47,
48,49,50,51,52,53,54,55,56,57,58,59,60,61,62,63,64,65,66,67,68,69,
70,71,72,73,74,75,76,77,78,79,80,81,82,83,84,85,86,87,88,89,90,91,
92,93,94,95,96,97,98,99,100,101,102,103,104,105,106,107,108,109,
110,111,112,113,114,115,116,117,118,119,120,121,122,123,124,125,
126,127,128,129,130,131,132,133,134,135,136,137,138,139,140,141,
142,143,144,145,146,147,148,149,150,151,152,153,154,155,156,157,
158,159,160,161,162,163,164,165,166,167,168,169,170,171,172,173,
174,175,176,177,178,179,180,181,182,183,184,185,186,187,188,189,
190,191,192,1,2,3,4,5,6,7,8,9,10,11,12,13,14,15,16,17,18,19,20,
21,22,23,24,25,26,27,28,29,30,31,32,33,34,35,36,37,38,39,40,41,
42,43,44,45,46,47,48,49,50,51,52,53,54,55,56,57,58,59,60,61,62,
63,64,65,66,67,68,69,70,71,72,73,74,75,76,77,78,79,80,81,82,83,
84,85,86,87,88,89,90,91,92,93,94,95,96,97,98,99,100,101,102,103,
104,105,106,107,108,109,110,111,112,113,114,115,116,117,118,119,
120,121,122,123,124,125,126,127,128,129,130,131,132,133,134,135,
136,137,138,139,140,141,142,143,144,145,146,147,148,149,150,151,
```

```cpp
152,153,154,155,156,157,158,159,160,161,162,163,164,165,166,167,
168,169,170,171,172,173,174,175,176,177,178,179,180,181,182,183,
184,185,186,187,188,189,190,191,192
};

bool Game_Init(HWND window)
{
    Direct3D_Init(window, SCREENW, SCREENH, false);
    DirectInput_Init(window);
    //create pointer to the back buffer
    d3ddev->GetBackBuffer(0, 0, D3DBACKBUFFER_TYPE_MONO, &backbuffer);

    //create a font
    font = MakeFont("Arial", 24);
      //load the tile images
      tiles = LoadSurface("spacemap.bmp");
    if (!tiles) return false;
    //create the scroll buffer surface in memory, slightly bigger
    //than the screen
    const int SCROLLBUFFERWIDTH = SCREENW + TILEWIDTH * 2;
    const int SCROLLBUFFERHEIGHT = SCREENH + TILEHEIGHT * 2;
        HRESULT result = d3ddev->CreateOffscreenPlainSurface(
            SCROLLBUFFERWIDTH, SCROLLBUFFERHEIGHT,
            D3DFMT_X8R8G8B8, D3DPOOL_DEFAULT,
            &scrollbuffer,
            NULL);
    if (result != S_OK) return false;
        start = GetTickCount();
    return true;
}
void Game_End()
{
    if (scrollbuffer) scrollbuffer->Release();
    if (tiles) tiles->Release();
    DirectInput_Shutdown();
    Direct3D_Shutdown();
}
//This function updates the scrolling position and speed
void UpdateScrollPosition()
{
    const int GAMEWORLDWIDTH = TILEWIDTH * MAPWIDTH;
    const int GAMEWORLDHEIGHT = TILEHEIGHT * MAPHEIGHT;
    //update horizontal scrolling position and speed
```

```cpp
        ScrollX += SpeedX;
        if (ScrollX < 0)
           {
            ScrollX = 0;
            SpeedX = 0;
           }

        else if (ScrollX > GAMEWORLDWIDTH -WINDOWWIDTH)
           {
            ScrollX = GAMEWORLDWIDTH -WINDOWWIDTH;
            SpeedX = 0;
           }

        //update vertical scrolling position and speed
        ScrollY += SpeedY;
        if (ScrollY < 0)
          {
            ScrollY = 0;
            SpeedY = 0;
          }
          else if (ScrollY > GAMEWORLDHEIGHT -WINDOWHEIGHT)
    {
            ScrollY = GAMEWORLDHEIGHT -WINDOWHEIGHT;
            SpeedY = 0;
     }
}
//This function does the real work of drawing a single tile from the
//source image onto the tile scroll buffer
void DrawTile(
    LPDIRECT3DSURFACE9 source,      // source surface image
    int tilenum,                    // tile #
    int width,                      // tile width
    int height,                     // tile height
    int columns,                    // columns of tiles
    LPDIRECT3DSURFACE9 dest,        // destination surface
    int destx,                      // destination x
    int desty)                      // destination y
{
    //create a RECT to describe the source image
    RECT r1;
    r1.left = (tilenum % columns) * width;
    r1.top = (tilenum / columns) * height;
```

```
        r1.right = r1.left + width;
        r1.bottom = r1.top + height;

        //set destination rect
        RECT r2 = {destx,desty,destx+width,desty+height};
        //draw the tile
        d3ddev->StretchRect(source, &r1, dest, &r2, D3DTEXF_NONE);
}
//This function fills the tilebuffer with tiles representing
//the current scroll display based on scrollx/scrolly.
void DrawTiles()
{
    int tilex, tiley;
    int columns, rows;
    int x, y;
    int tilenum;

    //calculate starting tile position
    tilex = ScrollX / TILEWIDTH;
    tiley = ScrollY / TILEHEIGHT;

    //calculate the number of columns and rows
    columns = WINDOWWIDTH / TILEWIDTH;
    rows = WINDOWHEIGHT / TILEHEIGHT;

    //draw tiles onto the scroll buffer surface
    for (y=0; y<=rows; y++)
    {
        for (x=0; x<=columns; x++)
        {
            //retrieve the tile number from this position
            tilenum = MAPDATA[((tiley + y) * MAPWIDTH + (tilex + x))];
            //draw the tile onto the scroll buffer
            DrawTile(tiles,tilenum,TILEWIDTH,TILEHEIGHT,16,scrollbuffer,
                x*TILEWIDTH,y*TILEHEIGHT);
        }
    }
}
//This function draws the portion of the scroll buffer onto the back
//buffer according to the current "partial tile" scroll position.
void DrawScrollWindow(bool scaled = false)
{
    //calculate the partial sub-tile lines to draw using modulus
```

```cpp
        int partialx = ScrollX % TILEWIDTH;
        int partialy = ScrollY % TILEHEIGHT;

        //set dimensions of the source image as a rectangle
        RECT r1 = {partialx,partialy,partialx+WINDOWWIDTH-1,
            partialy+WINDOWHEIGHT-1};

        //set the destination rectangle
        RECT r2;
        if (scaled) {
            //use this line for scaled display
            RECT r = {0, 0, WINDOWWIDTH-1, WINDOWHEIGHT-1};
            r2 = r;
        }
        else {
            //use this line for non-scaled display
            RECT r = {0, 0, SCREENW-1, SCREENH-1};
            r2 = r;
        }
        //draw the "partial tile" scroll window onto the back buffer
        d3ddev->StretchRect(scrollbuffer, &r1, backbuffer, &r2,
            D3DTEXF_NONE);
}

void Game_Run(HWND window)
{
    if (!d3ddev) return;
    DirectInput_Update();
    d3ddev->Clear(0, NULL, D3DCLEAR_TARGET | D3DCLEAR_ZBUFFER,
        D3DCOLOR_XRGB(0,0,100), 1.0f, 0);
    //scroll based on key or controller input
    if (Key_Down(DIK_DOWN) || controllers[0].sThumbLY < -2000)
        ScrollY += 1;
    if (Key_Down(DIK_UP) || controllers[0].sThumbLY > 2000)
        ScrollY -= 1;
    //keep the game running at a steady frame rate
    if (GetTickCount() -start >= 30)
    {
        //reset timing
        start = GetTickCount();
        //update the scrolling view
        UpdateScrollPosition();
        //start rendering
```

```cpp
        if (d3ddev->BeginScene())
        {
            //draw tiles onto the scroll buffer
            DrawTiles();
            //draw the scroll window onto the back buffer
            DrawScrollWindow();
            spriteobj->Begin(D3DXSPRITE_ALPHABLEND);
            std::ostringstream oss;
            oss << "Scroll Position = " << ScrollX << "," << ScrollY;
            FontPrint(font, 0, 0, oss.str());

            spriteobj->End();
            //stop rendering
            d3ddev->EndScene();
            d3ddev->Present(NULL, NULL, NULL, NULL);
        }
    }
    //to exit
    if (KEY_DOWN(VK_ESCAPE) ||
        controllers[0].wButtons & XINPUT_GAMEPAD_BACK)
        gameover = true;
}
```

要一下子消化这个程序颇有点困难，而且我们也没非常认真地讲解每个细节，因为我们现在必须转换到 3D 了，不能在 2D 图形上花更多时间！不过这段代码是可重用的，你很容易就可用它来构建一个卷动的街机游戏。只需让卷动器自己移动（无需要求用户输入），然后在上面添加一些精灵，很快地，我们就有了一个卷动的街机游戏！

10.3 基于位图的卷动

使用 Direct3D 表面对象执行背景卷动还有一种方法——使用全位图卷动。它需要做一些非常复杂的编程来生成一种算法，实现将单个位图卷绕到卷动窗口中而无需使用图片单元（如我们在前两个示例程序中所用的）。代码不仅会变得复杂，而且使用图片卷绕来渲染基于位图的卷动器也比较慢。

10.3.1 基于位图的卷动理论

为了让基于位图的卷动尽可能高效地执行，我建议让源图片保持和屏幕一样的尺寸。这样也许会让卷动器不能和支持任何分辨率的卷动器一样通用，但如果真的需要这种通用性，走这条路也不困难（需要牺牲一些性能——因为需要将结果的卷动缓冲区缩放到屏幕上）。

那么，对于初学者，我们要做的就是确认源位图与屏幕尺寸相同。然后，我们必须要做的是创建一个更大的卷动缓冲区，其大小为源图像（也就是屏幕尺寸）的4倍。我们可以通过在内存中创建一个大的Direct3D表面来实现，然后将源图像粘贴到卷动缓冲区的4个角。这会占用大量内存，但却让我们可以以任何方向卷动！图10.14展示了在源图像粘贴4次之后的卷动缓冲区的样子（分隔4个图像的白线只是展示用的，实际的卷动缓冲区没有这样的分割线）。

执行这种类型的卷动的要点包括这些步骤。
1. 装载卷动器所用的源位图。
2. 创建源位图4倍尺寸的卷动缓冲区。
3. 将源位图复制到卷动缓冲区的4个角。
4. 渲染卷动缓冲区中与卷动位置有关的部分。

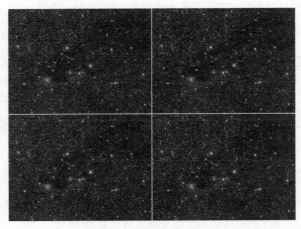

图 10.14　卷动缓冲区是源位图4倍大小的一个表面

10.3.2　位图卷动演示

Bitmap_Scrolling_Demo程序演示了基于位图的卷动，如图10.15所示。这个程序的有趣之处在于，和前面两个项目不同，我们可以以任何方向卷动它，不仅仅只是水平或者垂直方向，而是任何斜线角度都可以。

图 10.15 Bitmap_Scrolling 演示
（太空图片感谢 Space Telescope Science Institute 提供）

```
#include "MyDirectX.h"
#include <sstream>
using namespace std;
const string APPTITLE = "Bitmap Scrolling Demo";
const int SCREENW = 1024;
const int SCREENH = 768;
const int BUFFERW = SCREENW * 2;
const int BUFFERH = SCREENH * 2;
LPDIRECT3DSURFACE9 background = NULL;
LPD3DXFONT font;
double scrollx=0, scrolly=0;

bool Game_Init(HWND window)
{
    Direct3D_Init(window, SCREENW, SCREENH, false);
    DirectInput_Init(window);
    //create a font
    font = MakeFont("Arial", 24);
    //load background
    LPDIRECT3DSURFACE9 image = NULL;
    image = LoadSurface("space2.bmp");
    if (!image) return false;
    //create background
    HRESULT result =
    d3ddev->CreateOffscreenPlainSurface(
        BUFFERW,
        BUFFERH,
        D3DFMT_X8R8G8B8,
        D3DPOOL_DEFAULT,
        &background,
```

```
            NULL);
        if (result != D3D_OK) return false;
        //copy image to upper left corner of background
        RECT source_rect = {0, 0, 1024, 768 };
        RECT dest_ul = { 0, 0, 1024, 768 };
        d3ddev->StretchRect(image, &source_rect, background, &dest_ul, D3DTEXF_NONE);
        //copy image to upper right corner of background
        RECT dest_ur = { 1024, 0, 1024*2, 768 };
        d3ddev->StretchRect(image, &source_rect, background, &dest_ur, D3DTEXF_NONE);
        //copy image to lower left corner of background
        RECT dest_ll = { 0, 768, 1024, 768*2 };
        d3ddev->StretchRect(image, &source_rect, background, &dest_ll, D3DTEXF_NONE);
        //copy image to lower right corner of background
        RECT dest_lr = { 1024, 768, 1024*2, 768*2 };
        d3ddev->StretchRect(image, &source_rect, background, &dest_lr, D3DTEXF_NONE);
        //get pointer to the back buffer
        d3ddev->GetBackBuffer(0, 0, D3DBACKBUFFER_TYPE_MONO, &backbuffer);
        //remove scratch image
        image->Release();
        return true;
    }

    void Game_Run(HWND window)
    {
        if (!d3ddev) return;
        DirectInput_Update();
        d3ddev->Clear(0, NULL, D3DCLEAR_TARGET | D3DCLEAR_ZBUFFER,
            D3DCOLOR_XRGB(0,0,100), 1.0f, 0);
        if (Key_Down(DIK_UP) || controllers[0].sThumbLY > 2000)
            scrolly -= 1;
        if (Key_Down(DIK_DOWN) || controllers[0].sThumbLY < -2000)
            scrolly += 1;
        if (Key_Down(DIK_LEFT) || controllers[0].sThumbLX < -2000)
            scrollx -= 1;
        if (Key_Down(DIK_RIGHT) || controllers[0].sThumbLX > 2000)
            scrollx += 1;
        //keep scrolling within boundary
        if (scrolly < 0)
            scrolly = BUFFERH -SCREENH;
        if (scrolly > BUFFERH -SCREENH)
            scrolly = 0;
        if (scrollx < 0)
            scrollx = BUFFERW -SCREENW;
        if (scrollx > BUFFERW -SCREENW)
            scrollx = 0;
```

```cpp
    if (d3ddev->BeginScene())
    {
        RECT source_rect = {scrollx, scrolly, scrollx+1024, scrolly+768 };
        RECT dest_rect = { 0, 0, 1024, 768};
        d3ddev->StretchRect(background, &source_rect, backbuffer,
            &dest_rect, D3DTEXF_NONE);
        spriteobj->Begin(D3DXSPRITE_ALPHABLEND);
        std::ostringstream oss;
        oss << "Scroll Position = " << scrollx << "," << scrolly;
        FontPrint(font, 0, 0, oss.str());
        spriteobj->End();
        d3ddev->EndScene();
        d3ddev->Present(NULL, NULL, NULL, NULL);
    }
    if (KEY_DOWN(VK_ESCAPE)) gameover = true;
    if (controllers[0].wButtons & XINPUT_GAMEPAD_BACK)
        gameover = true;
}
void Game_End()
{
    background->Release();
    font->Release();
    DirectInput_Shutdown();
    Direct3D_Shutdown();
}
```

10.4 你所学到的

本章我们学习的是背景卷动。我们学习了如何在游戏中创建它、使用它。使用图片单

元来创建一个卷动的游戏世界绝不是个简单的课题！以下是要点。

◎ 我们学习了如何创建虚拟卷动缓冲区。
◎ 我们学习了如何使用 Mappy 来创建图片单元地图。
◎ 我们学习了如何动态在屏幕上绘制图片单元。

10.5 复习测验

以下复习测验题将挑战你对本章所讲解的主题材料的理解。

1. 在静态卷动程序中所用的虚拟卷动缓冲区分辨率是多少？
2. 同样地，在动态卷动程序中所用的缓冲区分辨率是多少？
3. 在两个示例程序中，图片单元绘制代码之间有什么不同？
4. 如何使用 Mappy 为巨大的有数千个图片单元的游戏关创建一幅图片单元地图？
5. 动态绘制图片单元的游戏中，地图尺寸的有效限制是多少？
6. Mappy 本地游戏关文件的文件扩展名是什么？
7. 为了将 Mappy 游戏关文件转换为可在 DirectX 程序中使用的形式，我们要执行哪种类型的导出？
8. 对于位图卷动器来说，将源背景图片位块传输到卷动缓冲区上要进行多少次？
9. Mappy 用于表示游戏关里的各个图片单元的术语是什么？
10. 如果想创建一个与老 Mario 平台游戏相似的游戏，你将使用位图卷动器还是图片单元卷动器？

10.6 自己动手

以下习题将挑战你对本章所提供的知识的记忆能力。

习题 1. 动态卷动程序肯定还有大量潜力，我们在这里只不过是做了肤浅的研究而已！看看你自己能否让程序自动卷动图片单元地图而无需用户输入。

习题 2. 动态卷动程序看起来几乎就像一个初级的不带自动卷动的游戏一样，那么，何不更进一步。装载一个表示宇宙飞船的精灵并将其绘制在卷动器之上的屏幕上。而后，允许游戏者使用箭头键左右移动精灵。

第 11 章
播放音频

音频对于游戏是至关重要的！为了让游戏者沉浸于游戏的虚幻体验中（称为"怀疑暂停"——suspension of disbelief），音效和音乐起了极大的作用，而且在游戏者中建立了感情反应。如果将音频从游戏中移除，那么游戏者将会有不同的响应。而如果同一个游戏有动态的、强劲的音响效果和恰当的背景音乐，那么整个体验都会改变。本章将展示使用 DirectSound 在听觉上增强游戏的方法。有才华的游戏设计者会使用音频来影响游戏者的心情。本章在探究 DirectSound 的同时，我们将利用这一机会进一步处理精灵碰撞。以下是我们将学习的内容。

◎ 如何初始化 DirectSound。
◎ 如何从波形文件中装载音频。
◎ 如何使用混音（mixing）效果来播放音效。
◎ 如何使用混音效果来循环播放音效。

11.1 使用 DirectSound

DirectSound 是 DirectX 中为游戏处理所有声音输出的组件，它有一个多通道的声音混合器。基本上，只需告诉 DirectSound 要播放的声音，它会处理所有的细节（包括将这个声音与当前播放中的声音混合在一起）。使用 DirectSound 创建、初始化、装载以及播放波形文件所需的代码比起我们在前几章所学的位图和精灵代码来说要复杂一些。所以，为了避免重新造轮子，我将把使用 Microsoft 自己的 DirectSound 包装器的使用方法展示给你。

作为程序员，使用包装器不是我的本性，因为我总想知道我所用的代码中的一切，而且经常选择使用我自己编写的代码而不是别人的代码。不过，有时候，如果考虑时间，我们必须妥协并且使用已有的东西。毕竟，DirectX 本身就是个别人编写的游戏库，在游戏编程中坚持严格的哲学却让自己的进度慢吞吞，显然不合情理。我们将使用 DirectSound Utility 类。

DirectX SDK 包括一个称为 DXUTsound 的实用工具库。我们不准备使用它，因为它需要的支持文件太多。我们将使用一个老一点的版本，它来自以前的 DirectX 9.0 版本，我一直难以割舍。老的 DirectSound 的"DXUT"版本可以在名为 dsutil.cpp 和 dsutil.h 这一对文件中找到。

Microsoft 在其 DirectX Utility 库（DXUT）上的作为实在是太不可预测了。对于 DirectSound 助手函数和类（CSoundManager、CSound 和 CWaveFile）而言，一致性的问题尤为尖锐，而这些类是我们使用 DirectSound 来装载和播放波形文件所需要的。

在版本老一些的 DirectX 中，这些助手类位于 dsutil.h 和 dsutil.cpp 中。在后来的 DirectX 版本中，它们与 DXUTsound.h 和 DXUTsound.cpp 合并在一起。最新版本的 DirectX 将这些类藏到了另外一组文件中：SDKsound.h、SDKsound.cpp 和 SDKwavefile.h。

不一致性在继续！在 SDKsound.h 文件中的头注释里它被称为 DXUTsound.h！

由于这是一个重复发生的问题，所以我创建了一对新的音频文件以便我们自己使用，它们称为 DirectSound.h 和 DirectSound.cpp。这些文件包含来自老的 dsutil 文件的源代码，仍然可以很好的工作。我们会直接把这些文件添加到可重用的"DirectX_Project"模板中。

我们这里感兴趣的是定义在 SDKsound（以前的 DXUTsound）中的三个类。

CSoundManager	主 DirectSound 设备
CSound	用于创建 DirectSound 缓冲区
CWaveFile	帮助将波形文件装载到 CSound 缓冲区中

11.1.1 初始化 DirectSound

为了使用 DirectSound，首先要做的是创建 CSoundManager 类的实例（也就是创建"类"的"对象"）。

```
CSoundManager *dsound = new CSoundManager();
```

下一步要求我们调用 Initialize 函数来初始化 DirectSound 管理器。

```
dsound->Initialize(window_handle, DSSCL_PRIORITY);
```

第一个参数是程序的窗口句柄，而第二个参数指定 DirectSound 的协作级别——一共有三个选择。

- ◎ **DSSCL_NORMAL**。与其他程序共享声音设备。
- ◎ **DSSCL_PRIORITY**。获取对声音设备的更高优先级（建议游戏使用）。
- ◎ **DSSCL_WRITEPRIMARY**。提供对主声音缓冲区的修改访问权限。

最常用的协作级别是 DSSCL_PRIORITY，它为游戏程序提供比其他可能正在运行的程序更高的声音设备优先级。

在初始化 DirectSound 之后，我们必须设置音频缓冲区格式。通常这不是我们需要参与的事情，但如果我们想的话的确有个选项可以更改声音混音器的内部格式（用于调整音频回放质量）。在下面这行代码中，我将音频缓冲区配置为立体声、22kHz、16 位。如果制作一个要求达到 CD 音频质量的游戏，那么就需要将这个设置抬高以两个级别（比如，CD 质量的音频大致是 44 kHz，但大多数波形文件以更低的码率编码）。

```
dsound->SetPrimaryBufferFormat(2, 22050, 16);
```

11.1.2 创建声音缓冲区

在初始化了 DirectSound 管理器（通过 CSoundManager）之后，我们通常将游戏所需的所有音响效果装载进来。我们通过使用这样定义的 CSound 指针变量来访问音响效果。

```
CSound *wave;
```

我们创建的 CSound 对象是名为 LPDIRECTSOUNDBUFFER8 的第二声音缓冲区的包装器，由于实用工具类的存在，我们无需自己来编程。

11.1.3 装载波形文件

可以把由 DirectSound 所创建和管理的声音混音器当成声音的主缓冲区。如 Direct3D 一样，主缓冲区是输出发生的地方。只不过在 DirectSound 的情况中，第二缓冲区是声音数据而不是位图数据，我们通过调用 Play 来播放声音（我很快就会讲解）。

将波形文件装载到 DirectSound 的第二缓冲区中只涉及对一个函数的调用，无需列出许多页的代码清单来初始化第二缓冲区、打开波形文件、读入内存然后配置所有的参数。我们创建的 CSoundManager 对象有装载波形文件所需的函数，它称为 Create。

```
HRESULT Create(
    CSound** ppSound,
    LPTSTR strWaveFileName,
    DWORD dwCreationFlags = 0,
    GUID guid3DAlgorithm = GUID_NULL,
    DWORD dwNumBuffers = 1
);
```

第一个参数指定用于新装载的波形声音的 CSound 对象。第二个参数是文件名。剩下的参数可使用默认值，也就是说实际只需要使用两个参数来调用这个函数。以下是示例。

```
dsound->Create(&wave, "snicker.wav");
```

11.1.4 播放声音

我们可以自由地播放声音，想播就播，无需担心声音混音、声音回放结束或者任何其他细节，因为 DirectSound 本身会为我们处理所有这些细节。在 CSound 类本身中有个名为 Play 的函数为我们播放声音。以下是这个函数的样子。

```
HRESULT Play(
    DWORD dwPriority = 0,
    DWORD dwFlags = 0,
    LONG lVolume = 0,
    LONG lFrequency = -1,
    LONG lPan = 0
);
```

第一个参数是优先级，这是个高级选项，必须总是设置为 0。第二个参数指定是否想让声音循环播放，也就是每次到达波形数据的末尾时它会从头重新开始，继续播放。如果想循环播放声音，这个参数使用 DSBPLAY_LOOPING 值。最后三个参数指定声音的音量、频率和左右声道平衡，这些值也可按默认值使用，不过如果需要的话你也可自己试验。

以下这个示例给出了调用这一函数进行正常音频回放的通常方法。你可自己填写这些参数，如果想使用默认值也可完全保留原样不变。

```
wave->Play();
```

以下是使用循环的方法。

```
wave->Play(0, DSBPLAY_LOOPING);
```

要停止正在播放的声音，可使用 Stop 函数。这个函数对于循环声音而言尤其有用，因为循环播放会永远继续下去，除非通过不使用循环参数再次播放这个声音的方法来停止或重置声音。

```
HRESULT Stop();
```

这个函数的使用示例实在是很简单。

```
wave->Stop();
```

建议

虽然对我们而言 DirectSound 已经足够用了，但游戏项目还可以使用更好的音频引擎。我推荐 Firelight Technologies 的 FMOD。

11.2 测试 DirectSound

我们来编写一个简单的示例来测试我们在本章所学的 DirectSound 代码的编写方法。由于 DirectSound 是个新组件，所以在 MyDirectX.h 和 MyDirectX.cpp 文件中还没有对它的支持，这是我们需要调整的。在配置了新项目并且添加了 DirectSound 代码之后，我将讲解能让一组撞球模样的球在四个缓冲器之间来回互相撞击、并且在每次撞击时播放声音的程序的代码作为音频演示。Play_Sound 程序如图 11.1 所示。

Play_Sound 程序在球的移动以及在缓冲器上的反弹（或者互相撞击）上没有使用真实的物理，只是按照每个对象的位置大致反弹。所以球的反弹效果不是非常吸引人，但毕竟这不是一个物理演示。

令人惊讶的是，在 Play_Sound 程序所有的代码行中，涉及音频回放的只有非常少的几行！不过这不是件坏事，这反而是目标：让音频接口尽可能简单、无痛苦，正是我们所实现的。在运行过程中，这个 Play_Sound 程序以颇为有趣的方式结束！你是不是想从这里开始编写一个撞球游戏了？

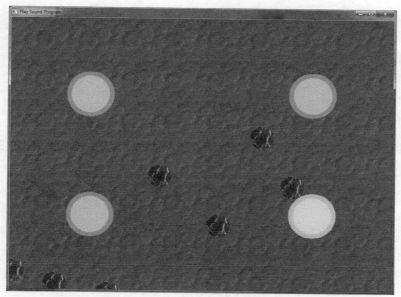

图 11.1 Play_Sound 程序演示了 DirectSound 的使用方法

11.2.1 创建项目

如果只想打开并试试 Play_Sound 项目，该项目包含在下载包中。当然，你也可以打开同样是在本章文件夹中的 "DirectX_Project" 模板，配置它然后为 Play_Sound 程序添加源代码。你就能够使用 DirectX_Project 项目作为本章的新代码。

从现在开始我们需要在 DirectX_Project 模板中包括两个新文件，它们马上要在 Play_Sound 程序中使用。这两个文件包含 Microsoft 用来使用 DirectSound 的代码，它们由许多支持类组成：CSoundManager、CSound 和 CwaveFile。这些文件包含在下载包中，由于长度太大就不在这里印刷出来了（即使我得到重印它们的许可——它们的版权毕竟属于 Microsoft）。这两个文件是：

- DirectSound.h。
- DirectSound.cpp。

这些文件不在 DirectX SDK 中，它们改写自前面所讨论的 DXUT 文件，可以无需 DXUT 独立编译。请确认在项目中添加了这些文件。接下来，我们需要在 MyDirect.h 和 MyDirectX.cpp 中添加新的、能够方便地使用音频类的音频函数。为了快速引用，现在把下面的文件包含到我们的游戏库中。

- DirectSound.cpp。
- DirectSound.h。
- MyDirectX.cpp。
- MyDirectX.h。
- MyGame.cpp。
- MyWindows.cpp。

要想检验项目是否正确配置,请参考图11.2——它展示了装载所有所需文件的Solution Explorer。

图 11.2　框架文件已经添加到了项目中

11.2.2　修改"MyDirectX"文件

好了,这是个颇长的过程,但如果你一路按部就班执行下来,那么现在应该有了一个可以编译的项目了。遗憾的是,**MyGame.h** 和 **MyGame.cpp** 文件包含的是来自上一个项目的代码,它们和 DirectSound 没有一点关系! 不过,方便的是,这些文件已经位于项目中,我们只需打开它们然后替换代码即可。

1. MyDirectX.h 的添加内容

下面是为了提供对 DirectSound 的支持而已经添加到 MyDirectX.h 中的新代码。你不需要添加这些代码,因为它们已经在项目中了,但是要注意参考本章所添加的内容。

11.2 测试 DirectSound

```
//DirectSound code added in chapter 11
#include "DirectSound.h"
#pragma comment(lib,"dsound.lib")
#pragma comment(lib,"dxerr.lib")
//primary DirectSound object
extern CSoundManager *dsound;
//function prototypes
bool DirectSound_Init(HWND hwnd);
void DirectSound_Shutdown();
CSound *LoadSound(string filename);
void PlaySound(CSound *sound);
void LoopSound(CSound *sound);
void StopSound(CSound *sound);
```

2. MyDirectX.cpp 的添加内容

现在，我们来看看需要手动添加到 **DirectX_Project** 项目中的一些代码。将下列代码添加到 **MyDirectX.cpp**。

```
// New DirectSound code
#include "DirectSound.h"
//primary DirectSound object
CSoundManager *dsound = NULL;
bool DirectSound_Init(HWND hwnd)
{
    //create DirectSound manager object
    dsound = new CSoundManager();
    //initialize DirectSound
    HRESULT result;
    result = dsound->Initialize(hwnd, DSSCL_PRIORITY);
    if (result != DS_OK) return false;
    //set the primary buffer format
    result = dsound->SetPrimaryBufferFormat(2, 22050, 16);
    if (result != DS_OK) return false;
    //return success
    return true;
}
void DirectSound_Shutdown()
{
    if (dsound) delete dsound;
}
CSound *LoadSound(string filename)
{
```

```
    HRESULT result;
    //create local reference to wave data
    CSound *wave = NULL;
    //attempt to load the wave file
    char s[255];
    sprintf(s, "%s", filename.c_str());
    result = dsound->Create(&wave, s);
    if (result != DS_OK) wave = NULL;
    //return the wave
    return wave;
}
void PlaySound(CSound *sound)
{
    sound->Play();
}
void LoopSound(CSound *sound)
{
    sound->Play(0, DSBPLAY_LOOPING);
}
void StopSound(CSound *sound)
{
    sound->Stop();
}
```

11.2.3 修改 MyGame.cpp

既然 DirectSound 助手文件已经添加到了项目中，DirectSound 助手**函数**已经添加到了 "MyDirect" 中，那么我们就可以很容易地装载并播放音频文件了。以下是 Play_Sound 示例程序的完整源代码。我用粗体突出了关键的音频代码以便参考。

```
#include "MyDirectX.h"
using namespace std;
const string APPTITLE = "Play Sound Program";
const int SCREENW = 1024;
const int SCREENH = 768;
LPDIRECT3DTEXTURE9 ball_image = NULL;
LPDIRECT3DTEXTURE9 bumper_image = NULL;
LPDIRECT3DTEXTURE9 background = NULL;
//balls
const int NUMBALLS = 10;
SPRITE balls[NUMBALLS];
//bumpers
```

11.2 测试 DirectSound

```cpp
    SPRITE bumpers[4];
    //timing variable
    DWORD screentimer = timeGetTime();
    DWORD coretimer = timeGetTime();
    DWORD bumpertimer = timeGetTime();
    //the wave sounds
    CSound *sound_bounce = NULL;
    CSound *sound_electric = NULL;

bool Game_Init(HWND window)
{
    srand(time(NULL));
    //initialize Direct3D
    if (!Direct3D_Init(window, SCREENW, SCREENH, false))
    {
        MessageBox(window,"Error initializing Direct3D",APPTITLE.c_str(),0);
        return false;
    }
    //initialize DirectInput
    if (!DirectInput_Init(window))
    {
        MessageBox(window,"Error initializing DirectInput",APPTITLE.c_str(),0);
        return false;
    }
    //initialize DirectSound
    if (!DirectSound_Init(window))
    {
        MessageBox(window,"Error initializing DirectSound",APPTITLE.c_str(),0);
        return false;
    }

    //load the background image
    background = LoadTexture("craters.tga");
    if (!background)
    {
        MessageBox(window,"Error loading craters.tga",APPTITLE.c_str(),0);
        return false;
    }
    //load the ball image
    ball_image = LoadTexture("lightningball.tga");
    if (!ball_image)
    {
        MessageBox(window,"Error loading lightningball.tga",APPTITLE.c_str(),0);
        return false;
```

```cpp
    }
    //load the bumper image
    bumper_image = LoadTexture("bumper.tga");
    if (!ball_image)
    {
        MessageBox(window,"Error loading bumper.tga",APPTITLE.c_str(),0);
        return false;
    }
    //set the balls' properties
    for (int n=0; n<NUMBALLS; n++)
    {
        balls[n].x = (float)(rand() % (SCREENW-200));
        balls[n].y = (float)(rand() % (SCREENH-200));
        balls[n].width = 64;
        balls[n].height = 64;
        balls[n].velx = (float)(rand() % 6 -3);
        balls[n].vely = (float)(rand() % 6 -3);
    }
    //set the bumpers' properties
    for (int n=0; n<4; n++)
    {
        bumpers[n].width = 128;
        bumpers[n].height = 128;
        bumpers[n].columns = 2;
        bumpers[n].frame = 0;
    }
    bumpers[0].x = 150;
    bumpers[0].y = 150;
    bumpers[1].x = SCREENW-150-128;
    bumpers[1].y = 150;
    bumpers[2].x = 150;
    bumpers[2].y = SCREENH-150-128;
    bumpers[3].x = SCREENW-150-128;
    bumpers[3].y = SCREENH-150-128;
    //load bounce wave file
    sound_bounce = LoadSound("step.wav");
    if (!sound_bounce)
    {
        MessageBox(window,"Error loading step.wav",APPTITLE.c_str(),0);
        return false;
    }
    return true;
}
void rebound(SPRITE &sprite1, SPRITE &sprite2)
```

```cpp
{
    float centerx1 = sprite1.x + sprite1.width/2;
    float centery1 = sprite1.y + sprite1.height/2;
    float centerx2 = sprite2.x + sprite2.width/2;
    float centery2 = sprite2.y + sprite2.height/2;
    if (centerx1 < centerx2)
    {
        sprite1.velx = fabs(sprite1.velx) * -1;
    }
    else if (centerx1 > centerx2)
    {
        sprite1.velx = fabs(sprite1.velx);
    }
    if (centery1 < centery2)
    {
        sprite1.vely = fabs(sprite1.vely) * -1;
    }
    else {
        sprite1.vely = fabs(sprite1.vely);
    }
    sprite1.x += sprite1.velx;
    sprite1.y += sprite1.vely;
}
void Game_Run(HWND window)
{
    int n;
    if (!d3ddev) return;
    DirectInput_Update();
    d3ddev->Clear(0, NULL, D3DCLEAR_TARGET | D3DCLEAR_ZBUFFER,
        D3DCOLOR_XRGB(0,0,100), 1.0f, 0);

    // slow ball movement
    if (timeGetTime() > coretimer + 10)
    {
        //reset timing
        coretimer = GetTickCount();
        int width = balls[0].width;
        int height = balls[0].height;
        //move the ball sprites
        for (n=0; n<NUMBALLS; n++)
        {
            balls[n].x += balls[n].velx;
            balls[n].y += balls[n].vely;
```

```cpp
        //warp the ball at screen edges
        if (balls[n].x > SCREENW)
        {
            balls[n].x = -width;
        }
        else if (balls[n].x < -width)
        {
            balls[n].x = SCREENW+width;
        }
        if (balls[n].y > SCREENH+height)
        {
            balls[n].y = -height;
        }
        else if (balls[n].y < -height)
        {
            balls[n].y = SCREENH+height;
        }
    }
}
//reset bumper frames
if (timeGetTime() > bumpertimer + 250)
{
    bumpertimer = timeGetTime();
    for (int bumper=0; bumper<4; bumper++)
    {
        bumpers[bumper].frame = 0;
    }
}
// check for ball collisions with bumpers
for (int ball=0; ball<NUMBALLS; ball++)
{
    for (int bumper=0; bumper<4; bumper++)
    {
        if (CollisionD(balls[ball], bumpers[bumper]))
        {
            rebound(balls[ball], bumpers[bumper]);
            bumpers[bumper].frame = 1;
            PlaySound(sound_bounce);
        }
    }
}
// check for sprite collisions with each other
// (as fast as possible--with no time limiter)
for (int one=0; one<NUMBALLS; one++)
{
```

```
        for (int two=0; two<NUMBALLS; two++)
        {
            if (one != two)
            {
                if (CollisionD(balls[one], balls[two]))
                {
                    while (CollisionD(balls[one], balls[two]))
                    {
                        //rebound ball one
                        rebound(balls[one], balls[two]);
                        //rebound ball two
                        rebound(balls[two], balls[one]);
                    }
                }
            }
        }
    }

    // slow rendering to approximately 60 fps
    if (timeGetTime() > screentimer + 14)
    {
        screentimer = GetTickCount();
        //start rendering
        if (d3ddev->BeginScene())
        {
            //start sprite handler
            spriteobj->Begin(D3DXSPRITE_ALPHABLEND);
            //draw background
            Sprite_Transform_Draw(background, 0, 0, SCREENW, SCREENH);
            //draw the balls
            for (n=0; n<NUMBALLS; n++)
            {
                Sprite_Transform_Draw(ball_image,
                    balls[n].x, balls[n].y,
                    balls[n].width, balls[n].height);
            }
            //draw the bumpers
            for (n=0; n<4; n++)
            {
                Sprite_Transform_Draw(bumper_image,
                    bumpers[n].x,
                    bumpers[n].y,
                    bumpers[n].width,
                    bumpers[n].height,
                    bumpers[n].frame,
```

```
                        bumpers[n].columns);
            }
            //stop drawing
            spriteobj->End();
            //stop rendering
            d3ddev->EndScene();
            d3ddev->Present(NULL, NULL, NULL, NULL);
        }
    }
    //exit with escape key or controller Back button
    if (KEY_DOWN(VK_ESCAPE)) gameover = true;
    if (controllers[0].wButtons & XINPUT_GAMEPAD_BACK) gameover = true;
}
void Game_End()
{
    if (ball_image) ball_image->Release();
    if (bumper_image) bumper_image->Release();
    if (background) background->Release();
    if (sound_bounce) delete sound_bounce;
    DirectSound_Shutdown();
    DirectInput_Shutdown();
    Direct3D_Shutdown();
}
```

11.3 你所学到的

本章讲解了使用包含在 DirectX SDK 中的一些相对简单的 DirectSound 支持例程来让简化 DirectSound 编程的方法。以下是要点。

- 我们学习了初始化 DirectSound 对象的方法。
- 我们学习了将波形文件装载到声音缓冲区中的方法。
- 我们学习了播放和停止声音的方法。
- 我们学习了一点关于声音混音的知识。
- 我们在一个有许多文件的项目上获得了一些实践。
- 我们了解了代码重用的价值。

11.4 复习测验

这些测验题将帮助你理解本章内容。

1. 本章所用的主 DirectSound 类的名称是什么？
2. 第二声音缓冲区是什么？
3. 在 DirectSound.h 中第二声音缓冲区的名称是什么？
4. 让声音循环播放所需的选项是什么？
5. 作为参考，绘制纹理（作为精灵）的函数的名称是什么？
6. 哪个 DXUT 助手类处理波形文件的装载？
7. 为了创建第二声音缓冲区，需要使用哪个 DXUT 助手类？
8. 从用户的观点简要描述一下 DirectSound 处理声音混音的方法。
9. 由于 DirectMusic 已经不存在了，在游戏中如果要回放音乐，有什么好的替代方法？

10. 在初始化 DirectSound 时要调用哪个函数?

11.5 自己动手

以下练习将帮助你跳出思维框框,推开极限,增加理解能力。

习题 1. Play_Sound 程序在球精灵每次击中某个缓冲器时播放音响效果。修改程序,让它按我们的选择显示不同数量的球,并且让每个球按随机的速度运动。

习题 2. Play_Sound 程序在球精灵击中缓冲器时只播放一个声音。修改程序,多添加三个波形文件,要有相关代码来装载它们,以便在球击中缓冲器时随机播放其中的一种声音。

第 12 章
学习 3D 渲染基础

本章讲解 3D 图形的基础知识。你将学习基本的概念，这样至少能了解 3D 编程的关键点。不过，本章不会对 3D 数学或图形理论有太详细的介绍，对于本书来说这些东西太过高级了。你将学到的是实用的 3D 实现，以便编写简单的 3D 游戏。你将获得渲染简单的 3D 对象所需的知识，无需陷入理论之中。如果对矩阵数学的工作原理以及 3D 渲染的工作原理有更低级别的问题，你可以将本章当成起点，然后继续阅读更高级的书籍（已经给出了很多推荐）。本章的目标只是为你介绍概念。以下是我们将要学习的内容。

- **3D** 编程简介。
- 如何创建并使用顶点。
- 如何操纵多边形。
- 如何创建带纹理的多边形。
- 如何创建立方体并旋转它。

第 12 章
学习 3D 渲染基础

12.1 3D 编程简介

如今，认为每个人都有一块 3D 加速的视频卡，早已是肯定的结论了。要不是市场的竞争每年都推动着越来越多的多边形的生成和新功能的出现，即使是低端的经济型视频卡所装备的 3D 图形处理单元（GPU）也是很吸引人的。

12.1.1 3D 编程的关键组成部分

在 Direct3D 中渲染一个场景，有 3 个关键组成部分。

1. **世界变换**。在"世界"中移动 3D 对象。世界这个词描述的是整个场景。换句话说，世界变化导致场景中的物体移动、旋转以及缩放（一次一个对象）。
2. **视图变换**。打个比方说，这是照相机，它定义用户在屏幕上所看到的内容。这个照相机可以放置在"世界"中的任何地方，如果想移动照相机，只需进行视图变换。
3. **投影变换**。这是最后一步，在这里将视图变换的结果（照相机看到的对象）绘制到屏幕上，形成由像素组成的平面 2D 图像。投影确定已渲染的场景在屏幕上的样子（无论所定义的屏幕纵横比如何影响输出）。

Direct3D 提供我们创建、渲染以及查看场景所需的所有的函数和变换，无需使用任何 3D 数学。这对我们程序员来说再好不过了，因为 3D 矩阵数学不简单（即使我们想自己从头编写矩阵数学计算的代码，它们也可能不如 Microsoft 的实现快）。

"变换"发生在我们对两个矩阵进行加、减、乘或除运算时，它导致结果矩阵的改变。这些改变导致 3D 对象移动、旋转以及缩放。矩阵是一个大小为 4×4（或者 16 个单元格）的栅格或者二维数组。Direct3D 定义了我们在 3D 游戏中所需的所有标准矩阵。

12.1.2 3D 场景

我们必须先创建一个能够代表场景的 3D 对象，然后才能对其进行操作。在本章，我将展示从头开始创建简单的 3D 对象的方法，也会介绍 Direct3D 的一些主要以测试为目的而提供的免费模型。系统中有一些标准对象，比如圆柱体、金字塔、面包圈，甚至还有一个茶壶，这些对象可用于创建一个场景。

当然，创建整个 3D 游戏不能只使用源代码，因为在一个典型的游戏中有太多的对象。我们最终会需要使用诸如 3ds Max 或者免费的 Anim8or 建模程序来构建 3D 对象模型。以下两章将讲解如何将文件中的 3D 模型装载到场景中。不过在本章，我将把重点放在可编程的 3D 对象上。

建议

本章和下一章的内容只包含使用 Direct3D 进行 3D 渲染的基本知识，这足够用来渲染从 .X 文件中装载的、带有环境光照效果的纹理模型了。我们不准备在这本入门书籍中学习像网格动画这样复杂的主题。如果你想继续学习更多 3D 图形编程的方法，有许多关于该主题的好书。我推荐 Mike McShaffry 所著的《Game Coding Complete》第 4 版（Cengage PTR 于 2012 年出版）。我自己写的《Multi-Threaded Game Engine Design》（Cengage PTR 于 2010 年出版），尽管标题没有体现，但是书中包括了像素、顶点着色器以及网格动画等内容。

1. 介绍顶点

为视频卡提供力量的高级 3D 图形芯片所看的只有顶点。一个顶点是 3D 空间中的一个点，以 X、Y 和 Z 值来指定。视频卡本身实际上只"看"形成每个三角形的三个角的顶点。填充由这三个顶点所形成的空三角形是视频卡的工作。见图 12.1。与这个示例不同的是，在 3D 场景中所有的三角形都将是可以更为高效地进行渲染的直角三角形。

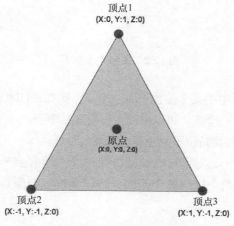

图 12.1　3D 场景完全由三角形组成

第 12 章
学习 3D 渲染基础

创建并操纵场景中的 3D 对象是我们——程序员的工作,所以理解 3D 环境的一些基础知识会有助于理解。可以将整个场景当成带有三个轴的数学栅格。你如果学过几何或三角的话可能熟悉笛卡尔坐标系:这个坐标系是所有几何数学和三角数学的基础,在笛卡尔栅格中有许多公式和函数来操纵其中的点。

2. 笛卡尔坐标系

这个"栅格"实际上是由两条相交于远点的无限长线组成的。这两条直线互相垂直。水平线称为 x 轴而垂直线称为 y 轴。原点位于(0,0)。x 轴越往右数值越大,越往左数值越小。同样地,y 轴越往上数值越大,越往下数值越小。见图 12.2。

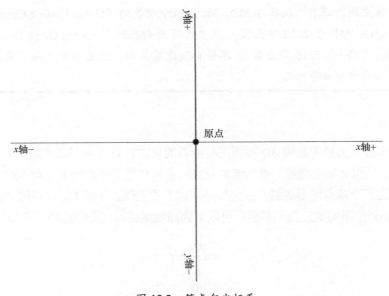

图 12.2　笛卡尔坐标系

如果在笛卡尔坐标系中的某个位置上有一个点,比如在(100,-50),那么可以使用数学计算来操纵这个点。对于一个点,可以做的主要有 3 种事情。

1. **平移**。这是将点移到新位置的过程。见图 12.3。
2. **旋转**。这会让这个点以原点为圆心以当前位置为半径旋转移动。见图 12.4。
3. **缩放**。通过修改两个轴的整个范围,可以调整点与原点之间的相对位置。见图 12.5。

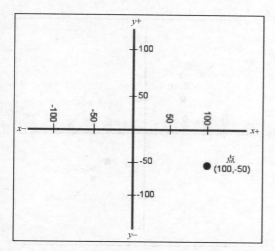
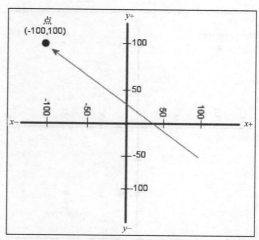

图 12.3 点（100，-50）平移（-200，150）的结果是（-100，100）

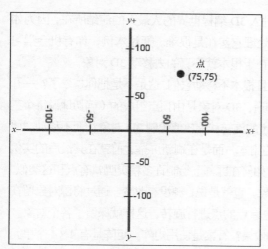
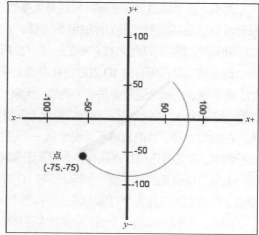

图 12.4 点（75，75）旋转 180 度的结果是（-75，-75）

3．顶点的原点

你需要记住的是，在处理 3D 图形时，所有的一切都围绕着原点来工作。所以，如果想在屏幕上旋转一个 3D 对象，必须记得所有的旋转都是以原点为基础的。如果将对象平移到新的不以原点为中心的位置，那么再对其旋转就会导致它以圆形绕着原点移动！

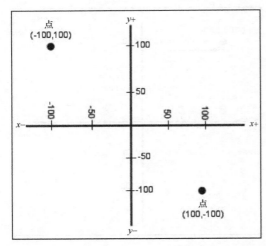 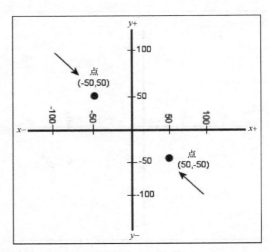

图 12.5　点（-100，100）缩小 50%的结果是（-50，50）

那么，这个问题要怎么解决？这是大多数进入 3D 编程世界的人最大的症结所在，因为如果要没资历更高的程序员为你说清楚的话，要处理它实在是很难。通过本例，你有机会学习 3D 图形编程重要的却经常被忽略的一课：技巧在于根本就不真的去移动 3D 对象。

这个技巧是将所有的 3D 对象留在原点上并且根本不移动它们。这是不是把你搞晕了？一开始，要掌握这些概念通常会是一个挑战。大家知道，3D 对象是由顶点组成的（确切地说每个三角形三个顶点）。关键点是：在指定位置上以指定的旋转和缩放值绘制 3D 对象，而不移动"原来"的对象本身。我的意思不是说要做一个它的副本，而是在刷新屏幕之前就在其最后的实例上绘制它。你是否还记得在只有一个精灵图像时如何在屏幕上绘制许多精灵吗？有点和这类似，不同的只是以原来的"图像"为基础绘制 3D 对象，也就是说，源没有改变。通过将源对象留在原点上，我们可以让各个对象围绕一个称为本地原点的点进行旋转，这样就保留了各个对象。

那么，如何不移动一个 3D 对象就实现移动效果？答案是使用矩阵。**矩阵**是有 4×4 个单元的数字，表示"空间"中的一个 3D 对象。场景（或游戏）中的每个 3D 对象都有自己的矩阵。

建议

你不难猜测，矩阵数学超过了本书范畴，但如果想知道在多边形的世界里实际所发生的是什么，我鼓励你深入学习更高级的 Direct3D 书籍。在这个主题方面，另一位讲得很好的作者是 Carl Granberg，他的两本著作是《Programming an RTS Game with Direct3D》（Cengage PTR 于 2006 年出版）和《Character Animation with Direct3D》（Cengage PTR 于 2009 年出版）。我在我的高级 DirectX 课程中使用这些书。

通过使用矩阵来给每个 3D 对象的原点的结果就是，我们的 3D 世界有自己的坐标系统，而场景中的所有对象也是如此，所以，我们可以彼此独立地操纵这些对象。我们甚至可以在不影响这些独立对象的前提下操纵整个场景。比如我们正在开发竞速游戏，汽车在椭圆赛道上赛跑。我们希望每辆汽车都尽可能真实，以便每辆车都能自己旋转和移动，无论其他车辆正在做什么。当然，在某些时候，我们还想加入一些代码让汽车在碰撞的时候撞毁。我们也想让汽车在赛道的路面上能够保持"平坦"，也就是说要计算赛道的角度并且适当地定位汽车的四个角。

把思维更推进一步——想一想如果一个对象还能包含子对象，每个子对象都有自己的本地原点，它们遵照"父"对象的动作而动作时，会有哪些可能性出现。我们可以相对于父对象的原点对子对象定位，并让子对象自己旋转。这是不是有助于我们想象如何对汽车的轮子编程，让轮子在自己滚动的同时汽车保持不动呢？轮子"跟随"这汽车，也就是说它们同父对象一起平移/旋转/缩放，但它们有滚动以及左转或右转的能力。

4. 认真注意照相机

在编写了我们认为是干净的、"应该工作"的代码之后，却不能在屏幕上看到任何东西，这是 3D 编程最让人沮丧的问题了。在 3D 编程中最常见的错误中排名第一的是忘记了照相机和视图转换。在阅读本章时，请将以下要点牢记在心。

在场景中首先要设置好的是，使用一个测试的多边形或四边形来设置透视、照相机和视图，以便在继续之前确认场景已经正确设置。确认视图良好之后，再继续为游戏编写代码。另外一个常见的问题涉及照相机的位置，在初始的测试中可能一切正常，但之后可能显得过于靠近对象，对象也可能被"移出屏幕"。有一个好的测试方法是将照相机从原点移开（比如 Z 为-100），然后确认目标矩阵指向原点(0,0,0)。这样就可清除任何视图上的问题，让我们可以全速回到游戏的编程上。

最初设置场景要做的第二件事情是检查场景的光照条件。是否启用了光照效果但却没有任何灯光？Direct3D 实在是属于学究型的，除非你告诉它不使用光源，否则它是不会主动创建环境光线的！

12.1.3 转移到第三个轴

我希望你现在已经摸到笛卡尔坐标系的窍门了。虽然这对 3D 图形的学习是决定性的，但我将不进入任何更多细节，因为这一主题需要更多理论和讲解，这里没有这么多空间。我将要做的是仅讲解足够编写几个简单的 3D 游戏所需的材料，而后你可以自己决定要进一步学习 3D 编程的哪些方面。先做出能工作的代码并且编写实际的游戏要比一次性地把像 Direct3D 这样的库的边边角角都学到家要有趣得多。

建议

> 我们将在本章学习如何使用非常低级的、带有顶点缓冲区的图形编程来渲染简单的带纹理的立方体。在以这种方式处理顶点的时候，我们会深入 Direct3D 的内部核心，就如碰触 GPU 一样。在完成了对 Direct3D 低级别的探究之后，我们将专注于装载并绘制来自.X 文件中的 3D 网格文件，这更容易一些。如果你不想以这种方式来学习与 Direct3D 渲染管线有关的核心内容，可以跳到下一章（不过我强烈建议你阅读下来）。

图 12.6 展示了笛卡尔坐标系中增加的第三维。我们所学的所有和 2D 坐标系有关的规则都适用，但现在使用三个值(x, y, z)而不是两个值来引用一个点。

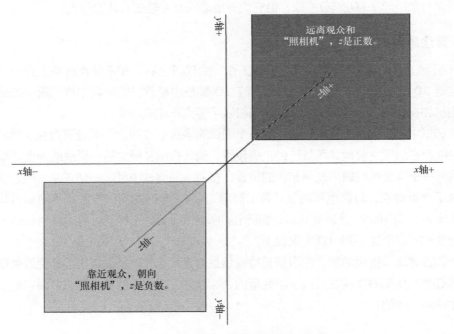

图 12.6　带有第三维的笛卡尔坐标系

12.1.4　掌握 3D 管线

在屏幕上绘制单个多边形之前首先需要知道的是，Direct3D 使用由**用户**自定义的顶点格式。以下是我们将在本章使用的结构。

```
struct VERTEX
{
    float x, y, z;
    float tu, tv;
};
```

前三个成员变量是顶点的位置，而 *tu* 和 *tv* 变量用于表述纹理的绘制方法。现在我们对渲染过程的发生有难以置信的控制能力了。这两个变量告诉 Direct3D 在表面上绘制纹理的方法，Direct3D 支持纹理围绕 3D 对象曲线进行包裹。我们使用 *tu* = 0.0、*tv* = 0.0 来指定纹理的左上角；使用 *tu* = 1.0、*tv* = 1.0 来指定纹理的右下角。这两者之间的所有多边形的纹理坐标将通常是 0，以此告诉 Direct3D 就在它们上面伸展纹理。

纹理是高级主题，随着对 3D 编程的深入，你将发现成百上千个选项。目前，我们只在一个四边形中的两个三角形上伸展纹理。

介绍四边形

以 VERTEX 结构为基础，我们可以创建出一个能够帮助我们创建并保存四边形的结构来。

```
struct QUAD
{
    VERTEX vertices[4];
    LPDIRECT3DVERTEXBUFFER9 buffer;
    LPDIRECT3DTEXTURE9 texture;
};
```

QUAD 结构完全是个自给自足的结构。这里有四边形（由两个三角形组成）的四个角落的四个顶点；这里有这个四边形的顶点缓冲区（马上会有更多介绍）；还有映射到两个三角形上的纹理。很酷吧？唯一缺少的是创建四边形并且使用真实的 3D 点填入顶点的代码。首先，我们来编写一个创建单个顶点的函数。而后可以将这个函数用于创建四边形的四个顶点。

```
VERTEX CreateVertex(float x, float y, float z, float tu, float tv)
{
    VERTEX vertex;
    vertex.x = x;
    vertex.y = y;
    vertex.z = z;
    vertex.tu = tu;
    vertex.tv = tv;
```

```
        return vertex;
}
```

这个函数只是声明一个临时的 VERTEX 变量，使用通过参数传递给它的值填入这个变量，然后返回它。因为 VERTEX 结构中有 5 个成员变量，所以这个函数是非常方便的。我一会儿将为你展示如何创建以及绘制四边形的方法，不过先得学习一下与顶点缓冲区有关的知识。

12.1.5 顶点缓冲区

顶点缓冲区实际上没那么可怕。我对顶点缓冲区的第一印象是它是某种类型的表面，3D 对象就绘制在它上面，然后送往屏幕，就如同 3D 的双缓冲区。我其实错得太离谱了！顶点缓冲区其实只是我们储存组成多边形的点的地方，以便 Direct3D 绘制多边形。在程序中，只要需要，从技术上说可以有许多顶点缓冲区——每个三角形一个。

为了能够清楚地描述，我让每个对象都有自己的顶点缓冲区，以此展示获得屏幕上的 3D 对象的方法。由于本章内容是以四边形（由两个排成一"条"的三角形组成）的概念为基础的，所以为场景中的每个四边形创建一个顶点缓冲区，以便帮助你理解这里的一切就符合情理。而且，如果你第一次学习这些内容的话，它的确有所帮助。让每个四边形都有一个顶点缓冲区可以清楚地说明渲染四边形时所发生的一切。

对于优化和效率来说，顶点缓冲区是个需要大量讨论的主题。实际上，大多数 3D 引擎采用包含了在照相机的视图中所有可见顶点的称为顶点缓冲区缓存的东西。强大的 3D 引擎也使用称为纹理缓存的东西，以便共享同一纹理的多边形可重用它们。要是你对为什么要这样做感到好奇，只要理解 3D 卡一次只能"使用"一个纹理就行了。所以，告诉 Direct3D 一次只使用一个纹理，然后在场景中任何需要这一纹理的多边形上使用这一纹理，接下来再处理下一个纹理，这样做将会更有效率。这就是纹理缓存派上用场的地方，它会处理所有这些问题。

1. 创建顶点缓冲区

开始的时候必须为顶点缓冲区定义一个变量。

```
LPDIRECT3DVERTEXBUFFER9 buffer;
```

接下来，可通过使用 **CreateVertexBuffer** 函数来创建顶点缓冲区。其格式如下。

```
HRESULT CreateVertexBuffer(
```

```
UINT Length,
DWORD Usage,
DWORD FVF,
D3DPOOL Pool,
IDirect3DVertexBuffer9** ppVertexBuffer,
HANDLE* pSharedHandle
);
```

我们来仔细看一下这些参数。第一个参数指定顶点缓冲区的尺寸，它必须足够大，以便保存想要渲染的多边形的所有顶点。第二个参数指定访问顶点缓冲区的方法，通常是只写。第三个参数指定 Direct3D 将要接收的顶点流的类型。应该将与我们所创建的顶点结构类型相关的值传递给它。在这里，我们在每个顶点中只有位置和纹理坐标，所以这一值将是 **D3DFVF_XYZ | D3DFVF_TEX1**（注意这个值是以**或运算**组合的）。以下是我定义顶点格式的方法。

```
#define D3DFVF_MYVERTEX (D3DFVF_XYZ | D3DFVF_TEX1)
```

第四个参数指定要使用的内存池。第五个参数指定顶点缓冲区指针，最后一个参数不需要。来个示例吧？这就是：

```
d3ddev->CreateVertexBuffer(
    4*sizeof(VERTEX),
    D3DUSAGE_WRITEONLY,
    D3DFVF_MYVERTEX,
    D3DPOOL_DEFAULT,
    &buffer,
    NULL);
```

不难看出，第一个参数接收一个 sizeof(VERTEX)乘以 4 的整数（因为一个四边形有 4 个顶点）。如果只绘制一个三角形，那么应该指定的值是 3 * sizeof(VERTEX)，3D 对象有多少个顶点就乘以多少。而唯一一个真正重要的参数是顶点缓冲区长度和指针（分别是第一和第五个参数）。

2. 填写顶点缓冲区

创建顶点缓冲区的最后一个步骤是使用多边形的实际顶点来填写它。这一步骤必须跟随在任何生成或装载顶点数组的代码之后，因为它会将数据放入到顶点缓冲区中。为了方便参考，以下再次给出 QUAD 结构的定义（请尤其注意 VERTEX 数组）。

```
struct QUAD
{
```

```
    VERTEX vertices[4];
    LPDIRECT3DVERTEXBUFFER9 buffer;
    LPDIRECT3DTEXTURE9 texture;
};
```

举个例子来说，可使用 **CreateVertex** 函数来为一个四边形设置默认值。

```
vertices[0] = CreateVertex(-1.0f, 1.0f, 0.0f, 0.0f, 0.0f);
vertices[1] = CreateVertex(1.0f, 1.0f, 0.0f, 1.0f, 0.0f);
vertices[2] = CreateVertex(-1.0f,-1.0f, 0.0f, 0.0f, 1.0f);
vertices[3] = CreateVertex(1.0f,-1.0f, 0.0f, 1.0f, 1.0f);
```

这只是将数据填入顶点的一种方式。我们可以在程序的某个地方定义不同类型的多边形或者从文件装载 3D 形状（下一章对此有更多介绍）。

在有了顶点数据之后，可以将其放入顶点缓冲区中。在做这件事的时候，必须锁住（Lock）顶点缓冲区，将顶点复制到顶点缓冲区中，然后对顶点缓冲区解锁（Unlock）。这么做需要一个临时指针。以下是设置 Direct3D 能用的带有数据的顶点缓冲区的方法。

```
void *temp = NULL;
buffer->Lock( 0, sizeof(vertices), (void**)&temp, 0 );
memcpy(temp,vertices, sizeof(vertices) );
buffer->Unlock();
```

作为参考，以下是 Lock 的定义。第二个和第三个参数是重要参数，它们指定缓冲区的长度和指向缓冲区的指针。

```
HRESULT Lock(
    UINT OffsetToLock,
    UINT SizeToLock,
    VOID **ppbData,
    DWORD Flags
);
```

12.1.6 渲染顶点缓冲区

在初始化顶点缓冲区之后，就为 Direct3D 图形管线做好了准备，源顶点就不再有用了。这称为"设置"，而且是最近几年被移出 Direct3D 驱动程序，转而由 GPU 来实现的功能之一。让硬编码的芯片从顶点缓冲区中将顶点和纹理流到场景中要比软件快得多。

到最后，所有的一切就只与渲染顶点缓冲区内的内容有关了，我们来学习如何实现。要将当前正在处理的顶点缓冲区发送到屏幕上，要设置 Direct3D 设备的流源（stream source），让它指向顶点缓冲区，然后调用 DrawPrimitive 函数。在此之前，必须首先设置要使用的纹理。

这是 3D 图形最难以理解的方面，尤其对初学者而言。Direct3D 一次只处理一个纹理，所以我们每次更换纹理的时候必须告诉 Direct3D，否则它将在整个场景中一直使用最后那次定义的纹理！有点奇怪？呃，如果仔细一想就会发现这其实是合理的。没有预先编程的方式来告诉 Direct3D 给某个多边形使用"这个"纹理而给另一个多边形使用"那个"纹理。每次需要更改纹理时我们必须自己编写代码。

在四边形的情况中，每个四边形我们只处理一个单一的纹理，所以这个概念更容易掌握一些。我们可以创建任何尺寸的顶点缓冲区，但通过让每个四边形有其自己的顶点缓冲区，将会更容易理解 3D 渲染的工作原理。这不是最高效的在屏幕上绘制 3D 对象的方法，但如果是在学习基础知识，那么这是极好的方式！每个四边形可以有一个顶点缓冲区和一个纹理，于是渲染四边形的源代码就容易掌握。不难想象，由于我们可以编写一个函数来绘制一个顶点缓冲区和纹理都可在 QUAD 结构中很容易地访问的四边形，事情就容易得多了。

首先为四边形设置纹理。

```
d3ddev->SetTexture(0, texture);
```

然后，设置流源，以便 Direct3D 知道顶点的来源以及需要渲染的有多少。

```
d3ddev->SetStreamSource(0, q.buffer, 0, sizeof(VERTEX));
```

最后，绘制流源所指定的原语（primitive），包括渲染方法、起始顶点以及要绘制的多边形数量。

```
d3ddev->DrawPrimitive(D3DPT_TRIANGLESTRIP, 0, 2);
```

显然，这三个函数可一起放入一个可重用的 Draw 函数中（一会儿会介绍更多）。

12.1.7　创建四边形

四边形（Quad）这个术语表示矩形的 4 个角——矩形是 3D 场景的构建块。我们可以使用一堆立方体（每个立方体由六个四边形组成）来构建复杂的场景。不难猜测，这些角都是以顶点来表示的。四边形也表示了一个三角形条（triangle trip）的四个顶点。

1. 绘制三角形

绘制对象（对象都由三角形组成）有两种方法。

◎　独立绘制每一个多边形的三角形列表，每个由三个一组的顶点组成。

◎　一个三角形条绘制许多通过共享顶点连接在一起的多个多边形。

第 12 章
学习 3D 渲染基础

显然，第二种方法更高效，所以更为可取，而且它能帮助提高渲染速度，因为所用的顶点更少。不过我们不能使用三角形条来渲染整个场景，因为大多数对象并不是互相连接的。现在，三角形条非常适用于地面地形、建筑物和其他大对象。对于诸如游戏中的角色这样的小对象，它也能良好工作。不过，无论所有的三角形是位于单个顶点缓冲区中还是多个顶点缓冲区中，Direct3D 都将以同样的速度渲染场景，理解这一特性在这里是有帮助的。

请把它想象成一系列的 for 循环。告诉我这两段代码中哪一段更快。请忽略 num++ 这一部分，只假设在循环中"发生着一些有用的事情"。

```
for (int n=0; n<1000; n++) num++;
```

还是：

```
for (int n=0; n<250; n++) num++;
for (int n=0; n<250; n++) num++;
for (int n=0; n<250; n++) num++;
for (int n=0; n<250; n++) num++;
```

你是怎么想的呢？似乎第一段代码更快是显而易见的，因为调用更少。而对于深入进行优化的人可能觉得第二段代码清单更快，因为也许它避免了这儿或那儿的 if 语句（将循环展开并将 if 语句放到循环外面总是更快）。但是事实上，渲染时它们速度相同。如今，最好的方式是把优化留给编译器来做，这会非常高效。

一个四边形由两个三角形组成。四边形只需要四个顶点，因为三角形会以三角形条来绘制。两种类型的三角形渲染方法之间的区别请见图 12.7。

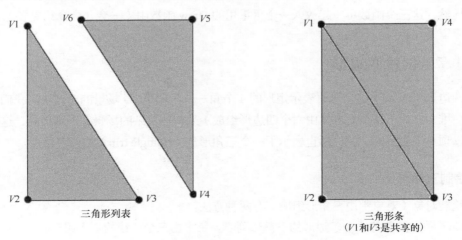

图 12.7　三角形列表和三角形条渲染方法的对比

图 12.8 展示了三角形条的其他可能的形式。任何共享一个边的两个顶点都可以连接起来。

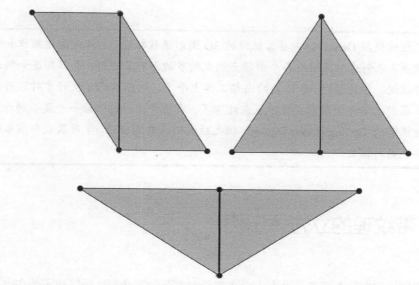

图 12.8 三角形条可以有许多形式。还要注意的是可以使用的要比两个多边形多得多

2. 创建四边形

创建四边形所需的工作甚至要比创建两个互相连接的三角形更少，这要归功于三角形条渲染过程。绘制任何多边形，无论是三角形、四边形还是复杂模型，都涉及两个基本步骤。

第一步必须将顶点复制到 Direct3D 顶点流中。做这件事首先必须锁住顶点缓冲区，然后将顶点复制到由一个指针变量指向的临时存储位置，然后对顶点缓冲区解锁。

```
void *temp = NULL;
quad->buffer->Lock(0, sizeof(quad->vertices), (void**)&temp, 0);
memcpy(temp, quad->vertices, sizeof(quad->vertices));
quad->buffer->Unlock();
```

第二步是设置纹理，告诉 Direct3D 在哪里找到包含顶点的流源，然后调用 DrawPrimitive 函数绘制在顶点缓冲区流中指定的多边形。我乐于将这当成 Star Trek（星际迷航）式的运输工具。多边形从顶点缓冲区中被运输到了流中，然后在屏幕上重新组装！

```
d3ddev->SetTexture(0, quad->texture);
d3ddev->SetStreamSource(0, quad->buffer, 0, sizeof(VERTEX));
d3ddev->DrawPrimitive(D3DPT_TRIANGLESTRIP, 0, 2);
```

建议

既然已经对使用 Direct3D 中非常低级的 3D 图形编程功能（也就是通过操作和渲染多边形顶点）来创建以及渲染各个由顶点组成的多边形有了理解，并且知道如何让其工作，可以说，你已经对 3D 渲染的内部工作上手了。你应该感觉良好才对！好在过了这一章我们就不再使用顶点缓冲区来处理了。我将带你一起体验一个复杂的示例（很快就会讲解的 Textured Cube Demo），但之后我们将继续前进，学习装载和渲染使用 .X 文件格式的网格文件。

12.2 带纹理的立方体示例

我们来做点现实的东西吧。没有人会在意绘制着色的三角形，所以我不想在这一主题上浪费时间。你是否准备通过对三角形编程来将三角形组装到对象中然后移动它们并且进行碰撞检查等工作，从而创建一个完整的 3D 游戏？当然不是，所以我们为什么要花时间学习它？对于 3D 系统而言三角形是至关重要的，但如果只有一个三角形则没什么用处。只有将三角形组合起来，这事儿才有玩头。

现代 3D API 中真正有趣的是，创建带纹理的四边形要比创建着色的四边形更容易。我将避免提及动态光照的主题，因为这超出了本书范畴；环境光照已足够我们使用了。

TexturedCube 程序（如图 12.9 所示）绘制一个带纹理的立方体并在 x 和 z 轴上旋转它。

虽然似乎在一个立方体内只有八个顶点（见图 12.10），但实际上要多得多，因为每个三角形必须有自己的三个顶点组成的集合。不过我们很快就会了解，三角形条可以很好地用四个顶点来生成一个四边形。

有了对三角形和四边形的基础，现在可以简要介绍一下立方体了。立方体被认为是我们可以创建的最简单的 3D 对象，也是很好的示例形状，因为它有六个相等的面。就如同所有 3D 环境中的对象都必须由三角形组成一样，立方体也必须由三角形组成。实际上，立方体的每个面（矩形）是把两组直角边以相对的方向将两个三角形并排放置形成的结果。见图 12.11。

图 12.9　Textured Cube 程序演示渲染一个基于从头设计的顶点缓冲区的立方体的方法

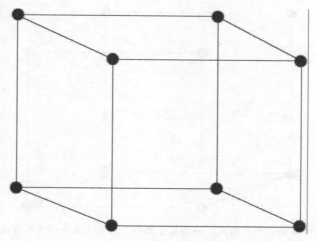

图 12.10　一个立方体有八个角，每个都由一个顶点来表示

建议

直角三角形是有一个 90 度角的三角形，它是 3D 图形的首选形状。如果不为视频卡提供直角三角形，那么它会把奇形怪状的三角形分解为两个或更多直角三角形——是的，就是这么重要！

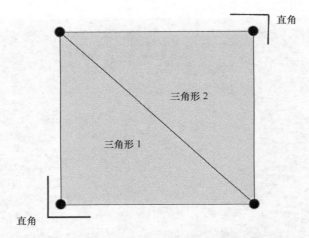

图 12.11 一个矩形是由两个直角三角形组成的

在使用三角形组装出一个立方体之后,就会得到图 12.12 所示的立方体。这张图展示了分解成许多三角形的立方体。

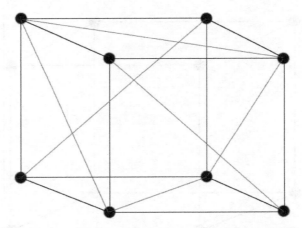

图 12.12 立方体由六个面组成,一共有十二个三角形(每个四边形有两个三角形)

MyGame.cpp

到了展示 TexturedCube 程序源代码的时候了,打开 MyGame.cpp 文件。如果愿意的话,你可以从下载文件中装载项目。如果你认为用如下所示的代码来创建一个 3D 模型显得很奇怪的话,那就对了。这的确很突兀,但在目前,为了说明如何使用顶点来构建多边形进而建模(也称为网格),它还是有帮助的。用这样的代码来创建任何类型的复杂 3D 模型都将非常困难,所以它仅适用于这么一个简单的示例。我们很快将学习如何将网格文件装载到内存中,然后渲染一个带有光照效果的复杂网格。

建议

> 这里的清单给出了 Textured Cube 程序的完整源代码。这时无需对任何支持文件做更改。

```
#include "MyDirectX.h"
using namespace std;
const string APPTITLE = "Vertex Buffer Textured Cube";
const int SCREENW = 1024;
const int SCREENH = 768;
DWORD screentimer = timeGetTime();
//vertex and quad definitions
#define D3DFVF_MYVERTEX (D3DFVF_XYZ | D3DFVF_TEX1)
struct VERTEX
{
    float x, y, z;
    float tu, tv;
};
struct QUAD
{
    VERTEX vertices[4];
    LPDIRECT3DVERTEXBUFFER9 buffer;
    LPDIRECT3DTEXTURE9 texture;
};
VERTEX cube[] = {
        {-1.0f, 1.0f,-1.0f, 0.0f,0.0f },     //side 1
        { 1.0f, 1.0f,-1.0f, 1.0f,0.0f },
        {-1.0f,-1.0f,-1.0f, 0.0f,1.0f },
        { 1.0f,-1.0f,-1.0f, 1.0f,1.0f },
        {-1.0f, 1.0f, 1.0f, 1.0f,0.0f },     //side 2
        {-1.0f,-1.0f, 1.0f, 1.0f,1.0f },
        { 1.0f, 1.0f, 1.0f, 0.0f,0.0f },
        { 1.0f,-1.0f, 1.0f, 0.0f,1.0f },
        {-1.0f, 1.0f, 1.0f, 0.0f,0.0f },     //side 3
        { 1.0f, 1.0f, 1.0f, 1.0f,0.0f },
        {-1.0f, 1.0f,-1.0f, 0.0f,1.0f },
        { 1.0f, 1.0f,-1.0f, 1.0f,1.0f },
        {-1.0f,-1.0f, 1.0f, 0.0f,0.0f },     //side 4
        {-1.0f,-1.0f,-1.0f, 0.0f,0.0f },
        { 1.0f,-1.0f, 1.0f, 0.0f,1.0f },
        { 1.0f,-1.0f,-1.0f, 1.0f,1.0f },
        { 1.0f, 1.0f,-1.0f, 0.0f,0.0f },     //side 5
        { 1.0f, 1.0f, 1.0f, 1.0f,0.0f },
        { 1.0f,-1.0f,-1.0f, 0.0f,1.0f },
        { 1.0f,-1.0f, 1.0f, 1.0f,1.0f },
```

```cpp
        {-1.0f, 1.0f,-1.0f, 1.0f,0.0f },     //side 6
        {-1.0f,-1.0f,-1.0f, 1.0f,1.0f },
        {-1.0f, 1.0f, 1.0f, 0.0f,0.0f },
        {-1.0f,-1.0f, 1.0f, 0.0f,1.0f }
};
QUAD *quads[6];
D3DXVECTOR3 cameraSource;
D3DXVECTOR3 cameraTarget;
void SetPosition(QUAD *quad, int ivert, float x, float y, float z)
{
    quad->vertices[ivert].x = x;
    quad->vertices[ivert].y = y;
    quad->vertices[ivert].z = z;
}
void SetVertex(QUAD *quad, int ivert, float x, float y, float z, float tu,
float tv)
{
    SetPosition(quad, ivert, x, y, z);
    quad->vertices[ivert].tu = tu;
    quad->vertices[ivert].tv = tv;
}
VERTEX CreateVertex(float x, float y, float z, float tu, float tv)
{
    VERTEX vertex;
    vertex.x = x;
    vertex.y = y;
    vertex.z = z;
    vertex.tu = tu;
    vertex.tv = tv;
    return vertex;
}
QUAD *CreateQuad(char *textureFilename)
{
    QUAD *quad = (QUAD*)malloc(sizeof(QUAD));
    //load the texture
    D3DXCreateTextureFromFile(d3ddev, textureFilename, &quad->texture);
    //create the vertex buffer for this quad
        d3ddev->CreateVertexBuffer(
        4*sizeof(VERTEX),
        0,
        D3DFVF_MYVERTEX, D3DPOOL_DEFAULT,
        &quad->buffer,
        NULL);

    //create the four corners of this dual triangle strip
    //each vertex is X,Y,Z and the texture coordinates U,V
    quad->vertices[0] = CreateVertex(-1.0f, 1.0f, 0.0f, 0.0f, 0.0f);
    quad->vertices[1] = CreateVertex( 1.0f, 1.0f, 0.0f, 1.0f, 0.0f);
```

```cpp
    quad->vertices[2] = CreateVertex(-1.0f, -1.0f, 0.0f, 0.0f, 1.0f);
    quad->vertices[3] = CreateVertex( 1.0f,-1.0f, 0.0f, 1.0f, 1.0f);
    return quad;
}
void DeleteQuad(QUAD *quad)
{
    if (quad == NULL)
        return;
    //free the vertex buffer
    if (quad->buffer != NULL)
        quad->buffer->Release();
    //free the texture
    if (quad->texture != NULL)
        quad->texture->Release();
    //free the quad
    free(quad);
}
void DrawQuad(QUAD *quad)
{
    //fill vertex buffer with this quad's vertices
    void *temp = NULL;
    quad->buffer->Lock(0, sizeof(quad->vertices), (void**)&temp, 0);
    memcpy(temp, quad->vertices, sizeof(quad->vertices));
    quad->buffer->Unlock();
    //draw the textured dual triangle strip
    d3ddev->SetTexture(0, quad->texture);
    d3ddev->SetStreamSource(0, quad->buffer, 0, sizeof(VERTEX));
      d3ddev->DrawPrimitive(D3DPT_TRIANGLESTRIP, 0, 2);
}
void SetIdentity()
{
    //set default position, scale, and rotation
    D3DXMATRIX matWorld;
    D3DXMatrixTranslation(&matWorld, 0.0f, 0.0f, 0.0f);
    d3ddev->SetTransform(D3DTS_WORLD, &matWorld);
}

void ClearScene(D3DXCOLOR color)
{
    d3ddev->Clear(0, NULL, D3DCLEAR_TARGET | D3DCLEAR_ZBUFFER, color, 1.0f, 0 );
}
void SetCamera(float x, float y, float z, float lookx, float looky, float lookz)
{
    D3DXMATRIX matView;
    D3DXVECTOR3 updir(0.0f,1.0f,0.0f);
    //move the camera
    cameraSource.x = x;
    cameraSource.y = y;
```

```cpp
        cameraSource.z = z;
        //point the camera
        cameraTarget.x = lookx;
        cameraTarget.y = looky;
        cameraTarget.z = lookz;
        //set up the camera view matrix
        vD3DXMatrixLookAtLH(&matView, &cameraSource, &cameraTarget, &updir);
        d3ddev->SetTransform(D3DTS_VIEW, &matView);
}
void SetPerspective(float fieldOfView, float aspectRatio, float nearRange, float
farRange)
{
        //set the perspective so things in the distance will look smaller
        D3DXMATRIX matProj;
        D3DXMatrixPerspectiveFovLH(&matProj, fieldOfView, aspectRatio,
            nearRange, farRange);
        d3ddev->SetTransform(D3DTS_PROJECTION, &matProj);
}
void init_cube()
{
        for (int q=0; q<6; q++)
        {
            int i = q*4;      //little shortcut into cube array
            quads[q] = CreateQuad("cube.bmp");
            for (int v=0; v<4; v++)
            {
              quads[q]->vertices[v] = CreateVertex(
                cube[i].x, cube[i].y, cube[i].z,        //position
                cube[i].tu, cube[i].tv);                //texture coords
                i++; //next vertex
            }
        }
}
bool Game_Init(HWND window)
{
        srand(time(NULL));
        //initialize Direct3D
        if (!Direct3D_Init(window, SCREENW, SCREENH, false))
        {
            MessageBox(window,"Error initializing Direct3D",APPTITLE.c_str(),0);
            return false;
        }
        //initialize DirectInput
        if (!DirectInput_Init(window))
        {
            MessageBox(window,"Error initializing DirectInput",APPTITLE.c_str(),0);
            return false;
        }
```

```cpp
    //initialize DirectSound
    if (!DirectSound_Init(window))
    {
        MessageBox(window,"Error initializing DirectSound",APPTITLE.c_str(),0);
        return false;
    }
    //position the camera
    SetCamera(0.0f, 2.0f, -3.0f, 0, 0, 0);
    float ratio = (float)SCREENW / (float)SCREENH;
    SetPerspective(45.0f, ratio, 0.1f, 10000.0f);
    //turn dynamic lighting off, z-buffering on
    d3ddev->SetRenderState(D3DRS_LIGHTING, FALSE);
    d3ddev->SetRenderState(D3DRS_ZENABLE, TRUE);
    //set the Direct3D stream to use the custom vertex
    d3ddev->SetFVF(D3DFVF_MYVERTEX);
    //convert the cube values into quads
    init_cube();
    return true;
}

void rotate_cube()
{
    static float xrot = 0.0f;
    static float yrot = 0.0f;
    static float zrot = 0.0f;
    //rotate the x and y axes
    xrot += 0.05f;
    yrot += 0.05f;
    //create the matrices
    D3DXMATRIX matWorld;
    D3DXMATRIX matTrans;
    D3DXMATRIX matRot;
    //get an identity matrix
    D3DXMatrixTranslation(&matTrans, 0.0f, 0.0f, 0.0f);
    //rotate the cube
    D3DXMatrixRotationYawPitchRoll(&matRot,
                        D3DXToRadian(xrot),
                        D3DXToRadian(yrot),
                        D3DXToRadian(zrot));
    matWorld = matRot * matTrans;
    //complete the operation
    d3ddev->SetTransform(D3DTS_WORLD, &matWorld);
}
void Game_Run(HWND window)
{
    if (!d3ddev) return;
    DirectInput_Update();
    d3ddev->Clear(0, NULL, D3DCLEAR_TARGET | D3DCLEAR_ZBUFFER,
```

```cpp
            D3DCOLOR_XRGB(0,0,100), 1.0f, 0);
    // slow rendering to approximately 60 fps
    if (timeGetTime() > screentimer + 14)
    {
        screentimer = GetTickCount();
        rotate_cube();
        //start rendering
        if (d3ddev->BeginScene())
        {
            for (int n=0; n<6; n++)
                DrawQuad(quads[n]);

            //stop rendering
            d3ddev->EndScene();
            d3ddev->Present(NULL, NULL, NULL, NULL);
        }
    }
    //exit with escape key or controller Back button
    if (KEY_DOWN(VK_ESCAPE)) gameover = true;
    if (controllers[0].wButtons & XINPUT_GAMEPAD_BACK) gameover = true;
}
void Game_End()
{
    for (int q=0; q<6; q++)
        DeleteQuad(quads[q]);
    DirectSound_Shutdown();
    DirectInput_Shutdown();
    Direct3D_Shutdown();
}
```

12.3 你所学到的

本章向你展示了 3D 图形编程的概况。我们学习了许多与 Direct3D 有关的知识，并且还做了一个带纹理的立方体演示。以下是要点。
- ◎ 我们学习了什么是顶点以及它们如何组成一个三角形。
- ◎ 我们学习了如何创建一个顶点结构。
- ◎ 我们学习了与三角形条和三角形列表有关的知识。
- ◎ 我们学习了如何创建顶点缓冲区并向其填入顶点的方法。
- ◎ 我们学习了四边形以及创建它们的方法。
- ◎ 我们学习了纹理映射。
- ◎ 我们学习了创建一个旋转立方体的方法。

12.4 复习测验

以下测验将帮助你巩固在本章所学的知识。
1. 什么是顶点？
2. 顶点缓冲区的作用是什么？
3. 在一个四边形中有多少顶点？
4. 一个四边形由几个三角形组成？
5. 绘制多边形的 Direct3D 函数的名称是什么？
6. 灵活的顶点缓冲区格式有什么作用？

7. 用于表示顶点 X，Y，Z 值的最常见的数据类型是什么？
8. 将角从角度转换为弧度的 DirectX 函数是什么？
9. 我们通常用于将大量顶点数据复制到顶点缓冲区中的 C 函数是什么？
10. 表示我们从虚拟照相机中所看到的内容的标准矩阵是哪一个？

12.5 自己动手

以下习题将挑战你对本章所提供的知识的记忆能力。

习题 1. TexturedCube 程序创建一个带有纹理的旋转立方体。修改这个程序，让立方体根据键盘的输入旋转得更快或更慢。

习题 2. 修改 TexturedCube 程序，让立方体六个面中的每一面都有不同的纹理。提示：可从 DrawQuad 中将代码复制到主源代码文件中，以便使用不同的纹理。

第13章 渲染 3D 模型文件

本章是第 12 章的延续,在上一章我们学习使用原始的顶点缓冲区从头创建以及渲染带有纹理的 3D 立方体的方法。这是个很好的学习体验,但手工编写代码能做出来的网格也就只能是像立方体这样的东西了。本章要往前进一步,教授在运行时使用特殊的 Direct3D 函数(这个函数生成诸如立方体、球体和圆柱体这样的网格形状)来创建后援 3D 网格的方法,以及从 .X 文件中将网格装载到内存并使用纹理来渲染它的方法。在本章我们将只适用环境光照。

以下是我们将在本章学习的内容。

◎ 如何创建以及渲染一个后援网格。
◎ 如何将网格文件装载到内存中。
◎ 如何变换以及渲染网格。

13.1 创建以及渲染后援网格

我发现从探究 Direct3D 的后援网格函数作为学习 3D 网格渲染的开始很有帮助。我们能够创建"运行时"网格，也就是说，不是从文件中装载的网格，而是在程序运行时用算法创建的。我将它们称为后援网格是因为它们内建于 Direct3D 中，而且可以在任何时候创建。实际上，在制作某些类型的需要快速生成对象的游戏时后援网格极为有用。比如，卷动发射器中的子弹。

建议

> 网格（也称为模型）是由顶点组成的 3D 对象。它也可以包含普通的映射、纹理坐标、动画以及其他特性。

13.1.1 创建后援网格

Direct3D 有许多可以通过一个返回 ID3DXMesh 对象的函数来动态创建的后援网格对象。这很有帮助，因为在学习如何从文件中加载网格之前，我们就可以体验渲染一个网格。以下是我们可以在运行时使用 Direct3D 创建的一些网格。

- 立方体。
- 球体。
- 圆柱体。
- 圆环。
- 茶壶。

在 Direct3D 当中各有一个函数分别用于创建这些后援网格（还有一个用于创建 3D 文本和简单多边形的函数我没在这里介绍）。在调用这些函数时，我们将传递一个指向 ID3DXMesh 对象指针，其定义方法如下。

```
LPD3DXMESH mesh;
```

请注意 LPD3DXMESH 只是个预定义的指向 ID3DXMesh 对象的指针，它在 Direct3D 中定义如下。

```
#define LPD3DXMESH *ID3DXMesh;
```

在定义网格对象的时候我们既可使用 LPD3DXMESH，也可使用 *ID3DXMesh，其结果是相同的。我倾向于使用前一个版本，因为它与命名规范更为一致。

建议

> 虽然直接光照和着色器要更吸引人，但这些主题超出了本书范畴，而且要想讲解它们将需要大量篇幅！更多高级主题请参考前边所提到的书籍。

1. 圆环

圆环是一种圆环图或者轮管状的对象，可使用 **D3DXCreateTorus** 函数来创建。这是我最喜欢的后援网格，因为它很好地演示了光照（在完全点亮的环境中）。其输出展示在图 13.1 中。

```
D3DXCreateTorus(d3ddev, 0.5f, 1.0f, 20, 20, &mesh, NULL);
```

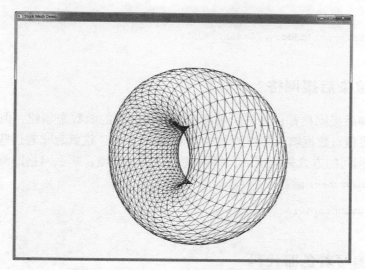

图 13.1 渲染一个以后援网格生成的圆环

2. 立方体

可以用 **D3DXCreateBox** 函数创建立方体网格。在本章的后面，我将讲解一个名为 Stock Mesh 的示例程序，演示使用这些函数创建以及渲染后援网格的方法，你将能够切换到任何你想要看到的网格。

```
D3DXCreateBox(d3ddev, 1.0f, 1.0f, 1.0f, &mesh, NULL);
```

3. 球体

使用 **D3DXCreateShpere** 函数可以动态地创建一个球体。

```
D3DXCreateSphere(d3ddev, 1.0f, 20, 20, &mesh, NULL);
```

4. 圆柱体

圆柱体要比前面两种后援对象都复杂一些，可以使用 **D3DXCreateCylinder** 函数创建一个圆柱体。

```
D3DXCreateCylinder(d3ddev, 1.0f, 1.0f, 2.0f, 20, 20, &mesh, NULL);
```

5. 茶壶

最后，我们可以动态创建一个真实世界的对象：茶壶。多年来，这个网格是成百上千本图书、文章和网站所介绍的主题，它有点明星范儿。使用 **D3DXCreateTeapot** 函数创建茶壶。

```
D3DXCreateTeapot(d3ddev, &mesh, NULL);
```

13.1.2 渲染后援网格

虽然每种后援网格都由各自所需要的不同参数集的函数来创建，但所有的后援网格函数都将顶点数据填入同样的 ID3DXMesh 对象中。这就意味着这些网格在创建之后都会以相同的方式来处理。如果不关心材质或纹理，那么网格的渲染可以使用 `ID3DXMesh::DrawSubset` 函数来实现。

```
mesh->DrawSubset(0);
```

13.1.3 编写着色器代码

着色器片段代码保存在名为 **Shader.fx** 的文件中。应该像对待其他 asset 文件一样来处理这个文件，例如存储在.X 文件中的网格或者存储在.BMP 文件中的位图。.FX 文件表示运行于 GPU 上的源代码。下面的代码可能是最简单的着色器，它用光照所需的仅有的最小顶点普通数据来渲染线框或者平面阴影的对象。

使用着色器渲染网格前，必须要设置着色器中的两个全局变量——**matWorld** 矩阵和 **matViewProj** 矩阵。这些变量通过一个名为 SetMatrix 的 ID3DXEffect 方法传递给着色器。

```
shader1->SetMatrix("matWorld", &mWorld);
shader1->SetMatrix("matViewProj", &mViewProj);
```

这个简单着色器使用 **TransformVS** 方法和 **TransformPS** 函数来处理顶点和像素数据。

这一"技术"通过指定应该运行哪个顶点和像素着色器函数而描述了如何进行渲染，并且你可以在着色器代码中定义多个"技术"。

这些内容都可以从一本入门书籍中找到，我只是想向你介绍可编程图形管线是如何工作的。如果你对这个主题感兴趣，可以阅读一本关于该主题的中级图书，只是一定确保找一本新近的、介绍 **DirectX 9.0c** 或更高版本的着色器的图书。

```
//==========================================================
// Shader effect file
//==========================================================
uniform extern float4x4 matWorld;
uniform extern float4x4 matViewProj;
// Define a vertex shader output structure
struct OutputVS
{
    float4 position : POSITION0;
    float2 uv : TEXCOORD0;
    float shade : TEXCOORD1;
};
// Define the vertex shader program
OutputVS TransformVS(float3 input : POSITION0)
{
    // Zero out our output
    OutputVS output = (OutputVS)0;
    // multiply world with view/proj matrix
    float4x4 matCombined = mul(matWorld, matViewProj);
    // Transform to homogeneous clip space
    output.position = mul(float4(input, 1.0f), matCombined);
    // Done--return the output
    return output;
}
// Define the pixel shader program
float4 TransformPS() : COLOR
{
    return float4(0.0f, 0.0f, 0.0f, 1.0f);
}
technique technique1
{
    pass P0
    {
        // Specify the vertex and pixel shader associated with this pass.
        vertexShader = compile vs_2_0 TransformVS();
        pixelShader = compile ps_2_0 TransformPS();
        // Specify the render/device states associated with this pass.
        FillMode = Wireframe;
    }
}
```

13.1.4　Stock Mesh 程序

我们来创建一个能演示创建后援网格的方法的示例，在程序中使用前面提到的函数之一创建网格，然后渲染它（外加旋转效果）。

```cpp
#include "MyDirectX.h"
using namespace std;
const string APPTITLE = "Stock Mesh Demo";
const int SCREENW = 1024;
const int SCREENH = 768;
D3DXMATRIX mProj, mView, mWorld, mViewProj;
D3DXMATRIX mTrans, mRot, mScale;
D3DXVECTOR3 vTrans, vRot, vScale;
LPD3DXMESH torus = NULL;
ID3DXEffect *shader1 = NULL;
void SetCamera(float x, float y, float z)
{
    double p_fov = D3DX_PI / 4.0;
    double p_aspectRatio = 1024 / 768;
    double p_nearRange = 1.0;
    double p_farRange = 2000.0;
    D3DXVECTOR3 p_updir = D3DXVECTOR3(0.0f, 1.0f, 0.0f);
    D3DXVECTOR3 p_position = D3DXVECTOR3(x, y, z);
    D3DXVECTOR3 p_rotation = D3DXVECTOR3(0.0f, 0.0f, 0.0f);
    D3DXVECTOR3 p_target = D3DXVECTOR3(0.0f, 1.0f, 0.0f);
    //set the camera's view and perspective matrix
    D3DXMatrixPerspectiveFovLH(&mProj,
        (float)p_fov,
        (float)p_aspectRatio,
        (float)p_nearRange,
        (float)p_farRange);
    D3DXMatrixLookAtLH(&mView, &p_position, &p_target, &p_updir);
    //optimization
    mViewProj = mView * mProj;
}
bool Game_Init(HWND window)
{
    //initialize Direct3D
    if (!Direct3D_Init(window, SCREENW, SCREENH, false))
    {
        MessageBox(window,"Error initializing Direct3D",
            APPTITLE.c_str(),0);
        return false;
```

```cpp
    }
    //initialize DirectInput
    if (!DirectInput_Init(window))
    {
        MessageBox(window, "Error initializing DirectInput",
            APPTITLE.c_str(), 0);
        return false;
    }
    //initialize DirectSound
    if (!DirectSound_Init(window))
    {
        MessageBox(window, "Error initializing DirectSound",
            APPTITLE.c_str(), 0);
        return false;
    }
    // create a torus mesh
    D3DXCreateTorus(d3ddev, 0.5f, 1.0f, 40, 40, &torus, NULL);
    //set the camera position
        SetCamera(0.0,1.0,-20.0f);
    //load the effect file
    ID3DXBuffer *errors = 0;
    D3DXCreateEffectFromFile(d3ddev, "shader.fx", 0, 0, D3DXSHADER_DEBUG,
    0, &shader1, &errors);
    if (errors) {
        MessageBox(0, (char*)errors->GetBufferPointer(), 0, 0);
        return 0;
    }
    //set the default technique
    shader1->SetTechnique("technique1");
    return true;
}
void Game_Run(HWND window)
{
    UINT numPasses = 0;
    static float y = 0.0;
    if (!d3ddev) return;
    DirectInput_Update();
    d3ddev->Clear(0, NULL, D3DCLEAR_TARGET | D3DCLEAR_ZBUFFER,
    D3DCOLOR_XRGB(250, 250, 250), 1.0f, 0);
    //transform the mesh
    y += 0.001;
    D3DXMatrixRotationYawPitchRoll(&mRot, y, 0.0f, 0.0f);
    D3DXMatrixTranslation(&mTrans, 0.0f, 0.0f, 0.0f);
    D3DXMatrixScaling(&mScale, 4.0f, 4.0f, 4.0f);
    //pass the matrix to the shader via a parameter
    mWorld = mRot * mScale * mTrans;
```

```
    shader1->SetMatrix("matWorld", &mWorld);
    shader1->SetMatrix("matViewProj", &mViewProj);
    //rendering
    if (d3ddev->BeginScene())
    {
        shader1->Begin(&numPasses, 0);
        for (int i = 0; i < numPasses; ++i)
        {
            shader1->BeginPass(i);
            torus->DrawSubset(0);
            shader1->EndPass();
        }
        shader1->End();
        d3ddev->EndScene();
    }
    d3ddev->Present(NULL, NULL, NULL, NULL);
    if (KEY_DOWN(VK_ESCAPE)) gameover = true;
}
void Game_End()
{
    torus->Release();
    shader1->Release();
    DirectSound_Shutdown();
    DirectInput_Shutdown();
    Direct3D_Shutdown();
}
```

13.2 装载并渲染模型文件

在示例或游戏中使用后援网格非常方便。比如，我在卷动发射器中使用了小球体作为子弹！而我们接下来需要学习的是从网格文件中读入 3D 模型，然后渲染它。和前面的示例不同（渲染一个后援网格），在这个示例中，我们只是使用旧的修补管线的方法来渲染。首先，如果只是想要用环境光照渲染一个网格，可以从旧的后援管线得到适当的结果。其次，我们没有时间和篇幅来介绍一个纹理着色器，即使是简单的环境光照。具有讽刺意味的是，我们曾经用着色器绘制一个线框圆环，但是现在用旧的修补管线的方法来绘制一个纹理网格。遗憾的是，我们必须得承认，接下来需要阅读更高级的书籍才行。准备好了吗？我说，准备好了吗？我们开始吧。

> **建议**
>
> 之前我曾经介绍过，当你已经准备好开始学习用可编程图形管线进行着色器编程时，《Multi-Threaded Game Engine Design》（Cengage PTR 于 2010 年出版）对着色器编程有很好的入门介绍（该书对骨骼动画和凸凹贴图也有所讲解）。这是一个很难的话题，并且很难找到从基础开始的好的资源。市面上大多数着色器编程的书籍都是基于已有的游戏引擎，都不适合入门，它们都是一开始就进入了高级渲染。你也可以尝试阅读 Mike McShaffry 所著的《Game Coding Complete, Fourth Edition》（Cengage PTR 于 2012 年出版），但这也是一本较为高级的图书。

13.2.1 装载.X 文件

Direct3D 提供一个从已装载的.X 文件中创建网格的函数，于是，要将任何一个模型文件读入我们的游戏中，都非常简单。我们将慢慢来，详细探究每一个步骤，然后在本章的末尾以一组可重用的函数来结束。

1. 定义新的 MODEL 结构

首先，我们需要一个新的结构来处理要装载的模型文件。

```
struct MODEL
{
    LPD3DXMESH mesh;
    D3DMATERIAL9* materials;
    LPDIRECT3DTEXTURE9* textures;
    DWORD material_count;
};
```

有些程序员和建模师选择称它们为"网格"文件，但我选择更具描述性的"3D 模型"，因为这样的话更易于初学者理解。MODEL 结构包含需要装载以及渲染一个模型文件所需的主对象。首先，我们有网格数据（由顶点组成）。然后，有一个 D3DMATERIAL9 指针变量将会装载在模型文件中定义的材质数组。在处理过精灵之后，你应该已经熟悉了 LPDIRECT3DTEXTURE9，所以这里没有惊喜，只是模型可能使用多个纹理。这些纹理并不存储于模型文件自身中，而是在分开的位图文件中，在模型文件中存储的仅仅是纹理的文件名。

最后，有一个成员变量保存模型中材质的数量，在渲染时要用到。在模型中可以有许多材质，但不是每一个材质都需要有纹理。不过，纹理必须定义于材质之内。

于是，我们有 material_count 变量，但却无需保存纹理的数量。

2. 装载网格

装载模型文件的关键在于 **D3DXLoadMeshFromX** 函数。

```
HRESULT WINAPI D3DXLoadMeshFromX(
    LPCTSTR pFilename,
    DWORD Options,
    LPDIRECT3DDEVICE9 pDevice,
    LPD3DXBUFFER *ppAdjacency,
    LPD3DXBUFFER *ppMaterials,
    LPD3DXBUFFER *ppEffectInstances,
    DWORD *pNumMaterials,
    LPD3DXMESH *ppMesh
);
```

这个函数的参数不是使用默认值（以某种形式）就是填入 NULL，其关键参数有文件名、Direct3D 设备、材质缓冲区、材质数量和网格对象。首先需要有个材质缓冲区用于装载入材质。

```
LPD3DXBUFFER matbuffer;
```

我们也假设指向 MODEL 结构的指针已经创建好了。

```
MODEL *model = (MODEL*)malloc(sizeof(MODEL));
```

这个结构位于内存中，由 LoadModel 函数返回（我马上讲解这个函数）。然后可以读入模型文件并同时装载材质和网格。以下是调用这个函数的示例代码。

```
result = D3DXLoadMeshFromX(
    filename,                   //filename
    D3DXMESH_SYSTEMMEM,         //mesh options
    d3ddev,                     //Direct3D device
    NULL,                       //adjacency buffer
    &matbuffer,                 //material buffer
    NULL,                       //special effects
    &model->material_count,     //number of materials
    &model->mesh);              //resulting mesh
```

3. 装载材质和纹理

材质存储于材质缓冲区中，不过，在渲染模型之前需要将它们转换成 Direct3D 材质和纹理。我们熟悉纹理对象，但材质对象——**LPD3DXMATERIAL** 则是新的。

以下是从材质缓冲区中将材质和纹理复制到各个材质和纹理数组中的方法。首先，我们来创建数组。

```cpp
D3DXMATERIAL* d3dxMaterials = (LPD3DXMATERIAL)matbuffer->GetBufferPointer();
model->materials = new D3DMATERIAL9[model->material_count];
model->textures = new LPDIRECT3DTEXTURE9[model->material_count];
```

下一步是迭代材质并将它们从材质缓冲区中取出。对于每个材质，都会设置环境颜色，都会将纹理装载到纹理对象中。由于这些是动态分配的数组，所以一个模型仅受限于可用内存以及渲染它的视频卡的能力。我们可以有一个具备上百万张面的模型，每张面都有不同的材质。

```cpp
//create the materials and textures
for(DWORD i=0; i<model->material_count; i++)
{
    //grab the material
    model->materials[i] = d3dxMaterials[i].MatD3D;
    //set ambient color for material
    model->materials[i].Ambient = model->materials[i].Diffuse;
    model->textures[i] = NULL;
    if (d3dxMaterials[i].pTextureFilename != NULL)
    {
        string filename = d3dxMaterials[i].pTextureFilename;
        if( FindFile(&filename) )
        {
            result = D3DXCreateTextureFromFile(
                d3ddev, filename.c_str(), &model->textures[i]);
            if (result != D3D_OK) {
                MessageBox(0,"Could not find texture",APPTITLE.c_str(),0);
                return false;
            }
        }
    }
}
```

你是否注意到在上面代码清单中有一个未知的函数调用 FindFile？如果没有，那么你真该集中注意力了！这是个助手函数，对于在 Direct3D 中装载纹理而言实在是很重要。非常常见地，网格文件嵌入了带有完整路径名的、硬编码了的纹理文件名。在装载网格文件并试着分析纹理文件名时，我们将会得到硬编码了的、代表建模师计算机系统上的路径名，而这对我们的游戏项目毫无意义。

（这是由于 Maya 和 3ds Max 存储纹理文件名的方法而带来的一个非常常见的问题，除非建模师手工修改文件名。）所以，我们编写一些代码从 .X 文件引用的纹理的文件名中去除掉任何直接编码的路径，从而解决这一问题。

由 Fokker.x 文件所引用的纹理文件是 Fokker.bmp，它展示于图 13.2 中。注意大多数 .X 文件是二进制文件，所以无法打开它们并且编辑纹理路径名！虽然 Direct3D 的确支持文本版的.X 文件格式，但却很少用到。

图 13.2 Fokker 飞机模型的纹理

建议

这个 Fokker tripline 模型包含在 DarkMATTER 中，DarkMATTER 是通过 Game Creators（www.thegamecreators.com）销售的一个 3D 模型集合，它提供 100 多种免版税的 3D 模型和纹理。它们有众多的类似主题的集合在销售，可以将其用在 DirectX 游戏中和自己的产品上（例如 FPS Creator Reloaded）。这让自己的游戏更快速地运行起来变得更为容易。即使这些集合中的精灵和模型不是你所需要的，它们也可以充当原型。

在网格中遇到一个文件名时，为了定位纹理文件，需要三个函数一起工作。首先，我们有 FindFile 函数，它嵌入 LoadMesh 函数中。FindFile 也需要两个助手函数：DoesFileExist 和 SplitPath，它们所做的和它们的名称非常吻合[1]。

```
void SplitPath(const string& inputPath, string* pathOnly, string* filenameOnly)
{
    string fullPath( inputPath );
    replace( fullPath.begin(), fullPath.end(), '\\', '/');
    string::size_type lastSlashPos = fullPath.find_last_of('/');
    // check for there being no path element in the input
    if (lastSlashPos == string::npos)
    {
        *pathOnly="";
        *filenameOnly = fullPath;
    }
    else {
        if (pathOnly) {
```

---

[1] 译者注：这两个名称分别代表文件是否存在、路径分割

```cpp
            *pathOnly = fullPath.substr(0, lastSlashPos);
        }
        if (filenameOnly)
        {
            *filenameOnly = fullPath.substr(
                lastSlashPos + 1,
                fullPath.size() -lastSlashPos -1 );
        }
    }
}
bool DoesFileExist(const string &filename)
{
    return (_access(filename.c_str(), 0) != -1);
}
bool FindFile(string *filename)
{
    if (!filename) return false;
    //look for file using original filename and path
    if (DoesFileExist(*filename)) return true;
    //since the file was not found, try removing the path
    string pathOnly;
    string filenameOnly;
    SplitPath( *filename, &pathOnly, &filenameOnly);
    //is file found in current folder, without the path?
    if (DoesFileExist(filenameOnly))
    {
        *filename=filenameOnly;
        return true;
    }
    //not found
    return false;
}
```

13.2.2 渲染纹理模型

绘制模型有很多步骤。装载模型的代码如果不一行一行读上好几次的话，不是那么容易理解的，并且其复杂性并不比本章所展示的方法小多少。好在，渲染的代码则容易得多。我们已经在上一章用过 DrawPrimitive 函数，并且在更早的 Stock Mesh 程序中用过 Textured_Cube 函数了。

首先，要设置材质、纹理，然后调用 DrawPrimitive 来显示多边形（面）。最大的不同在于我们现在必须使用 material_count 的值对模型进行迭代，并使用 DrawSubset 函数渲染每一个面。这段代码足够智能,可以跳过不存在的材质。以下是它的工作原理。

```
//any materials in this mesh?
if (model->material_count == 0)
{
    model->mesh->DrawSubset(0);
}
else {
    //draw each mesh subset
    for( DWORD i=0; i < model->material_count; i++ )
    {
        // Set the material and texture for this subset
        d3ddev->SetMaterial( &model->materials[i] );
        if (model->textures[i])
        {
            if (model->textures[i]->GetType() == D3DRTYPE_TEXTURE)
            {
                D3DSURFACE_DESC desc;
                model->textures[i]->GetLevelDesc(0, &desc);
                if (desc.Width > 0) {
                    d3ddev->SetTexture( 0, model->textures[i] );
                }
            }
        }
        // Draw the mesh subset
        model->mesh->DrawSubset( i );
    }
}
```

13.2.3 从内存中删除一个模型

在用完一个 MODEL 对象之后,需要将其资源释放,否则会给程序带来内存泄漏。游戏中所用的资源通常在游戏结束时释放。

```
//remove materials from memory
if( model->materials != NULL )
    delete[] model->materials;
//remove textures from memory
if (model->textures != NULL)
{
    for( DWORD i = 0; i < model->material_count; i++)
    {
        if (model->textures[i] != NULL)
```

```
        model->textures[i]->Release();
    }
    delete[] model->textures;
}
//remove mesh from memory
if (model->mesh != NULL)
    model->mesh->Release();
//remove model struct from memory
if (model != NULL) free(model);
```

13.2.4 Render Mesh 程序

3D 图形编程的关键是要记住，每个模型必须以完全相同的方式记录自己的位置和方向，每个精灵必须单独记录。在这些源中所描述的世界矩阵，只不过是网格的当前位置和变换。没错，我们可以很好地把 matWorld 变量存储到 MODEL 结构中（或者还有更好的方式，保存在类中，但是我们还在学习面向对象编程的路上）。

这是一本入门书籍，我们无法很深入地探讨 OOP——只是定义一个类并且实例化它，这也足以把大多数没有 C++ 经验的初学者搞晕。如果你无法理解代码，OOP 的巨大优势就将丧失！然而，如果你有编写 C++ 类的足够经验，那么把 MODEL 结构升级到类就没有问题了。

试想一下，如果把 LoadModel 和 DrawModel 作为类方法放入到一个模型类中，这将是多么的有用。想象一下，如果把 DeleteModel 代码放在类的析构函数中，这将是多么的有用。我本想在本章中与你分享一个这样的类，但是对于认识这样的一个类，也需要有太多的预备知识。因而，我建议你去阅读我的另一本书——《Multi-Threaded Game Engine Design》，这是一本百分百地用 C++ 类讲述面向对象编程的书，其内容包括精灵、网格、光照、着色器、矩阵、天空盒、地形、照相机、字体、粒子等等。

我之所以给出这种"自私"的建议，是因为那本书的所有代码都始于几年前的本书中，所以大家所熟悉的像 LoadModel 这样的函数，都在那本书的 Mesh 类中。如果你对 C++ 足够熟悉，这是本书之后的一个很好的继续学习的资料。当然，通过使用自己设计并编写的 C++ 类，你可以将其变成好的学习体验，并且继续自学。总会有选择的！

我编写了一个完整的装载网格文件（以.X 为扩展名），并且以完全纹理的方式渲染它，我将讲解这个程序的源代码。图 13.3 展示了运行中的 Render Mesh 程序。是不是很酷啊？

1. 修改 MyDirectX.h

由于又有了一些可重用的 3D 网格装载和渲染代码，所以我们现在要在 MyDirectX 文件中添加一些新功能。这些代码可以加到文件的底部。我意识到这些 DirectX 助手文件增长得有些大，包含了来自不同组件的代码，不过这样子很方便。注意 MODEL 结构从我们在本章所看的第一个示例开始到现在已经演化了很多，它还包含一个构造函数用于初始化其属性变量（注意：DirectX_Project 模板中已经添加了 MODEL 结构和相关函数原型）。

图 13.3 Render_Mesh 程序装载并渲染纹理网格

```
//define the MODEL struct
struct MODEL
{
    LPD3DXMESH mesh;
    D3DMATERIAL9* materials;
    LPDIRECT3DTEXTURE9* textures;
    DWORD material_count;
    D3DXVECTOR3 translate;
    D3DXVECTOR3 rotate;
    D3DXVECTOR3 scale;
    MODEL()
    {
        material_count = 0;
        mesh = NULL;
        materials = NULL;
        textures = NULL;
        translate = D3DXVECTOR3(0.0f,0.0f,0.0f);
        rotate = D3DXVECTOR3(0.0f,0.0f,0.0f);
        scale = D3DXVECTOR3(1.0f,1.0f,1.0f);
    }
};
```

```
//3D mesh function prototypes
void DrawModel(MODEL *model);
void DeleteModel(MODEL *model);
MODEL *LoadModel(string filename);
bool FindFile(string *filename);
bool DoesFileExist(const string &filename);
void SplitPath(const string& inputPath, string* pathOnly, string* filenameOnly);
void SetCamera(float posx, float posy, float posz,
    float lookx = 0.0f, float looky=0.0f, float lookz=0.0f);
```

在本章中，MyDirectX.h 只需要做一个细微的改动以兼容我们新的代码——只是包含以下两行。

```
#include <io.h>
#include <algorithm>
```

Render Mesh 程序中已有该代码。

2. 修改 MyDirectX.cpp

我们现在必须对 MyDirectX.cpp 文件做如下增加。这些主要都是来自已有的、已经向你展示过的代码的可重用函数。将这些代码添加到 MyDirectX.cpp 或者打开已经做好的项目查看最后的结果（注意：DirectX_Project 模板中已经添加了这些函数）。

```
void SetCamera(float posx, float posy, float posz,
    float lookx, float looky, float lookz)
{
    float fov = D3DX_PI / 4.0;
    float aspectRatio = SCREENW / SCREENH;
    float nearRange = 1.0;
    float farRange = 2000.0;
    D3DXVECTOR3 updir = D3DXVECTOR3(0.0f, 1.0f, 0.0f);
    D3DXVECTOR3 position = D3DXVECTOR3(posx, posy, posz);
    D3DXVECTOR3 target = D3DXVECTOR3(lookx, looky, lookz);
    //set the perspective
    D3DXMATRIX matProj;
    D3DXMatrixPerspectiveFovLH(&matProj, fov, aspectRatio, nearRange, farRange);
    d3ddev->SetTransform(D3DTS_PROJECTION, &matProj);
    //set up the camera view matrix
    D3DXMATRIX matView;
    D3DXMatrixLookAtLH(&matView, &position, &target, &updir);
    d3ddev->SetTransform(D3DTS_VIEW, &matView);
}

void SplitPath(const string& inputPath, string* pathOnly, string* filenameOnly)
{
```

```cpp
        string fullPath( inputPath );
        replace( fullPath.begin(), fullPath.end(), '\\', '/');
        string::size_type lastSlashPos = fullPath.find_last_of('/');
        // check for there being no path element in the input
        if (lastSlashPos == string::npos)
        {
            *pathOnly="";
            *filenameOnly = fullPath;
        }
        else {
            if (pathOnly) {
                *pathOnly = fullPath.substr(0, lastSlashPos);
            }
            if (filenameOnly)
            {
                *filenameOnly = fullPath.substr(
                    lastSlashPos + 1,
                    fullPath.size() -lastSlashPos -1 );
            }
        }
}
bool DoesFileExist(const string &filename)
{
    return (_access(filename.c_str(), 0) != -1);
}
bool FindFile(string *filename)
{
    if (!filename) return false;
    //look for file using original filename and path
    if (DoesFileExist(*filename)) return true;
    //since the file was not found, try removing the path
    string pathOnly;
    string filenameOnly;
    SplitPath(*filename,&pathOnly,&filenameOnly);
    //is file found in current folder, without the path?
    if (DoesFileExist(filenameOnly))
    {
        *filename=filenameOnly;
        return true;
    }
    //not found
    return false;
}
MODEL *LoadModel(string filename)
{
    MODEL *model = (MODEL*)malloc(sizeof(MODEL));
    LPD3DXBUFFER matbuffer;
    HRESULT result;
```

```cpp
//load mesh from the specified file
result = D3DXLoadMeshFromX(
    filename.c_str(),           //filename
    D3DXMESH_SYSTEMMEM,         //mesh options
    d3ddev,                     //Direct3D device
    NULL,                       //adjacency buffer
    &matbuffer,                 //material buffer
    NULL,                       //special effects
    &model->material_count,     //number of materials
    &model->mesh);              //resulting mesh

if (result != D3D_OK)
{
    MessageBox(0, "Error loading model file", APPTITLE.c_str(), 0);
    return NULL;
}
//extract material properties and texture names from material buffer
LPD3DXMATERIAL d3dxMaterials = (LPD3DXMATERIAL)matbuffer->GetBufferPointer();
model->materials = new D3DMATERIAL9[model->material_count];
model->textures = new LPDIRECT3DTEXTURE9[model->material_count];
//create the materials and textures
for(DWORD i=0; i<model->material_count; i++)
{
    //grab the material
    model->materials[i] = d3dxMaterials[i].MatD3D;
    //set ambient color for material
    model->materials[i].Ambient = model->materials[i].Diffuse;
    model->textures[i] = NULL;
    if (d3dxMaterials[i].pTextureFilename != NULL)
    {
        string filename = d3dxMaterials[i].pTextureFilename;
        if( FindFile(&filename) )
        {
            result = D3DXCreateTextureFromFile(
                d3ddev, filename.c_str(), &model->textures[i]);
            if (result != D3D_OK)
            {
                MessageBox(0,"Could not find texture",
                    APPTITLE.c_str(),0);
                return false;
            }
        }
    }
}
//done using material buffer
matbuffer->Release();
return model;
}
```

```cpp
void DeleteModel(MODEL *model)
{
    //remove materials from memory
    if( model->materials != NULL )
        delete[] model->materials;
    //remove textures from memory
    if (model->textures != NULL)
    {
        for( DWORD i = 0; i < model->material_count; i++)
        {
            if (model->textures[i] != NULL)
                model->textures[i]->Release();
        }
        delete[] model->textures;
    }
    //remove mesh from memory
    if (model->mesh != NULL)
        model->mesh->Release();
//remove model struct from memory
if (model != NULL)
    free(model);
}
void DrawModel(MODEL *model)
{
    //any materials in this mesh?
    if (model->material_count == 0)
    {
        model->mesh->DrawSubset(0);
    }
    else {
        //draw each mesh subset
        for( DWORD i=0; i < model->material_count; i++ )
        {
            // Set the material and texture for this subset
            d3ddev->SetMaterial( &model->materials[i] );
            if (model->textures[i])
            {
                if (model->textures[i]->GetType() == D3DRTYPE_TEXTURE)
                {
                    D3DSURFACE_DESC desc;
                    model->textures[i]->GetLevelDesc(0, &desc);
                    if (desc.Width > 0) {
                        d3ddev->SetTexture( 0, model->textures[i] );
                    }
                }
            }
        }
        // Draw the mesh subset
```

```
            model->mesh->DrawSubset( i );
        }
    }
}
```

3. Render Mesh 源代码（MyGame.cpp）

在更新了 **MyDirectX** 文件、添加了可重用的网格代码之后，我们可以来解决这个示例程序的主源代码的问题了。

```cpp
#include "MyDirectX.h"
using namespace std;
const string APPTITLE = "Render Mesh Demo";
const int SCREENW = 1024;
const int SCREENH = 768;
DWORD screentimer = timeGetTime();
MODEL *mesh=NULL;
bool Game_Init(HWND window)
{
    srand( (int)time(NULL) );
    //initialize Direct3D
    if (!Direct3D_Init(window, SCREENW, SCREENH, false))
    {
        MessageBox(window,"Error initializing Direct3D",APPTITLE.c_str(),0);
        return false;
    }
    //initialize DirectInput
    if (!DirectInput_Init(window))
    {
        MessageBox(window,"Error initializing DirectInput",APPTITLE.c_str(),0);
        return false;
    }
    //initialize DirectSound
    if (!DirectSound_Init(window))
    {
        MessageBox(window,"Error initializing DirectSound",APPTITLE.c_str(),0);
        return false;
    }
    //set the camera position
    SetCamera( 0.0f, -800.0f, -200.0f );
    //use ambient lighting and z-buffering
    d3ddev->SetRenderState(D3DRS_ZENABLE, true);
    d3ddev->SetRenderState(D3DRS_LIGHTING, false);
    //load the mesh file
    mesh = LoadModel("Fokker.X");
    if (mesh == NULL)
    {
```

第 13 章
渲染 3D 模型文件

```cpp
            MessageBox(window, "Error loading mesh", APPTITLE.c_str(), MB_OK);
            return 0;
        }
        return true;
    }
    void Game_Run(HWND window)
    {
        if (!d3ddev) return;
        DirectInput_Update();
        d3ddev->Clear(0, NULL, D3DCLEAR_TARGET | D3DCLEAR_ZBUFFER,
            D3DCOLOR_XRGB(0,0,100), 1.0f, 0);
        // slow rendering to approximately 60 fps
        if (timeGetTime() > screentimer + 14)
        {
            screentimer = GetTickCount();
            //start rendering
            if (d3ddev->BeginScene())
            {
                //rotate the view
                D3DXMATRIX matWorld;
                D3DXMatrixRotationY(&matWorld, timeGetTime()/1000.0f);
                d3ddev->SetTransform(D3DTS_WORLD, &matWorld);
                //draw the model
                DrawModel(mesh);
                //stop rendering
                d3ddev->EndScene();
                d3ddev->Present(NULL, NULL, NULL, NULL);
            }
        }
        //exit with escape key or controller Back button
        if (KEY_DOWN(VK_ESCAPE)) gameover = true;
        if (controllers[0].wButtons & XINPUT_GAMEPAD_BACK) gameover = true;
    }
    void Game_End()
    {
        //free memory and shut down
        DeleteModel(mesh);
        DirectSound_Shutdown();
        DirectInput_Shutdown();
        Direct3D_Shutdown();
    }
```

我们现在有了将网格文件装载到我们自己的游戏中的能力了！于是，头脑中的很多想法都有可能实现。天空是唯一的限制！任何我们能想得到的 3D 游戏，我们都有能力来实现了。当然，在这个过程中有许多细节需要补齐，但这已经是非常好的开始了。如同往常一样，我们已经提供了一个马上可以使用的项目（见资源中的"DirectX_Project"）供你修改。

13.3 你所学到的

本章提供了在 Direct3D 中将模型文件装载到内存并渲染所需的信息！以下是要点。
◎ 我们学习了如何在运行时创建以及渲染后援对象。
◎ 我们学习了如何从 .X 文件中装载并渲染网格。

13.4 复习测验

以下复习测验题有助于你确定自己是否已经掌握了本章中的所有内容。
1. 表示网格的 Direct3D 对象的名称是什么？

2. 随着程序对材质进行迭代而一个一个渲染网格中的每个面的 Direct3D 函数是哪个？
3. 我们可用于将 .X 文件装载到 Direct3D 网格中的函数的名称是什么？
4. 用于绘制模型中各个多边形的函数是哪个？
5. 用于表示内存中的纹理的 Direct3D 数据类型是什么？
6. 用于储存矩阵的 Direct3D 数据类型的名称是什么？
7. 哪个 Direct3D 函数在 y 轴上旋转网格？
8. 哪个标准矩阵通常表示场景中当前被转换以及渲染的对象？
9. 用于指定诸如长宽比这样的渲染属性的标准矩阵是哪个？
10. 哪个标准矩阵表示照相机视图？

13.5 自己动手

以下习题将帮助你学习更多与本章有关的知识。

习题 1. 修改 Stock Mesh 程序，让它在屏幕上同时绘制两个后援网格。要完成这个练习，你需要分别记录两个世界矩阵。但是，你可以在同一时间，一个接着一个地渲染它们；只需要再次调用 DrawModel 并且传递第 2 个 MODEL 变量。

习题 2. Render Mesh 程序演示了装载 .X 文件以及在屏幕上渲染它的方法。修改这个程序，让它使用键盘或鼠标来旋转模型，而不仅仅让用户看着它自己旋转。

第14章 Anti-Virus（反病毒）游戏

本章专注于一个能有效地演示在前面 13 章中所学的概念的游戏项目！这个游戏是个原型，或者说还是在进行过程中的游戏，我们故意将它停留在一个简单的状态以便你可以不被高级游戏功能的复杂性所打搅，从而学习其精髓，否则这个游戏项目按我的经验得多出 10 倍大小了。这个游戏原型只有大约 1 300 行留白良好并且良好注释的代码（不算其他文件中的支持代码）。我鼓励你学习本章给出并且讲解的代码，然后打开完成的项目，以你自己的想象来改进这一游戏！以下是我们将在本章学习的内容。

◎ 创建游戏项目。
◎ 编写源代码。

14.1 Anti-Virus 游戏

本章的 Anti-Virus 游戏的特点是细节和函数分散开来，以便你能增强它！本游戏有一个卷动背景、一个每帧转换并绘制上百个精灵的高速游戏循环、对键盘和 Xbox 360 控制器的支持以及一些非常有趣的音响效果！

第 14 章
Anti-Virus（反病毒）游戏

> **建议**
>
> Anti-Virus 游戏中的所有音响效果都是使用 Audaciy 这个声音编辑软件从正弦波、方波和锯齿波生成的。在玩这个游戏的时候别忘了把扬声器打开！

Anti-Virus 游戏有个基本的故事和情节，但没有正式的游戏设计文档，所以，我在这里简要解释一下故事。如果要将这个伪游戏转变为正式的游戏项目，那就需要来一次 30 秒的"电梯推介"。

美国宇航局负责处理火星探测器的超级计算机被发送自探测器（通过它们传回给地球的无线电信号）的外星计算机病毒所入侵。这种外星病毒是一种人类从来没有遇到过的病毒类型，它们的行为似乎更像生命体而不是计算机程序。

在被下载之后，外星病毒能够自我翻译成我们的计算机系统所能理解的形式。它们现在正在销毁存储在超级计算机中的火星数据！宇航局的工程师们担心，这种外星计算机病毒可能扩散到其他系统中，于是隔离了受感染的超级计算机。所有已知的反病毒软件和网络安全策略都不管用！

但现在情况不同了！我们有新一代的纳米机器人技术来构造一种微型的遥控机器人。你的使命很简单：进入超级计算机的核心内存并消灭外星威胁！

你的纳米机器人的代号是"R.A.I.N.R."：遥控人工智能纳米机器人（Remote Artificially Intelligent NanoRobot）。RAINR 是个完全独立的、自立的机器，但如果需要持续长时间运行需要有能量，尤其是在安装了附加的病毒消灭装备之后。核心计算机内存中填满了老程序和数据的片段，这些可以用于给纳米机器人重新充电。

你的使命很简单：通过备用通信线路进入超级计算机的内存，穿过防火墙和内存平台进入计算机的核心。一旦到达，你将销毁第一个外星病毒——"母毒"，然后获得其身份代码。只有到这个时候我们才能构建一个防御网来抵抗病毒的传播。

14.1.1 游戏玩法

Anti-Virus 游戏已经有许多有趣的游戏功能，只需连接在一起就可带来协同体验。比如，游戏有对武器升级的支持，但当前还没有提供游戏者可以拾取的任何升级能力。要想更改纳米机器人的火力升级水平，可按 F1 键到 F5 键，F1 键是默认的武器而 F5 键是完全升级的版本。

1. 火力 1

图 14.1 展示了第一种武器，这是默认武器。

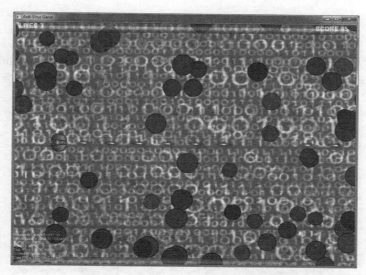

图 14.1 以正常火力一次发一颗子弹

即使只想打一个单发子弹，我们仍旧需要实现一个子弹数组并且要留心进行计时，以免子弹就如火龙一样喷出。打子弹的代码可在 player_shoot()函数中找到,这里有一个 switch 语句用于以纳米机器人的火力级别为基础来触发相应代码。

```
case 1:
{
    //create a bullet
    int b1 = find_bullet();
    if (b1 == -1) return;
    bullets[b1].alive = true;
    bullets[b1].rotation = 0.0;
    bullets[b1].velx = 12.0f;
    bullets[b1].vely = 0.0f;
    bullets[b1].x = player.x + player.width/2;
    bullets[b1].y = player.y + player.height/2
        -bullets[b1].height/2;
}
break;
```

子弹以相对于游戏者的位置来定位，并且有一点点调整，以便子弹正好出现在纳米机器人中央的前方。其他四种火力的变化也是基于这段代码。图形用户界面（GUI）有点松散，但已经有模有样了，在顶端有能量条，计算机的健康状态条则位于屏幕的底部。随着游戏的进行，外星病毒将会对计算机做破坏，用户不仅要击退外星威胁而且要维修病毒给计算机系统造成的破坏（也许通过短的迷你游戏或者必须要收集的对象来进行——这里有无限可能）。

2. 火力 2

第二火力级别如图 14.2 所示，它的特点是有两颗子弹从纳米机器人朝向敌方的病毒程序（以让人想起生物细胞的半透明圆圈来表示）发出。可使用 F2 键来装备这个级别。

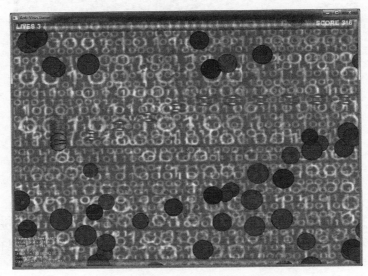

图 14.2　使用火力级别 2 一次发出两颗子弹

```
case 2:
{
    //create bullet 1
    int b1 = find_bullet();
    if (b1 == -1) return;
    bullets[b1].alive = true;
    bullets[b1].rotation = 0.0;
    bullets[b1].velx = 12.0f;
    bullets[b1].vely = 0.0f;
    bullets[b1].x = player.x + player.width/2;
    bullets[b1].y = player.y + player.height/2
        -bullets[b1].height/2;
    bullets[b1].y -= 10;
    //create bullet 2
    int b2 = find_bullet();
    if (b2 == -1) return;
    bullets[b2].alive = true;
    bullets[b2].rotation = 0.0;
    bullets[b2].velx = 12.0f;
    bullets[b2].vely = 0.0f;
    bullets[b2].x = player.x + player.width/2;
```

```
            bullets[b2].y = player.y + player.height/2
                -bullets[b2].height/2;
            bullets[b2].y += 10;
        }
        break;
```

3. 火力 3

第三个火力级别见图 14.3，它的特点是有三颗子弹从纳米机器人朝向敌方的病毒程序发出。第二火力级别有两颗子弹以离纳米机器人同样的距离出现，而第三级则是有一颗中心子弹和一上一下另外两颗子弹。学习对每颗子弹进行定位的代码可理解如何通过修改这些火力级别来实现你自定义的子弹配置。

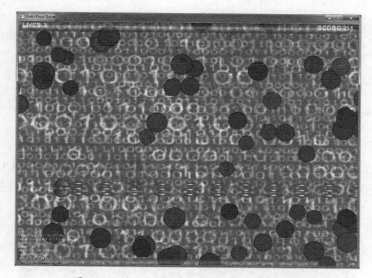

图 14.3　使用火力级别 3 一次发出三颗子弹

```
case 3:
    {
        //create bullet 1
        int b1 = find_bullet();
        if (b1 == -1) return;
        bullets[b1].alive = true;
        bullets[b1].rotation = 0.0;
        bullets[b1].velx = 12.0f;
        bullets[b1].vely = 0.0f;
        bullets[b1].x = player.x + player.width/2;
        bullets[b1].y = player.y + player.height/2
            -bullets[b1].height/2;
        //create bullet 2
```

```
            int b2 = find_bullet();
            if (b2 == -1) return;
            bullets[b2].alive = true;
            bullets[b2].rotation = 0.0;
            bullets[b2].velx = 12.0f;
            bullets[b2].vely = 0.0f;
            bullets[b2].x = player.x + player.width/2;
            bullets[b2].y = player.y + player.height/2
                -bullets[b2].height/2;
            bullets[b2].y -= 16;
            //create bullet 3
            int b3 = find_bullet();
            if (b3 == -1) return;
            bullets[b3].alive = true;
            bullets[b3].rotation = 0.0;
            bullets[b3].velx = 12.0f;
            bullets[b3].vely = 0.0f;
            bullets[b3].x = player.x + player.width/2;
            bullets[b3].y = player.y + player.height/2
                -bullets[b3].height/2;
            bullets[b3].y += 16;
        }
        break;
```

4．火力 4

第四级武器升级的特色是有四颗看起来很让人印象深刻的子弹，如图 14.4 所示。这是最后一个子弹的朝向相同的武器升级，在下一级（双关语）我们将让子弹以不同方向发射。

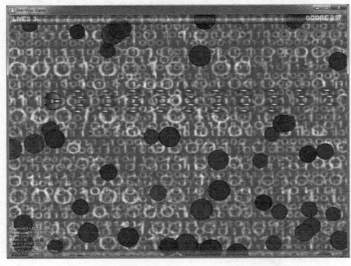

图 14.4　使用火力级别 4 一次发出四颗子弹

注意以下代码清单中对四颗子弹中的每一颗独立进行定位并且"发射"的方法。即使我们看到四颗子弹以成组的方式一起出现，它们的移动以及与环境的交互也是互相独立的。这是个重要的游戏概念，我希望你能掌握。所以请学习代码！大多数游戏代码和这段代码一样，通过按需重复非常简单的代码来获得强大的能力。如果你想要编写一个漂亮的算法或者将通过某种方法这四颗子弹放到循环中，我建议你别做这样的事情！漂亮的算法并不意味着更快速的代码，这是由现代处理器架构的设计方法所决定的。

```
case 4:
    {
        //create bullet 1
        int b1 = find_bullet();
        if (b1 == -1) return;
        bullets[b1].alive = true;
        bullets[b1].rotation = 0.0;
        bullets[b1].velx = 12.0f;
        bullets[b1].vely = 0.0f;
        bullets[b1].x = player.x + player.width/2;
        bullets[b1].x += 8;
        bullets[b1].y = player.y + player.height/2
            -bullets[b1].height/2;
        bullets[b1].y -= 12;
        //create bullet 2
        int b2 = find_bullet();
        if (b2 == -1) return;
        bullets[b2].alive = true;
        bullets[b2].rotation = 0.0;
        bullets[b2].velx = 12.0f;
        bullets[b2].vely = 0.0f;
        bullets[b2].x = player.x + player.width/2;
        bullets[b2].x += 8;
        bullets[b2].y = player.y + player.height/2
            -bullets[b2].height/2;
        bullets[b2].y += 12;
        //create bullet 3
        int b3 = find_bullet();
        if (b3 == -1) return;
        bullets[b3].alive = true;
        bullets[b3].rotation = 0.0;
        bullets[b3].velx = 12.0f;
        bullets[b3].vely = 0.0f;
        bullets[b3].x = player.x + player.width/2;
        bullets[b3].y = player.y + player.height/2
            -bullets[b3].height/2;
        bullets[b3].y -= 32;
        //create bullet 4
```

```
        int b4 = find_bullet();
        if (b4 == -1) return;
        bullets[b4].alive = true;
        bullets[b4].rotation = 0.0;
        bullets[b4].velx = 12.0f;
        bullets[b4].vely = 0.0f;
        bullets[b4].x = player.x + player.width/2;
        bullets[b4].y = player.y + player.height/2
            -bullets[b4].height/2;
        bullets[b4].y += 32;
    }
    break;
```

5. 火力 5

第五级也是最后一级火力升级，这一级别和我们在前面四级中使用的模式不同。在这一级别中，我们将以从纳米机器人散开的角度来打出子弹，而不是直线向前。从此以后，你就可以按最大的创意来处理火力——我将给你所需的代码并让你想到一些有创意的新的可能性！对于初学者而言，请见图 14.5。

图 14.5　使用火力级别 5 发出更广泛角度的 4 颗子弹

在你把下列代码当成理所当然的东西之前，请看得更仔细一些，因为它与前面的火力代码有些不同！我将把我的意思展示出来。在这个情况下使用了两个新函数。我将为你突出显示这些函数调用。

14.1 Anti-Virus 游戏

```
case 5:
{
    //create bullet 1
    int b1 = find_bullet();
    if (b1 == -1) return;
    bullets[b1].alive = true;
    bullets[b1].rotation = 0.0;
    bullets[b1].velx = 12.0f;
    bullets[b1].vely = 0.0f;
    bullets[b1].x = player.x + player.width/2;
    bullets[b1].y = player.y + player.height/2
        -bullets[b1].height/2;
    bullets[b1].y -= 12;
    //create bullet 2
    int b2 = find_bullet();
    if (b2 == -1) return;
    bullets[b2].alive = true;
    bullets[b2].rotation = 0.0;
    bullets[b2].velx = 12.0f;
    bullets[b2].vely = 0.0f;
    bullets[b2].x = player.x + player.width/2;
    bullets[b2].y = player.y + player.height/2
        -bullets[b2].height/2;
    bullets[b2].y += 12;
    //create bullet 3
    int b3 = find_bullet();
    if (b3 == -1) return;
    bullets[b3].alive = true;
    bullets[b3].rotation = -4.0;
    bullets[b3].velx = (float) (12.0 *
        LinearVelocityX( bullets[b3].rotation ));
    bullets[b3].vely = (float) (12.0 *
        LinearVelocityY( bullets[b3].rotation ));
    bullets[b3].x = player.x + player.width/2;
    bullets[b3].y = player.y + player.height/2
        -bullets[b3].height/2;
    bullets[b3].y -= 20;
    //create bullet 4
    int b4 = find_bullet();
    if (b4 == -1) return;
    bullets[b4].alive = true;
    bullets[b4].rotation = 4.0;
    bullets[b4].velx = (float) (12.0 *
        LinearVelocityX( bullets[b4].rotation ));
    bullets[b4].vely = (float) (12.0 *
        LinearVelocityY( bullets[b4].rotation ));
    bullets[b4].x = player.x + player.width/2;
    bullets[b4].y = player.y + player.height/2
```

```
        -bullets[b4].height/2;
    bullets[b4].y += 20;
}
break;
```

这里有两颗朝前方向的子弹和两颗偏离一个角度的子弹，极大地增加了射击的威力，因为这种类型的火力覆盖了更多的屏幕空间！这里的关键在于两个函数：LinearVelocityX() 和 LinearVelocityY()。

```
const double PI = 3.1415926535;
const double PI_over_180 = PI / 180.0f;
double LinearVelocityX(double angle)
{
    if (angle < 0) angle = 360 + angle;
    return cos( angle * PI_over_180);
}
double LinearVelocityY(double angle)
{
    if (angle < 0) angle = 360 + angle;
    return sin( angle * PI_over_180);
}
```

在调用这些函数中的任意一个时，需要以角度传递期待的角。这些函数会在内部将角度转换为弧度，因为 sin() 和 cos()（分别计算正弦和余弦）只能处理弧度。将期待的角度传递给 LinearVelocityX()，它将计算精灵以这个方向移动所需的 X 速度。同样地，将期待的角度传递给 LinearVelocityY()，它将计算精灵的 Y 速度。将这两个值组合在一起，就可让精灵（比如子弹）以期待的方向在屏幕上移动。这些值通常很小，其范围在 0.0 到 1.0 之间，所以如果想让精灵移动得更快，可以乘以一个数。

建议

请记得在笛卡尔坐标系中 0 度是朝向右边而不是像罗盘那样朝上的！朝上的方向实际上是 -90 度，或者 +270 度（如果顺时针转圈的话）。朝下是 +90 度。

6. 过载武器系统

除了正常的火力级别以外，RAINR 纳米机器人可以过载其武器系统，从而一次产生大规模子弹爆炸——很适合在有太多外星病毒临近时扫清道路！这一强大而特殊武器的使用效果见图 14.6。这就像大多数射手都有的一个超级武器或炸弹，这里确实可以做很多潜在的、很有意思的东西。例如，可以让玩家使用其所有的能量开火而没有任何延迟从而更为高效，而不是要完全充电。

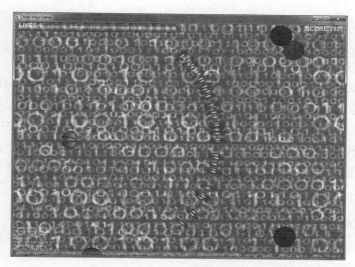

图 14.6　发射过载子弹可消灭视线内的几乎所有一切东西

7．任务简报

任务简报画面（如图 14.7 所示）是一个非常简单的字幕画面，显示游戏的基本故事和控制。现在，基本的游戏状态是工作的，你可以使用它来创建一个单独的字幕画面、主菜单画面和游戏结束画面。它非常粗糙，但是可以打开游戏主菜单画面、选项画面、游戏结束画面或任何你想要的东西。

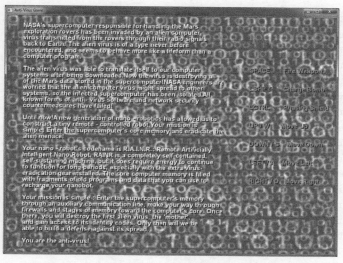

图 14.7　任务简报展示了如何使用一个游戏状态变量

第 14 章
Anti-Virus（反病毒）游戏

14.1.2 游戏源代码

以下是游戏的完整源代码。在本章中，你将看不到我们以前已经在 **MyDirectX** 等文件中给出的代码。即使如此，在没有任何框架代码的情况下我们也将看到颇长的代码——1 300 行。而这只是原型或者伪游戏而已。在源代码清单中，我以粗体突出了希望你特别注意的重点代码行——因为这些代码行是你在短时间内可以给游戏做出最重要的更改的地方。而从长期来说，我们得看看这个游戏最终会是什么样。你会是完成这一游戏的人吗？

```cpp
// Beginning Game Programming
// Anti-Virus Game
// MyGame.cpp
#include "MyDirectX.h"
const string APPTITLE = "Anti-Virus Game";
const int SCREENW = 1024;
const int SCREENH = 768;
const bool FULLSCREEN = false;
//game state variables
enum GAME_STATES
{
    BRIEFING = 0,
    PLAYING = 1
};
GAME_STATES game_state = BRIEFING;
//font variables
LPD3DXFONT font;
LPD3DXFONT hugefont;
LPD3DXFONT debugfont;
//timing variables
DWORD refresh = 0;
DWORD screentime = 0;
double screenfps = 0.0;
double screencount = 0.0;
DWORD coretime = 0;
double corefps = 0.0;
double corecount = 0.0;
DWORD currenttime;
//background scrolling variables
const int BUFFERW = SCREENW * 2;
const int BUFFERH = SCREENH;
```

```cpp
LPDIRECT3DSURFACE9 background = NULL;
double scrollx = 0;
double scrolly=0;
const double virtual_level_size = BUFFERW * 5;
double virtual_scrollx = 0;
//player variables
LPDIRECT3DTEXTURE9 player_ship;
SPRITE player;
enum PLAYER_STATES
{
    NORMAL = 0,
    PHASING = 1,
    OVERLOADING = 2
};
PLAYER_STATES player_state = NORMAL;
PLAYER_STATES player_state_previous = NORMAL;
D3DXVECTOR2 position_history[8];
int position_history_index = 0;
DWORD position_history_timer = 0;
double charge_angle = 0.0;
double charge_tweak = 0.0;
double charge_tweak_dir = 1.0;
int energy = 100;
int health = 100;
int lives = 3;
int score = 0;
//enemy virus objects
const int VIRUSES = 200;
LPDIRECT3DTEXTURE9 virus_image;
SPRITE viruses[VIRUSES];
const int FRAGMENTS = 300;
LPDIRECT3DTEXTURE9 fragment_image;
SPRITE fragments[FRAGMENTS];
//bullet variables
LPDIRECT3DTEXTURE9 purple_fire;
const int BULLETS = 300;
SPRITE bullets[BULLETS];
int player_shoot_timer = 0;
int firepower = 5;
int bulletcount = 0;
//sound effects
CSound *snd_tisk=NULL;
CSound *snd_foom=NULL;
CSound *snd_charging=NULL;
```

第 14 章
Anti-Virus（反病毒）游戏

```cpp
CSound *snd_killed = NULL;
CSound *snd_hit = NULL;
//GUI elements
LPDIRECT3DTEXTURE9 energy_slice;
LPDIRECT3DTEXTURE9 health_slice;
//controller vibration
int vibrating = 0;
int vibration = 100;

//allow quick string conversion anywhere in the program
template <class T>
std::string static ToString(const T & t, int places = 2)
{
    ostringstream oss;
    oss.precision(places);
    oss.setf(ios_base::fixed);
    oss << t;
    return oss.str();
}
bool Create_Viruses()
{
    virus_image = LoadTexture("virus.tga");
    if (!virus_image) return false;
    for (int n = 0; n<VIRUSES; n++)
    {
        D3DCOLOR color = D3DCOLOR_ARGB(
            170 + rand() % 80,
            150 + rand() % 100,
            25 + rand() % 50,
            25 + rand() % 50);
        viruses[n].color = color;
        viruses[n].scaling = (float)((rand() % 25 + 50) / 100.0f);
        viruses[n].alive = true;
        viruses[n].width = 96;
        viruses[n].height = 96;
        viruses[n].x = (float)(1000 + rand() % BUFFERW);
        viruses[n].y = (float)(rand() % SCREENH);
        viruses[n].velx = (float)((rand() % 8) * -1);
        viruses[n].vely = (float)(rand() % 2 -1);
    }
    return true;
}
bool Create_Fragments()
{
```

```
        fragment_image = LoadTexture("fragment.tga");
        if (!fragment_image) return false;

        for (int n = 0; n<FRAGMENTS; n++)
        {
            fragments[n].alive = true;
            D3DCOLOR fragmentcolor = D3DCOLOR_ARGB(
                125 + rand() % 50,
                150 + rand() % 100,
                150 + rand() % 100,
                150 + rand() % 100);
            fragments[n].color = fragmentcolor;
            fragments[n].width = 128;
            fragments[n].height = 128;
            fragments[n].scaling = (float)(rand() % 8 + 6) / 100.0f;
            fragments[n].rotation = (float)(rand() % 360);
            fragments[n].velx = (float)(rand() % 4 + 1) * -1.0f;
            fragments[n].vely = (float)(rand() % 10 -5) / 10.0f;
            fragments[n].x = (float)(rand() % BUFFERW);
            fragments[n].y = (float)(rand() % SCREENH);
        }
        return true;
}
bool Create_Background()
{
    //load background
    LPDIRECT3DSURFACE9 image = NULL;
    image = LoadSurface("binary.png");
    if (!image) return false;
    HRESULT result =
        d3ddev->CreateOffscreenPlainSurface(
        BUFFERW,
        BUFFERH,
        D3DFMT_X8R8G8B8,
        D3DPOOL_DEFAULT,
        &background,
        NULL);
    if (result != D3D_OK) return false;
    //copy image to upper left corner of background
    RECT source_rect = { 0, 0, SCREENW, SCREENH };
    RECT dest_ul = { 0, 0, SCREENW, SCREENH };
    d3ddev->StretchRect(
        image,
        &source_rect,
```

```cpp
            background,
            &dest_ul,
            D3DTEXF_NONE);
        //copy image to upper right corner of background
        RECT dest_ur = { SCREENW, 0, SCREENW * 2, SCREENH };
        d3ddev->StretchRect(
            image,
            &source_rect,
            background,
            &dest_ur,
            D3DTEXF_NONE);
        //get pointer to the back buffer
        d3ddev->GetBackBuffer(0, 0, D3DBACKBUFFER_TYPE_MONO,
            &backbuffer);
        //remove image
        image->Release();
        return true;
    }
    bool Game_Init(HWND window)
    {
        Direct3D_Init(window, SCREENW, SCREENH, FULLSCREEN);
        DirectInput_Init(window);
        DirectSound_Init(window);

        //create a font
        font = MakeFont("Arial Bold", 24);
        debugfont = MakeFont("Arial", 14);
        hugefont = MakeFont("Arial Bold", 80);

        //load player sprite
        player_ship = LoadTexture("ship.png");
        player.x = 100;
        player.y = 350;

        player.width = player.height = 64;
        for (int n=0; n<4; n++)
            position_history[n] = D3DXVECTOR2(-100,0);
        //load bullets
        purple_fire = LoadTexture("purplefire.tga");
        for (int n=0; n<BULLETS; n++)
        {
            bullets[n].alive = false;
            bullets[n].x = 0;
            bullets[n].y = 0;
```

```cpp
        bullets[n].width = 55;
        bullets[n].height = 16;
    }
    //create enemy viruses
    if (!Create_Viruses()) return false;
    //load gui elements
    energy_slice = LoadTexture("energyslice.tga");
    health_slice = LoadTexture("healthslice.tga");
    //load audio files
    snd_tisk = LoadSound("clip.wav");
    snd_foom = LoadSound("longfoom.wav");
    snd_charging = LoadSound("charging.wav");
    snd_killed = LoadSound("killed.wav");
    snd_hit = LoadSound("hit.wav");

    //create memory fragments (energy)
    if (!Create_Fragments()) return false;

    //create background
    if (!Create_Background()) return false;
    return true;
}
void Game_End()
{
    if (background)
    {
        background->Release();
        background = NULL;
    }
    if (font)
    {
        font->Release();
        font = NULL;
    }
    if (debugfont)
    {
        debugfont->Release();
        debugfont = NULL;
    }
    if (hugefont)
    {
        hugefont->Release();
        hugefont = NULL;
    }
```

第 14 章
Anti-Virus（反病毒）游戏

```cpp
        if (fragment_image)
        {
            fragment_image->Release();
            fragment_image = NULL;
        }
        if (player_ship)
        {
            player_ship->Release();
            player_ship = NULL;
        }
        if (virus_image)
        {
            virus_image->Release();
            virus_image = NULL;
        }
        if (purple_fire)
        {
            purple_fire->Release();
            purple_fire = NULL;
        }
        if (health_slice)
        {
            health_slice->Release();
            health_slice = NULL;
        }
        if (energy_slice)
        {
            energy_slice->Release();
            energy_slice = NULL;
        }
        if (snd_charging) delete snd_charging;
        if (snd_foom) delete snd_foom;
        if (snd_tisk) delete snd_tisk;
        if (snd_killed) delete snd_killed;
        if (snd_hit) delete snd_hit;
        DirectSound_Shutdown();
        DirectInput_Shutdown();
        Direct3D_Shutdown();
    }
    void move_player(float movex, float movey)
    {
        //cannot move while overloading!
        if (player_state == OVERLOADING
        || player_state_previous == OVERLOADING
```

```cpp
        || player_state == PHASING
        || player_state_previous == PHASING)
          return;
     float multi = 4.0f;
     player.x += movex * multi;
     player.y += movey * multi;
     if (player.x < 0.0f) player.x = 0.0f;
     else if (player.x > 300.0f) player.x = 300.0f;
     if (player.y < 0.0f) player.y = 0.0f;
     else if (player.y > SCREENH -(player.height * player.scaling))
          player.y = SCREENH -(player.height * player.scaling);
}
//these are used by the following math functions
//localized here for quicker reference
const double PI = 3.1415926535;
const double PI_under_180 = 180.0f / PI;
const double PI_over_180 = PI / 180.0f;
double toRadians(double degrees)
{
     return degrees * PI_over_180;
}
double toDegrees(double radians)
{
     return radians * PI_under_180;
}
double wrap(double value, double bounds)
{
     double result = fmod(value, bounds);
     if (result < 0) result += bounds;
     return result;
}
double wrapAngleDegs(double degs)
{
     return wrap(degs, 360.0);
}
double LinearVelocityX(double angle)
{
     if (angle < 0) angle = 360 + angle;
     return cos( angle * PI_over_180);
}
double LinearVelocityY(double angle)
{
     if (angle < 0) angle = 360 + angle;
     return sin( angle * PI_over_180);
```

第 14 章
Anti-Virus（反病毒）游戏

```cpp
    }
    void add_energy(double value)
    {
        energy += value;
        if (energy < 0.0) energy = 0.0;
        if (energy > 100.0) energy = 100.0;
    }
    void Vibrate(int contnum, int amount, int length)
    {
        vibrating = 1;
        vibration = length;
        XInput_Vibrate(contnum, amount);
    }
    int find_bullet()
    {
        int bullet = -1;
        for (int n=0; n<BULLETS; n++)

        {
            if (!bullets[n].alive)
            {
                bullet = n;
                break;
            }
        }
        return bullet;
    }
    bool player_overload()
    {
        //disallow overload unless energy is at 100%
        if (energy < 50.0) return false;
        //reduce energy for this shot
        add_energy(-0.5);
        //play charging sound
        PlaySound(snd_charging);
        //vibrate controller
        Vibrate(0, 20000, 20);
        int b1 = find_bullet();
        if (b1 == -1) return true;
        bullets[b1].alive = true;
        bullets[b1].velx = 0.0f;
        bullets[b1].vely = 0.0f;
        bullets[b1].rotation = (float)(rand() % 360);
        bullets[b1].x = player.x + player.width;
```

```
        bullets[b1].y = player.y + player.height/2
            -bullets[b1].height/2;
        bullets[b1].y += (float)(rand() % 20 -10);
        return true;
    }
    void player_shoot()
    {
        //limit firing rate
        if ((int)timeGetTime() < player_shoot_timer + 100) return;
        player_shoot_timer = timeGetTime();
        //reduce energy for this shot
        add_energy(-1.0);
        if (energy < 0.0)
        {
            energy = 0.0;
            return;
        }
    //play firing sound
    PlaySound(snd_tisk);
    Vibrate(0, 25000, 10);
    //launch bullets based on firepower level
    switch(firepower)
    {
    case 1:
    {
        //create a bullet
        int b1 = find_bullet();
        if (b1 == -1) return;
        bullets[b1].alive = true;
        bullets[b1].rotation = 0.0;
        bullets[b1].velx = 12.0f;
        bullets[b1].vely = 0.0f;
        bullets[b1].x = player.x + player.width/2;
        bullets[b1].y = player.y + player.height/2
            -bullets[b1].height/2;
    }
    break;
    case 2:
    {
        //create bullet 1
        int b1 = find_bullet();
        if (b1 == -1) return;
        bullets[b1].alive = true;
        bullets[b1].rotation = 0.0;
```

```cpp
            bullets[b1].velx = 12.0f;
            bullets[b1].vely = 0.0f;
            bullets[b1].x = player.x + player.width/2;
            bullets[b1].y = player.y + player.height/2
                -bullets[b1].height/2;
            bullets[b1].y -= 10;
            //create bullet 2
            int b2 = find_bullet();
            if (b2 == -1) return;
            bullets[b2].alive = true;
            bullets[b2].rotation = 0.0;
            bullets[b2].velx = 12.0f;
            bullets[b2].vely = 0.0f;
            bullets[b2].x = player.x + player.width/2;
            bullets[b2].y = player.y + player.height/2
                -bullets[b2].height/2;
            bullets[b2].y += 10;
        }
        break;
    case 3:
        {
            //create bullet 1
            int b1 = find_bullet();
            if (b1 == -1) return;
            bullets[b1].alive = true;
            bullets[b1].rotation = 0.0;
            bullets[b1].velx = 12.0f;
            bullets[b1].vely = 0.0f;
            bullets[b1].x = player.x + player.width/2;
            bullets[b1].y = player.y + player.height/2
                -bullets[b1].height/2;
            //create bullet 2
            int b2 = find_bullet();
            if (b2 == -1) return;
            bullets[b2].alive = true;
            bullets[b2].rotation = 0.0;
            bullets[b2].velx = 12.0f;
            bullets[b2].vely = 0.0f;
            bullets[b2].x = player.x + player.width/2;
            bullets[b2].y = player.y + player.height/2
                -bullets[b2].height/2;
            bullets[b2].y -= 16;
            //create bullet 3
            int b3 = find_bullet();
```

```
        if (b3 == -1) return;
        bullets[b3].alive = true;
        bullets[b3].rotation = 0.0;
        bullets[b3].velx = 12.0f;
        bullets[b3].vely = 0.0f;
        bullets[b3].x = player.x + player.width/2;
        bullets[b3].y = player.y + player.height/2
            -bullets[b3].height/2;
        bullets[b3].y += 16;
    }
    break;
case 4:
    {
        //create bullet 1
        int b1 = find_bullet();
        if (b1 == -1) return;
        bullets[b1].alive = true;
        bullets[b1].rotation = 0.0;
        bullets[b1].velx = 12.0f;
        bullets[b1].vely = 0.0f;
        bullets[b1].x = player.x + player.width/2;
        bullets[b1].x += 8;
        bullets[b1].y = player.y + player.height/2
            -bullets[b1].height/2;
        bullets[b1].y -= 12;
        //create bullet 2
        int b2 = find_bullet();
        if (b2 == -1) return;
        bullets[b2].alive = true;
        bullets[b2].rotation = 0.0;
        bullets[b2].velx = 12.0f;
        bullets[b2].vely = 0.0f;
        bullets[b2].x = player.x + player.width/2;
        bullets[b2].x += 8;
        bullets[b2].y = player.y + player.height/2
            -bullets[b2].height/2;
        bullets[b2].y += 12;
        //create bullet 3
        int b3 = find_bullet();
        if (b3 == -1) return;
        bullets[b3].alive = true;
        bullets[b3].rotation = 0.0;
        bullets[b3].velx = 12.0f;
        bullets[b3].vely = 0.0f;
```

```c
            bullets[b3].x = player.x + player.width/2;
            bullets[b3].y = player.y + player.height/2
                -bullets[b3].height/2;
            bullets[b3].y -= 32;
            //create bullet 4
            int b4 = find_bullet();
            if (b4 == -1) return;
            bullets[b4].alive = true;
            bullets[b4].rotation = 0.0;
            bullets[b4].velx = 12.0f;
            bullets[b4].vely = 0.0f;
            bullets[b4].x = player.x + player.width/2;
            bullets[b4].y = player.y + player.height/2
                -bullets[b4].height/2;
            bullets[b4].y += 32;
        }
        break;
    case 5:
        {
            //create bullet 1
            int b1 = find_bullet();
            if (b1 == -1) return;
            bullets[b1].alive = true;
            bullets[b1].rotation = 0.0;
            bullets[b1].velx = 12.0f;
            bullets[b1].vely = 0.0f;
            bullets[b1].x = player.x + player.width/2;
            bullets[b1].y = player.y + player.height/2
                -bullets[b1].height/2;
            bullets[b1].y -= 12;
            //create bullet 2
            int b2 = find_bullet();
            if (b2 == -1) return;
            bullets[b2].alive = true;
            bullets[b2].rotation = 0.0;
            bullets[b2].velx = 12.0f;
            bullets[b2].vely = 0.0f;
            bullets[b2].x = player.x + player.width/2;
            bullets[b2].y = player.y + player.height/2
                -bullets[b2].height/2;
            bullets[b2].y += 12;
            //create bullet 3
            int b3 = find_bullet();
            if (b3 == -1) return;
```

```
        bullets[b3].alive = true;
        bullets[b3].rotation = -4.0;// 86.0;
        bullets[b3].velx = (float) (12.0 *
            LinearVelocityX( bullets[b3].rotation ));
        bullets[b3].vely = (float) (12.0 *
            LinearVelocityY( bullets[b3].rotation ));
        bullets[b3].x = player.x + player.width/2;
        bullets[b3].y = player.y + player.height/2
            -bullets[b3].height/2;
        bullets[b3].y -= 20;
        //create bullet 4
        int b4 = find_bullet();
        if (b4 == -1) return;
        bullets[b4].alive = true;
        bullets[b4].rotation = 4.0;// 94.0;
        bullets[b4].velx = (float) (12.0 *
            LinearVelocityX( bullets[b4].rotation ));
        bullets[b4].vely = (float) (12.0 *
            LinearVelocityY( bullets[b4].rotation ));
        bullets[b4].x = player.x + player.width/2;
        bullets[b4].y = player.y + player.height/2
            -bullets[b4].height/2;
        bullets[b4].y += 20;
        }
        break;
    }
}
void Update_Background()
{
    //update background scrolling
    scrollx += 0.8;
    if (scrolly < 0)
        scrolly = BUFFERH -SCREENH;
    if (scrolly > BUFFERH -SCREENH)
        scrolly = 0;
    if (scrollx < 0)
        scrollx = BUFFERW -SCREENW;
    if (scrollx > BUFFERW -SCREENW)
        scrollx = 0;
    //update virtual scroll position
    virtual_scrollx += 1.0;
    if (virtual_scrollx > virtual_level_size)
        virtual_scrollx = 0.0;
}
```

第 14 章
Anti-Virus（反病毒）游戏

```cpp
void Update_Bullets()
{
    //update overloaded bullets
    if (player_state == NORMAL
        && player_state_previous == OVERLOADING)
    {
        int bulletcount = 0;
        //launch overloaded bullets
        for (int n = 0; n<BULLETS; n++)
        {
            //overloaded bullets start with zero velocity
            if (bullets[n].alive && bullets[n].velx == 0.0f)
            {
                bulletcount++;
                bullets[n].rotation = (float)(rand() % 90 -45);
                bullets[n].velx = (float)
                    (20.0 * LinearVelocityX(bullets[n].rotation));
                bullets[n].vely = (float)
                    (20.0 * LinearVelocityY(bullets[n].rotation));
            }
        }
        if (bulletcount > 0)
        {
            PlaySound(snd_foom);
            Vibrate(0, 40000, 30);
        }
        player_state_previous = NORMAL;
    }
    //update normal bullets
    bulletcount = 0;
    for (int n = 0; n<BULLETS; n++)
    {
        if (bullets[n].alive)
        {
            bulletcount++;
            bullets[n].x += bullets[n].velx;
            bullets[n].y += bullets[n].vely;
            if (bullets[n].x < 0 || bullets[n].x > SCREENW
                || bullets[n].y < 0 || bullets[n].y > SCREENH)
                bullets[n].alive = false;
        }
    }
}
void Damage_Player()
```

```cpp
{
    PlaySound(snd_hit);
    health -= 10;
    if (health <= 0)
    {
        PlaySound(snd_killed);
        lives -= 1;
        health = 100;
        if (lives <= 0)
        {
            game_state = GAME_STATES::BRIEFING;
        }
    }
}
void Update_Viruses()
{
    //update enemy viruses
    for (int n = 0; n<VIRUSES; n++)
    {
        if (viruses[n].alive)
        {
            //move horiz based on x velocity
            viruses[n].x += viruses[n].velx;
            if (viruses[n].x < -96.0f)
                viruses[n].x = (float)virtual_level_size;
            if (viruses[n].x >(float)virtual_level_size)
                viruses[n].x = -96.0f;
            //move vert based on y velocity
            viruses[n].y += viruses[n].vely;
            if (viruses[n].y < -96.0f)
                viruses[n].y = SCREENH;
            if (viruses[n].y > SCREENH)
                viruses[n].y = -96.0f;

            //is it touching the player?
            if (Collision(player, viruses[n]))
            {
                viruses[n].alive = false;
                Damage_Player();
            }
        }
    }
}
void Update_Fragments()
```

```cpp
{
    //update energy fragments
    for (int n = 0; n<FRAGMENTS; n++)
    {
        if (fragments[n].alive)
        {
            fragments[n].x += fragments[n].velx;
            if (fragments[n].x < 0.0 -fragments[n].width)
                fragments[n].x = BUFFERW;
            if (fragments[n].x > virtual_level_size)
                fragments[n].x = 0.0;
            if (fragments[n].y < 0.0 -fragments[n].height)
                fragments[n].y = SCREENH;
            if (fragments[n].y > SCREENH)
                fragments[n].y = 0.0;
            fragments[n].rotation += 0.01f;
            //temporarily enlarge sprite for "drawing it in"
            float oldscale = fragments[n].scaling;
            fragments[n].scaling *= 10.0;
            //is it touching the player?
            if (CollisionD(player, fragments[n]))
            {
                //get center of player
                float playerx = player.x + player.width / 2.0f;
                float playery = player.y + player.height / 2.0f;
                //get center of fragment
                float fragmentx = fragments[n].x;
                float fragmenty = fragments[n].y;
                //suck fragment toward player
                if (fragmentx < playerx) fragments[n].x += 6.0f;
                if (fragmentx > playerx) fragments[n].x -= 6.0f;
                if (fragmenty < playery) fragments[n].y += 6.0f;
                if (fragmenty > playery) fragments[n].y -= 6.0f;
            }
            //restore fragment scale
            fragments[n].scaling = oldscale;
            //after scooping up a fragment, check for collision
            if (CollisionD(player, fragments[n]))
            {
                add_energy(2.0);
                fragments[n].x = (float)(3000 + rand() % 1000);
                fragments[n].y = (float)(rand() % SCREENH);
            }
        }
    }
```

14.1 Anti-Virus 游戏

```cpp
        }
    }
}
void Test_Virus_Collisions()
{
    //examine every live virus for collision
    for (int v = 0; v<VIRUSES; v++)
    {
        if (viruses[v].alive)
        {
            //test collision with every live bullet
            for (int b = 0; b<BULLETS; b++)
            {
                if (bullets[b].alive)
                {
                    if (Collision(viruses[v], bullets[b]))
                    {
                        PlaySound(snd_hit);
                        bullets[b].alive = false;
                        viruses[v].alive = false;
                        score += viruses[v].scaling * 10.0f;
                    }
                }
            }
        }
    }
}

void Draw_Background()
{
    RECT source_rect = {
        (long)scrollx,
        (long)scrolly,
        (long)scrollx + SCREENW,
        (long)scrolly + SCREENH
    };
    RECT dest_rect = { 0, 0, SCREENW, SCREENH };
    d3ddev->StretchRect(background, &source_rect, backbuffer,
        &dest_rect, D3DTEXF_NONE);
}
void Draw_Phased_Ship()
{
    for (int n = 0; n<4; n++)
    {
        D3DCOLOR phasecolor = D3DCOLOR_ARGB(
```

第 14 章
Anti-Virus（反病毒）游戏

```c
            rand() % 150, 0, 255, 255);
        int x = (int)player.x + rand() % 6 -3;
        int y = (int)player.y + rand() % 6 -3;
        Sprite_Transform_Draw(
            player_ship,
            x, y,
            player.width,
            player.height,
            0, 1, 0.0f, 1.0f,
            phasecolor);
    }
}
void Draw_Overloading_Ship()
{
    for (int n = 0; n<4; n++)
    {
        D3DCOLOR overcolor =
            D3DCOLOR_ARGB(150 + rand() % 100, 80, 255, 255);
        int x = (int)player.x + rand() % 12 -6;
        int y = (int)player.y;
        Sprite_Transform_Draw(
            player_ship,
            x, y,
            player.width,
            player.height,
            0, 1, 0.0f, 1.0f,
            overcolor);
    }
}
void Draw_Player_Shadows()
{
    D3DCOLOR shadowcolor = D3DCOLOR_ARGB(60, 0, 240, 240);
    if (currenttime > position_history_timer + 40)
    {
        position_history_timer = currenttime;
        position_history_index++;
        if (position_history_index > 7)
        {
            position_history_index = 7;
            for (int a = 1; a<8; a++)
                position_history[a -1] = position_history[a];
        }
        position_history[position_history_index].x = player.x;
        position_history[position_history_index].y = player.y;
```

```cpp
    }
    for (int n = 0; n<8; n++)
    {
        shadowcolor = D3DCOLOR_ARGB(20 + n * 10, 0, 240, 240);
        //draw shadows of previous ship position
        Sprite_Transform_Draw(
            player_ship,
            (int)position_history[n].x,
            (int)position_history[n].y,
            player.width,
            player.height,
            0, 1, 0.0f, 1.0f,
            shadowcolor);
    }
}
void Draw_Normal_Ship()
{
    //reset shadows if state just changed
    if (player_state_previous != player_state)
    {
        for (int n = 0; n<8; n++)
        {
            position_history[n].x = player.x;
            position_history[n].y = player.y;
        }
    }
    Draw_Player_Shadows();
    //draw ship normally
    D3DCOLOR shipcolor = D3DCOLOR_ARGB(255, 0, 255, 255);
    Sprite_Transform_Draw(
        player_ship,
        (int)player.x,
        (int)player.y,
        player.width,
        player.height,
        0, 1, 0.0f, 1.0f,
        shipcolor);
}
void Draw_Viruses()
{
    for (int n = 0; n<VIRUSES; n++)
    {
        if (viruses[n].alive)
        {
```

第14章
Anti-Virus（反病毒）游戏

```cpp
                //is this virus sprite visible on the screen?
                if (viruses[n].x > -96.0f && viruses[n].x < SCREENW)
                {
                    Sprite_Transform_Draw(
                        virus_image,
                        (int)viruses[n].x,
                        (int)viruses[n].y,
                        viruses[n].width,
                        viruses[n].height,
                        0, 1, 0.0f,
                        viruses[n].scaling,
                        viruses[n].color);
                }
            }
        }
    }

    void Draw_Bullets()
    {
        D3DCOLOR bulletcolor = D3DCOLOR_ARGB(255, 255, 255, 255);
        for (int n = 0; n<BULLETS; n++)
        {
            if (bullets[n].alive)
            {
                Sprite_Transform_Draw(
                    purple_fire,
                    (int)bullets[n].x,
                    (int)bullets[n].y,
                    bullets[n].width,
                    bullets[n].height,
                    0, 1,
                    (float)toRadians(bullets[n].rotation),
                    1.0f,
                    bulletcolor);
            }
        }
    }
    void Draw_Fragments()
    {
        for (int n = 0; n<FRAGMENTS; n++)
        {
            if (fragments[n].alive)
            {
                Sprite_Transform_Draw(
```

```
                fragment_image,
                (int)fragments[n].x,
                (int)fragments[n].y,
                fragments[n].width,
                fragments[n].height,
                0, 1,
                fragments[n].rotation,
                fragments[n].scaling,
                fragments[n].color);
        }
    }
}
void Draw_HUD()
{
    int y = SCREENH -12;
    D3DCOLOR color = D3DCOLOR_ARGB(200, 255, 255, 255);
    D3DCOLOR debugcolor = D3DCOLOR_ARGB(255, 255, 255, 255);
    D3DCOLOR energycolor = D3DCOLOR_ARGB(200, 255, 255, 255);
    for (int n = 0; n<energy * 5; n++)
        Sprite_Transform_Draw(
        energy_slice,
        10 + n * 2, 0, 1, 32, 0,
        1, 0.0f, 1.0f, 1.0f,
        energycolor);
    D3DCOLOR healthcolor = D3DCOLOR_ARGB(200, 255, 255, 255);
    for (int n = 0; n<health * 5; n++)
        Sprite_Transform_Draw(
        health_slice,
        10 + n * 2,
        SCREENH -21,
        1, 20, 0, 1, 0.0f,
        1.0f, 1.0f,
        healthcolor);
    FontPrint(font, 900, 0, "SCORE " + ToString(score), color);
    FontPrint(font, 10, 0, "LIVES " + ToString(lives), color);
    //draw debug messages
    FontPrint(debugfont, 0, y, "", debugcolor);
    FontPrint(debugfont, 0, y -12,
        "Core FPS = " + ToString(corefps)
        + " (" + ToString(1000.0 / corefps) + " ms)",
        debugcolor);
    FontPrint(debugfont, 0, y -24,
        "Screen FPS = " + ToString(screenfps),
        debugcolor);
```

第 14 章
Anti-Virus（反病毒）游戏

```
        FontPrint(debugfont, 0, y -36,
            "Ship X,Y = " + ToString(player.x) + ","
            + ToString(player.y),
            debugcolor);
        FontPrint(debugfont, 0, y -48,
            "Bullets = " + ToString(bulletcount));
        FontPrint(debugfont, 0, y -60,
            "Buffer Scroll = " + ToString(scrollx),
            debugcolor);
        FontPrint(debugfont, 0, y -72,
            "Virtual Scroll = " + ToString(virtual_scrollx)
            + " / " + ToString(virtual_level_size));
        FontPrint(debugfont, 0, y -84,
            "Fragment[0] = "
            + ToString(fragments[0].x)
            + "," + ToString(fragments[0].y));
}
void Draw_Mission_Briefing()
{
        const string briefing[] = {
        "NASA's supercomputer responsible for handling the Mars ",
        "exploration rovers has been invaded by an alien computer ",
        "virus transmitted from the rovers through their radio signals ",
        "back to Earth. The alien virus is of a type never before ",
        "encountered, and seems to behave more like a lifeform than a ",
        "computer program.",
        "",
        "The alien virus was able to translate itself to our computer ",
        "systems after being downloaded.Now the virus is destroying all ",
        "of the Mars data stored in the supercomputer! NASA engineers are ",
        "worried that the alien computer virus might spread to other ",
        "systems, so the infected supercomputer has been isolated. All ",
        "known forms of anti -virus software and network security ",
        "countermeasures have failed!",
        "",
        "Until now! A new generation of nano -robotics has allowed us to ",
        "construct a tiny remote -controlled robot.Your mission is ",
        "simple: Enter the supercomputer's core memory and eradicate the ",
        "alien menace!",
        "",
        "Your nano -robot's codename is R.A.I.N.R.: Remote Artificially ",
        "Intelligent Nano Robot. RAINR is a completely self-contained, ",
        "self-sustaining machine, but it does require energy to continue ",
        "to function for long periods, especially with the extra virus-",
```

```cpp
        "eradication gear installed. The core computer memory is filled ",
        "with fragments of old programs and data that you can use to ",
        "recharge your nanobot.",
        "",
        "Your mission is simple : Enter the supercomputer's memory ",
        "through an auxiliary communication line, make your way through ",
        "firewalls and stages of memory toward the computer's core. Once ",
        "there, you will destroy the first alien virus, the 'mother',",
        "and gain access to its identity codes. Only then will we be ",
        "able to build a defense against its spread.",
        "",
        "You are the anti-virus!"
    };
    D3DCOLOR black = D3DCOLOR_XRGB(0, 0, 0);
    D3DCOLOR white = D3DCOLOR_XRGB(255, 255, 255);
    D3DCOLOR green = D3DCOLOR_XRGB(60, 255, 60);
    int x=50, y = 20;
    int array_size = sizeof(briefing) / sizeof(briefing[0]);
    for (int line = 0; line < array_size; line++)
    {
        FontPrint(font, 52, y+2, briefing[line], black);
        FontPrint(font, 50, y, briefing[line], white);
        y += 20;
    }
    const string controls[] = {
        "SPACE        Fire Weapon",
        "LSHIFT       Charge Bomb",
        "LCTRL        Phasing Shield",
        "UP / W       Move Up",
        "DOWN / S     Move Down",
        "LEFT / A     Move Left",
        "RIGHT / D    Move Right"
    };
    x = SCREENW -270;
    y = 160;
    array_size = sizeof(controls) / sizeof(controls[0]);
    for (int line = 0; line < array_size; line++)
    {
        FontPrint(font, x + 2, y + 2, controls[line], black);
        FontPrint(font, x, y, controls[line], green);
        y += 60;
    }
}
void Game_Run(HWND window)
```

```cpp
    {
        static int space_state = 0, esc_state = 0;
        if (!d3ddev) return;
        d3ddev->Clear(0, NULL, D3DCLEAR_TARGET | D3DCLEAR_ZBUFFER,
            D3DCOLOR_XRGB(0,0,100), 1.0f, 0);
        //get current ticks
        currenttime = timeGetTime();
        //calculate core frame rate
        corecount += 1.0;
        if (currenttime > coretime + 1000)
        {
            corefps = corecount;
            corecount = 0.0;
            coretime = currenttime;
        }
        //run update at ~60 hz
        if (currenttime > refresh + 16)
        {
            refresh = currenttime;
            DirectInput_Update();
            switch (game_state)
            {
            case GAME_STATES::PLAYING:
                player_state = NORMAL;
                if (Key_Down(DIK_UP) || Key_Down(DIK_W)
                    || controllers[0].sThumbLY > 2000)
                        move_player(0,-1);
                if (Key_Down(DIK_DOWN) || Key_Down(DIK_S)
                    || controllers[0].sThumbLY < -2000)
                        move_player(0,1);
                if (Key_Down(DIK_LEFT) || Key_Down(DIK_A)
                    || controllers[0].sThumbLX < -2000)
                        move_player(-1,0);
                if (Key_Down(DIK_RIGHT) || Key_Down(DIK_D)
                    || controllers[0].sThumbLX > 2000)
                        move_player(1,0);
                if (Key_Down(DIK_LCONTROL)
                    || controllers[0].wButtons & XINPUT_GAMEPAD_B)
                        player_state = PHASING;
                if (Key_Down(DIK_LSHIFT)
                    || controllers[0].wButtons & XINPUT_GAMEPAD_Y)
                {
                    if (!player_overload())
                        player_state_previous = OVERLOADING;
```

```cpp
        else
            player_state = OVERLOADING;
    }
    if (Key_Down(DIK_SPACE)
        || controllers[0].wButtons & XINPUT_GAMEPAD_A)
        player_shoot();
    Update_Background();
    Update_Bullets();
    Update_Viruses();
    Update_Fragments();
    Test_Virus_Collisions();
    //update controller vibration
    if (vibrating > 0)
    {
        vibrating++;
        if (vibrating > vibration)
        {
            XInput_Vibrate(0, 0);
            vibrating = 0;
        }
    }
    break;
case GAME_STATES::BRIEFING:
    Update_Background();
    health = 100;
    energy = 100;
    lives = 3;
    if (Key_Down(DIK_SPACE))
    {
        space_state = 1;
    }
    else
    {
        if (space_state == 1)
        {
            game_state = GAME_STATES::PLAYING;
            space_state = 0;
        }
    }
    break;
} //switch
//calculate screen frame rate
screencount += 1.0;
if (currenttime > screentime + 1000)
```

```cpp
        {
            screenfps = screencount;
            screencount = 0.0;
            screentime = currenttime;
        }
        //number keys used for testing
        if (Key_Down(DIK_F1)) firepower = 1;
        if (Key_Down(DIK_F2)) firepower = 2;
        if (Key_Down(DIK_F3)) firepower = 3;
        if (Key_Down(DIK_F4)) firepower = 4;
        if (Key_Down(DIK_F5)) firepower = 5;
        if (Key_Down(DIK_E) || controllers[0].bRightTrigger)
        {
            add_energy(1.0);
        }
        if (KEY_DOWN(VK_ESCAPE))
            gameover = true;
        if (controllers[0].wButtons & XINPUT_GAMEPAD_BACK)
            gameover = true;
    }
    //background always visible
    Draw_Background();
    //begin rendering
    if (d3ddev->BeginScene())
    {
        spriteobj->Begin(D3DXSPRITE_ALPHABLEND);
        switch (game_state)
        {
        case GAME_STATES::PLAYING:
            switch(player_state)
            {
                case PHASING:      Draw_Phased_Ship(); break;
                case OVERLOADING:  Draw_Overloading_Ship(); break;
                case NORMAL:       Draw_Normal_Ship(); break;
            }
            player_state_previous = player_state;
            Draw_Viruses();
            Draw_Bullets();
            Draw_Fragments();
            Draw_HUD();
            break;
        case GAME_STATES::BRIEFING:
            Draw_Mission_Briefing();
            break;
```

```
        }
        spriteobj->End();
        d3ddev->EndScene();
        d3ddev->Present(NULL, NULL, NULL, NULL);
    }
}
```

14.2 你所学到的

　　这就结束了 Anti-Virus 游戏的介绍。这个游戏有巨大的潜力！这里的真正问题不是这个很初级的游戏已经能做什么，而是它可能做什么！我们有一个过得去的故事线索、非常好的游戏过程、许多精灵、有趣的获取能量的方法，以及非常实用的碰撞。这是一个单向卷动的射击游戏，有才华的、愿意在它上面花时间的人，大可把它改成一个伟大的游戏！这个人会是你吗？

14.3 复习测验

以下复习测验题将帮助你确定自己是否掌握了本章的所有内容。
1. 本游戏当前有多少个级别的火力？
2. 计算以给定角度为基础的精灵的 X 速度时调用的三角函数是哪一个？
3. 计算以给定角度为基础的精灵的 Y 速度时调用的三角函数是哪一个？

4. 这个游戏用于卷动背景的 Direct3D 对象是什么类型：表面还是纹理？
5. 按纳米机器人的火力级别处理发子弹的函数是哪一个？
6. 游戏中的程序片段是什么形状的？
7. 游戏中程序片段是做什么用的？
8. 在游戏中，敌方病毒是否攻击游戏者？为什么？
9. 简要解释一下游戏同时处理所有要渲染的精灵的方法。
10. 字体打印函数的名称是什么？

14.4 自己动手

我只在这里对 Anti-Virus 游戏给出两个建议，虽然我很容易就能很快地在脑海中蹦出 30 个来。

习题 1. 增加玩家的纳米机器船拾取武器升级的功能，这样就可以自然而然地更改火力水平（而不是使用 F1~F5 键，因为目前它是在一个未完成的状态）。当玩家失去生命，当前的火力水平重置回 1。

习题 2. 当玩家摧毁敌方的病毒时，让它们随机爆炸成许多更小的病毒微粒和能量片段。使用你学过的武器升级后向不同方向发射子弹的方法，让每个杀死的病毒从中心向外爆炸（也许最大值是 50 像素）。

第 3 部分 附录

以下附录将提供正文中没有涵盖的内容（为了改进行文和可读性）或者作为正文的补充。

◎ 附录 A：配置 Visual Studio 2013。
◎ 附录 B：各章测验答案。

附录 A
配置 Visual Studio 2013

在本书中，对于编译器项目配置，我采用了更为通用的配置方法，因为一般的初学者可能很难理解文件属于哪里。让我们来面对它，Visual Studio 2013 是一个带有很多选项的、复杂的开发环境，它让初学者甚至某些有过 C++经验的人都望而生畏。为了让项目配置简单，我只是把所有的项目资源文件（位图文件、音频文件等）都保存到项目文件夹中。

现在，项目文件和解决方案文件不一样。在用 Visual Studio 2013 创建一个新的项目时，解决方案文件（以.SLN 作为扩展名）通常在主文件夹中。项目文件（以.VCXPROJ 作为扩展名）在一个子文件夹中或者与.SLN 文件在同一个文件夹中。首先把所有的游戏资源文件放在项目文件夹中，然后当你在 Visual Studio 中调试时（按下 F5 键），就会默认从该文件夹加载资源文件。如果解决方案文件和项目文件在同一个文件夹中，那么只需要把资源文件（视频文件、位图、模块等）放在项目文件的文件夹中。

A.1 安装

与 Visual Studio 2013 一起包含在 Windows SDK 中的还有一个新版的 DirectX SDK，但是我们没有使用这个版本。本书的项目仍然需要使用 DirectX SDK 2010 版（都是因为缺少一个类库——D3DX9）。所以，完成了 Visual Studio 2013 安装之后，你还需要安装 DirectX SDK 2010。Microsoft 站点的下载页面的链接是：http://www.microsoft.com/en-us/download/details.aspx?id=6812。如果所有链接都无法下载，请搜索 "DirectX SDK 2010"。在 Microsoft 上有两个 DirectX 版本可供下载：运行时和软件开发包（SDK）。你下载并且安装了 DirectX SDK，它也会包含运行时。如果你只安装了运行时（与最新的游戏一起提供），那么就无法编译本书中的所有 DirectX 代码。首先确保安装了 Visual Studio 2013，然后下载并安装 DirectX SDK（本书出版时，其最新版本是在 2010 年 6 月发布的）。

A.2 创建一个新的项目

首先，我们来看一下如何创建一个新的项目。打开 Visual Studio 2013。如果你还没有下载并安装 Visual Studio 2013，只要网页搜索 Visual Studio，下载并安装该软件。当运行 Visual Studio 2013 时，该 IDE 如图 A.1 所示。

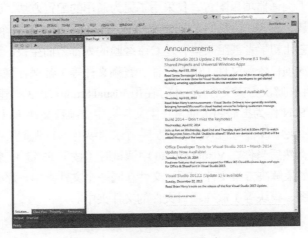

图 A.1　Visual Studio 2013 的 IDE

打开 FILE 菜单并且选择 New\Project，会弹出 New Project 对话框，如图 A.2 所示。在

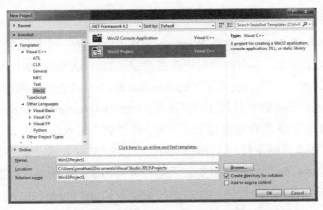

图 A.2　Visual Studio 2013 中的 New Project 对话框

这个示例中，我使用的是 Premium 版本，与 Express 版本相比，它有更多的项目模板可供使用。打开 Visual C++列表项，然后选中 Win32。你应该可以看到两个 Win32 项目模板——一个是控制台项目，另一个叫作 Win32 项目。我们所有的 DirectX 项目都选择后者。为新项目输入一个名称，选择保存位置。

接下来出现的是 Win32 Application Wizard 对话框，如图 A.3 所示。左边是 Overview 页面链接，选择 Application Settings。默认会选中 Windows application 类型。

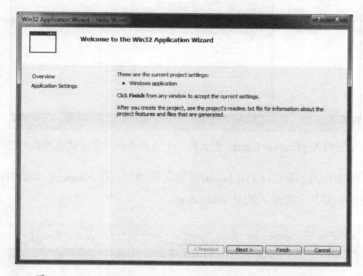

图 A.3　Visual Studio 2013 中的 Win32 Application Wizard

这里是很容易犯错的地方。所以，如果你完全是新手，请注意这个重要的步骤。选中 Empty Project 可选框，不使用默认的项目。如果不这么做，将会为你创建一个 Visual C++ 项目。如果忘记勾选这个选项，就会得到填充了各种文件和资源的一个项目。当你想要快速创建一个应用程序时，这个选项非常有用，但是对于 DirectX 程序，我们不需要那些应用特性中的任何一种。如果你不小心没有选择 Empty Project 选项，那么会得到如图 A.4 所示的一个项目。

选中 Empty Project 项，就会得到一个更合适的项目。如果有必要，从头开始创建一个新的项目，然后选择 Empty Project 选项。你也可能想不选 Security Development Lifecycle （SDL）选项，因为它也是不需要的。

现在有一个干净的空白项目，我们需要添加一个资源代码文件。打开 PROJECT 菜单，选中 Add New Item，如图 A.5 所示。这会打开 Add New Item 对话框，如图 A.6 所示。

图 A.4　Win32 Application Wizard 生成的一个大的示例项目（这不是我们想要的）

在这个对话框中，选择 C++ File (.cpp)作为文件类型，在 Name 文本框中输入一个文件名称。在展示的示例中，我输入的是 main.cpp。

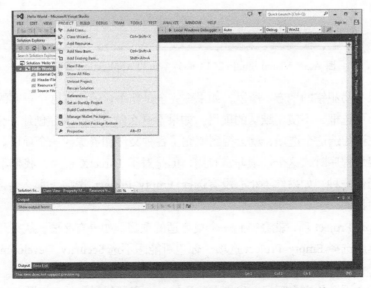

图 A.5　通过 PROJECT 菜单添加一个新的源代码文件

在项目中添加新的 main.cpp 文件之后，你的环境将类似于图 A.7 所示。

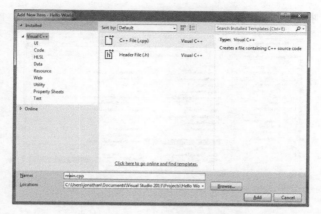

图 A.6 用 Add New Item 对话框为项目添加一个新的 C++文件

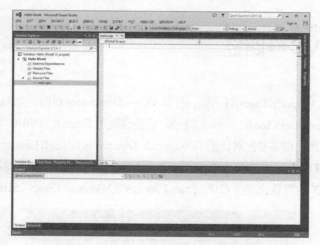

图 A.7 新的项目已经为输入代码做好准备

A.3 修改字符集设置

我想解决初学者经常出现的一个问题：默认字符集。新项目默认配置 Unicode 字符集，这意味着当使用所有的字符串数据时，必须使用 Unicode 字符串转换函数。这可能会非常痛苦，往往会"丑化"你的 DirectX 游戏代码。修改字符集是小菜一碟。打开 PROJECT 菜单，选择下方的 Properties。接下来，会出现图 A.8 所示的 Draw Bitmap Property Pages 对话框。打开 Configuration Properties 列表项，然后选中 General。Character Set 属性在 General

属性页面的下方，把它改为多字节。问题解决了！

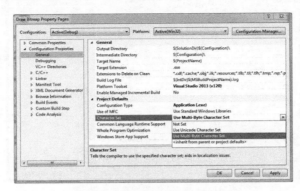

图 A.8　把默认字符集改为多字节

A.4　修改 VC++ 路径

再打开 Project Property Pages 对话框，打开 VC++ Directories 页面，如图 A.9 所示。配置显示一个以 C:\Program Files (X86)\…开头的路径。假设你使用 DirectX （2010 年 6 月版），那么这些路径名称可以使用。你需要把对话框中的 Include Directories 字段和 Library Directories 字段修改为你的 DirectX SDK 路径中的 Include 文件夹位置和 Lib\x86 文件夹位置（这取决于你把它们安装在哪里）。DirectX 的默认位置是 C:\Program Files (x86)\Microsoft DirectX SDK (June 2010)。

图 A.9　设置 DirectX SDK 的 Include 和 Library 文件夹

完整的 Include 路径如下所示。

◎　C:\Program Files (x86)\Microsoft DirectX SDK (June 2010)\Include;$(IncludePath)。

完整的 Library 路径如下所示。

◎　C:\Program Files (x86)\Microsoft DirectX SDK (June 2010)\Lib\x86;$(LibraryPath)。

附录 B 各章测验答案

以下给出了每章末尾的测验的答案。

第 1 章

1. 现代 Windows 所使用的是哪种类型的多任务方式？

答案：抢占式

2. 本书主推的 Visual Studio 是哪个版本？

答案：Visual Studio 2013

3. Windows 通知程序有事件发生，所用的是什么方案？

答案：消息系统

4. 如果一个程序使用多个独立的部分一起工作来完成一项任务（或者执行完成独立的任务），那么这一过程叫什么？

答案：多线程（也可以说成模块化开发）

5. 什么是 Direct3D？

答案：是 DirectX 的 3D 组件

6. hWnd 变量代表的是什么？

答案：Windows 句柄

7. hInstance 参数代表的是什么？

答案：程序的当前实例

8. Windows 程序的主函数的名称是什么？

答案：WinMain

9. 窗口事件回调函数的名称是什么？

答案：WinProc

10. 用于在程序窗口中显示消息的函数是什么？

答案：DrawText（回答 MessageBox 也是可以的）

第 2 章

1. WinMain 函数是做什么的？

答案：WinMain 是 Windows 程序的进入点

2. WinProc 函数是做什么的？

答案：WinProc 是处理事件消息的回调函数

3. 程序实例是什么？

答案：表示程序的运行中的实例（可以有多个）

4. 可用于在窗口中绘制像素点的是什么函数？

答案：BitBlt

5. 可用于在程序窗口中绘制文本的是什么函数？

答案：DrawText

6. 什么是实时游戏循环？

答案：在游行运行中能实时持续运行的循环

7. 在游戏中为什么需要使用实时循环？

答案：为了实时提供交互体验（这是可能的答案之一）

8. 用于创建实时循环的助手函数是什么？

答案：WinMain 和 WinProc 都是可接受的答案

9. 哪个 Windows API 函数可用于在屏幕上绘制位图？

答案：BitBlt

10. DC 代表的是什么？

答案：设备环境

第 3 章

1. Direct3D 是什么？

答案：DirectX 的 3D 组件

2. Direct3D 接口对象的名称是什么？

答案：IDirect3D9（或 LPDIRECT3D9）

3. Direct3D 设备叫什么？

答案：IDirect3DDevice9（或 LPDIRECT3DDEVICE9）

4. 用于启动渲染的 Direct3D 函数是哪个？

答案：BeginScene

5. 可异步读入键盘的函数是哪个？

答案：GetAsyncKeyState

6. 主 Windows 函数——也就是以程序的"进入点"著称的函数，其名称是什么？

答案：WinMain

7. 在 Windows 程序中用于做事件处理的函数，其常用名称是什么？

答案：WinProc

8. 哪个 Direct3D 函数在渲染完成后通过将后台缓冲区复制到视频内存的帧缓冲区中刷新屏幕？

答案：Present

9. 本书所用的 DirectX 是哪个版本？

答案：9.0c

10. Direct3D 的头文件叫什么？

答案：d3d.h

第 4 章

1. 主 Direct3D 对象的名称是什么？

答案：Idirect3D9（或 LPDIRECT3D9）

2. Direct3D 设备的名称是什么？

答案：Idirect3DDevice9（或 LPDIRECT3DDEVICE9）

3. Direct3D 表面对象的名称是什么？

答案：Idirect3DSurface9

4. 用于将 Direct3D 表面绘制到屏幕上的是什么函数？

答案：StretchRect

5. 描述复制内存中的图像的术语是什么？

答案：位块传输（或 blitting）

6. 用于处理 Direct3D 表面的结构的名称是什么？

答案：IDirect3DSurface9

7. 同一个结构的长指针定义版本的名称是什么？

答案：LPDIRECT3DSURFACE9

8. 返回 Direct3D 后台缓冲区指针的是哪个函数？

答案：GetBackBuffer

9. 哪个 Direct3D 设备函数将表面用给定颜色填充？

答案：ColorFill

10. 用于将位图文件装载到内存中的 Direct3D 表面的是哪个函数？

答案：D3DXLoadSurfaceFromFile

第 5 章

1. 主 DirectInput 对象的名称是什么？

答案：IDirectInput8（或者 LPDIRECTINPUT8）

2. 创建 DirectInput 设备的函数是什么？

答案：CreateDevice

3. 包含鼠标输入数据的结构的名称是什么？

答案：DIMOUSESTATE

4. 轮询键盘或鼠标时调用的函数是哪个？

答案：GetDeviceState

5. 帮助检查精灵碰撞的函数名称是什么？

答案：IntersectRect

6. 表示游戏中角色的一个小的 2D 图像是什么？

答案：精灵

7. Direct3D 中的表面对象的名称是什么？

答案：IDirect3DSurface9（或者 LPDIRECT3DSURFACE9）

8. 将表面绘制在屏幕上应该用什么函数？

答案：StretchRect

9. 将位图图像装载到表面中的 D3DX 助手函数是哪个？

答案：D3DXLoadSurfaceFromFile

10. 在网络中，哪儿能找到不错的精灵素材？

答案：WidgetWorx 网站上的 SpriteLib 是个不错的资源

第 6 章

1. 用于处理精灵的 DirectX 对象的名称是什么？

答案：ID3DXSprite（或者 LPD3DXSPRITE）

2. 将位图图像装载到纹理对象中的函数是什么？

答案：D3DXCreateTextureFromFile（Ex 后缀是一种变体）

3. 用于创建精灵对象的函数是什么？

答案：D3DXCreateSprite

4. 绘制精灵的 D3DX 函数的名称是什么？

答案：Draw

5. D3DX 纹理对象的名称是什么？

答案：IDirect3Dtexture9（或者 LPDIRECT3DTEXTURE9）

6. 哪个函数返回位图文件中图像的尺寸？

答案：D3DXGetImageInforFromFile

7. 当运行一个 Visual Studio 中的游戏项目时，图像文件必须要保存在哪里？

答案：存放 .vcxproj 文件的项目文件夹中

8. 在绘制任何精灵之前必须要调用的函数的名称是什么？

答案：Begin（或 ID3DXSprite::Begin）

9. 在精灵绘制完成后要调用的函数的名称是什么？

答案：End（或 ID3DXSprite::End）

10. 在精灵绘制函数中用于指定源矩形的数据类型是什么？

答案：RECT

第 7 章

1. 精灵的源图像使用哪种类型的 Direct3D 对象来处理？
答案：IDirect3DTexture9（或 LPDIRECT3DTEXTURE9）

2. 使用传递给函数的旋转、缩放和平移向量来创建变换 2D 精灵的矩阵的函数是哪个？
答案：D3DXMatrixTransformation2D

3. 在旋转精灵时，角是如何编码的，是角度还是弧度？
答案：弧度

4. 保存用于精灵缩放的向量的数据类型是什么？
答案：D3DXVECTOR2

5. 保存用于精灵移动的向量的数据类型是什么？
答案：D3DXVECTOR2

6. 保存用于精灵旋转的向量的数据类型是什么？
答案：float

7. 将矩阵应用于精灵的变换的 ID3DXSprite 函数是哪个？
答案：SetTransform

8. 哪个参数总是需要传递给 ID3DXSprite::Begin 函数？
答案：D3DXSPRITE_ALPHABLEND

9. 除了宽度、高度和帧号以外，动画还需要哪些值？
答案：列

10. 用于将 alpha 颜色成分编码到 D3DCOLOR 中的是哪个宏？
答案：D3DCOLOR_ARGB

第 8 章

1. 在使用 IntersectRect 函数时，填充为每个精灵边界值所需的对象是什么类型？

答案：RECT

2. 传递给 IntersetRect 的第一个参数有什么作用？

答案：用于填入表示两个矩形重叠部分的矩形

3. 计算两点之间的距离所用的三角形是什么类型的（概念上的）？

答案：直角三角形

4. 简要描述边界框方法处理精灵缩放的方法。

答案：边界框必须根据精灵的比例来缩放，这样才能返回正确的碰撞结果

5. 在快节奏的、每次在屏幕上有上百个精灵的街机游戏中，精度并不是那么重要，应该使用两种碰撞检测方法中的哪一种？

答案：边界框快，因为距离的计算涉及平方根，这是计算机能处理的最复杂的函数之一

6. 在慢一点的游戏中（比如 RPG 游戏），玩游戏时精度很重要，而且在屏幕上一个时间内显示的精灵不多，应该使用两种碰撞检测方法中的哪一种？

答案：基于距离的碰撞更精确

7. 在计算两个精灵之间的距离时，每个精灵上的 X、Y 点通常位于何处？

答案：是每个精灵的中心。因为基于距离的碰撞检测涉及处理从中心为圆点的弧度

8. 在两个精灵发生碰撞之后，在下一帧之前为什么要将精灵彼此移开？

答案：这样就不会因为被重复检测为碰撞而卡住

9. IntersectRect 函数的第二个和第三个参数是什么？

答案：代表两个精灵的两个 RECT 变量

10. 简要描述游戏中需要使用两种碰撞检测技术来检测相同的两个精灵以便确定它们是否碰触的情况。

答案：任何有效的答案。比如：如果游戏有巨大量的精灵，那么先使用快速边界框方法来减少距离的计算就会有好处。

第 9 章

1. 用于将文本打印在屏幕上的字体对象的名称是什么？

答案：ID3DXFont

2. 字体对象的指针版本的名称是什么？

答案：LPD3DXFONT

3. 用于将文本打印在屏幕上的函数名称是什么？

答案：ID3DXFont::DrawText

4. 用于创建基于特定字体属性的新字体对象的函数是哪个？

答案：D3DXCreateFontIndirect

5. 用于指定文本在屏幕上给定矩形区域中折行的常量名称是什么？

答案：DT_WORDBREAK

6. 如果不给字体渲染器提供精灵对象，在将字体渲染到屏幕上时，它是否会创建自己的精灵对象用于 2D 输出？

答案：是

7. std::string 中哪个函数将字符串数据转换为 C 样式的字符数组，以便诸如 strcpy 这样的函数使用？

答案：c_str

8. std::string 中哪个函数返回字符串的长度（比如，字符串中的字符数量）？

答案：length

9. 用于定义文本输出颜色的 Direct3D 数据类型是什么？

答案：D3DCOLOR

10. 哪个函数返回带有 alpha 通道成分的 Direct3D 颜色？

答案：D3DCOLOR_ARGB

第 10 章

1. 在静态卷动程序中所用的虚拟卷动缓冲区分辨率是多少？

答案：宽度 = 25 图片单元 × 64 像素；高度 = 18 图片单元 × 64 像素

2. 同样地，在动态卷动程序中所用的缓冲区分辨率是多少？

答案：宽度 = 16 图片单元 × 64 像素；高度 = 24 图片单元 × 64 像素

3. 在两个示例程序中，图片单元绘制代码之间有什么不同？

答案：动态卷动中卷动缓冲区只屏幕的尺寸，而静态卷动中卷动缓冲区是整个游戏关的尺寸。

4. 如何使用 Mappy 为巨大的有数千个图片单元的游戏关创建一幅图片单元地图？

答案：这个问题涉及卷动缓冲区的类型。在这里，可在巨大的游戏关中使用动态卷动缓冲区，它无需消耗不切实际的内存数量（静态版本就是这样）就可实现渲染。

5. 动态绘制图片单元的游戏中，地图尺寸的有效限制是多少？

答案：几乎没有限制（或只受可用内存限制）

6. Mappy 本地游戏关文件的文件扩展名是什么？

答案：FMP

7. 为了将 Mappy 游戏关文件转换为可在 DirectX 程序中使用的形式，我们要执行哪种类型的导出？

答案：文本输出或 C 样式的数组

8. 对于位图卷动器来说，将源背景图片位块传输到卷动缓冲区上要进行多少次？

答案：在程序启动时只需一次

9. Mappy 用于表示游戏关里的各个图片单元的术语是什么？

答案：块（block）

10. 如果想创建一个与老 Mario 平台游戏相似的游戏，你将使用位图卷动器还是图片单元卷动器？

答案：图片单元卷动器

第 11 章

1. 本章所用的主 DirectSound 类的名称是什么？

答案：CSoundManager

2. 第二声音缓冲区是什么？

答案：指音频数据（比如，已装载的波形文件）

3. 在 DirectSound.h 中第二声音缓冲区的名称是什么？

答案：CSound

4. 让声音循环播放所需的选项是什么？

答案：DSBPLAY_LOOPING

5. 作为参考，绘制纹理（作为精灵）的函数的名称是什么？

答案：ID3DXSprite::Draw

6. 哪个 DXUT 助手类处理波形文件的装载？

答案：CWaveFile

7. 为了创建第二声音缓冲区，需要使用哪个 DXUT 助手类？

答案：CSound

8. 从用户的观点简要描述一下 DirectSound 处理声音混音的方法。

答案：它由 DirectSound 自动处理

9. 由于 DirectMusic 已经不存在了，在游戏中如果要回放音乐，有什么好的替代方法？

答案：短的、循环的音频片段或其他音频库，比如 FMOD（它可播放 Ogg-Vorbis 文件）

10. 在初始化 DirectSound 时要调用哪个函数？

答案：Initialize

第 12 章

1. 什么是顶点？

答案：是基本的 3D 结构，包含 X，Y，Z 值

2. 顶点缓冲区的作用是什么？

答案：为 3D 场景提供顶点来源

3. 在一个四边形中有多少顶点？

答案：4

4. 一个四边形由几个三角形组成？

答案：2

5. 绘制多边形的 Direct3D 函数的名称是什么？

答案：DrawPrimitive

6. 灵活的顶点缓冲区有什么作用？

答案：定以顶点缓冲区中每个顶点的格式

7. 用于表示顶点 X，Y，Z 值的最常见的数据类型是什么？

答案：float

8. 将角从角度转换为弧度的 DirectX 函数是什么？

答案：D3DXToRadian

9. 我们通常用于将大量顶点数据复制到顶点缓冲区中的 C 函数是什么？

答案：memcpy

10. 表示我们从虚拟照相机中所看到的内容的标准矩阵是哪一个？

答案：视图矩阵

第 13 章

1. 表示网格的 Direct3D 对象的名称是什么？

答案：ID3DXMesh

2. 随着程序对材质进行迭代而一个一个渲染网格中的每个面的 Direct3D 函数是哪个？

答案：DrawSubset

3. 我们可用于将 .X 文件装载到 Direct3D 网格中的函数的名称是什么？

答案：D3DXLoadMeshFromX

4. 用于绘制模型中各个多边形的函数是哪个？

答案：DrawSubset

5. 用于表示内存中的纹理的 Direct3D 数据类型是什么？

答案：IDirect3DTexture9（或者 LPDIRECT3DTEXTURE9）

6. 用于储存矩阵的 Direct3D 数据类型的名称是什么？

答案：D3DXMATRIX

7. 哪个 Direct3D 函数在 y 轴上旋转网格？

答案：D3DXMatrixRotationY

8. 哪个标准矩阵通常表示场景中当前被转换以及渲染的对象？

答案：世界矩阵

9. 用于指定诸如长宽比这样的渲染属性的标准矩阵是哪个？

答案：投影矩阵

10. 哪个标准矩阵表示照相机视图？

答案：视图矩阵

第 14 章

1. 本游戏当前有多少个级别的火力？

答案：5

2. 计算以给定角度为基础的精灵的 *X* 速度时调用的三角函数是哪一个？

答案：余弦

3. 计算以给定角度为基础的精灵的 *Y* 速度时调用的三角函数是哪一个？

答案：正弦

4. 这个游戏用于卷动背景的 Direct3D 对象是什么类型：表面还是纹理？

答案：表面

5. 按纳米机器人的火力级别处理发子弹的函数是哪一个？

答案：player_shoot

6. 游戏中的程序片段是什么形状的？

答案：三角形

7. 游戏中程序片段是做什么用的？

答案：能量

8. 在游戏中，敌方病毒是否攻击游戏者？为什么？

答案：否。（原因可有不同）因为除了随机移动以外任何功能都还没写在代码里

9. 简要解释一下游戏同时处理所有要渲染的精灵的方法。

答案：（答案可有不同）使用许多数组来处理精灵

10. 字体打印函数的名称是什么？

答案：FontPrint（或 ID3DXFont::DrawText）